U0368587

PHYSICS

大学物理学 下册

主　编　申兵辉

副主编　朱世秋　何志巍　韩　萍　刘玉颖　贾贵儒

清华大学出版社

北　京

内 容 简 介

本书是为全日制高等院校编写的教学用书. 全书分为上、下两册, 上册内容包括运动与力、热现象、电与磁、波与粒子四部分, 下册内容包括习题解答和拓展阅读两部分.

本书的内容涵盖了大学基础物理学的主要内容, 并适当突出了近代物理学的地位和作用. 在表述上力求思路清晰、结构紧凑、体系完整, 具有概念准确、详略得当等特点. 书中每章都附有一定量的精心选择的难易适中的习题, 并在下册对每一道习题均提供了一种参考解法. 另外, 拓展阅读部分既有知识拓展和技术应用, 又有思维的拓展, 通过阅读这些材料不但可以使读者开阔视野, 还可以培养物理学的研究方法和思维方式.

本书适用于高等院校非物理专业理、工、农、医、牧、水等专业使用, 也可供物理学相关工作者学习参考之用.

版权所有, 侵权必究。举报: 010-62782989, beiqinquan@tup.tsinghua.edu.cn。

图书在版编目 (CIP) 数据

大学物理学. 下册/申兵辉主编. — 北京: 清华大学出版社, 2017 (2024.8重印)
ISBN 978-7-302-47228-5

I. ①大... II. ①申... III. ①物理学 – 高等学校 – 教材 IV. ①O4

中国版本图书馆 CIP 数据核字 (2017) 第 125802 号

责任编辑: 朱红莲
封面设计: 傅瑞学
责任校对: 刘玉霞
责任印制: 杨 艳

出版发行: 清华大学出版社
网　　　址: https://www.tup.com.cn, https://www.wqxuetang.com
地　　　址: 北京清华大学学研大厦 A 座　　　　　　邮　　编: 100084
社 总 机: 010-83470000　　　　　　　　　　　　邮　　购: 010-62786544
投稿与读者服务: 010-62776969, c-service@tup.tsinghua.edu.cn
质 量 反 馈: 010-62772015, zhiliang@tup.tsinghua.edu.cn
印 装 者: 三河市铭诚印务有限公司
经　　销: 全国新华书店
开　　本: 185mm×260mm　　印　张: 13.75　　字　数: 325 千字
版　　次: 2017 年 7 月第 1 版　　印　次: 2024 年 8 月第 8 次印刷
定　　价: 35.00元

产品编号: 074325-02

目　录

第五篇　习题解答

第六篇　拓展阅读

第 五 篇
习 题 解 答

　　物理学的研究对象小到微观的基本粒子, 大到宏观的宇宙天体, 时间尺度和空间尺度都有很大的跨度. 大学物理学是高等院校一门重要的基础理论课. 要学好物理学, 一方面, 必须深刻理解物理学相关的知识, 另一方面还要具有科学的学习方法和一定的思维能力. 思维的过程包括分析、归纳、演绎、发散等方式, 习题中既有现实的物理问题, 又有从现实物理问题中抽象出来的物理模型, 解题的过程是训练思维能力的最有效的方式之一. 因此, 除了要透彻理解物理学的概念、规律和原理以外, 还要在学习过程中做一定量的习题, 这是学习物理学不能忽视的一个必备环节.

　　虽然绝大多数人对于解题的重要性有正确的认识, 但仍有许多人在解题过程中会遇到各式各样的困难, 甚至感到无所适从. 鉴于这种情况, 我们在本篇为本书上册各章的习题提供一种参考解法. 建议读者着重于参考解题的思路而非照抄, 更要在尝试无果之后才能翻阅参考答案. 为了帮助读者复习, 我们在各章习题解答之前, 先对各章的要点进行了归纳整理.

第 1 章　质点运动学

1.1　要点归纳

1. 位置矢量、运动方程和位移

位置矢量是描述质点位置最简洁的方式. 在空间选定一个参考点, 从参考点指向质点当前位置的矢量就是位置矢量, 简称径矢, 记作 r. 径矢随时间的变化关系式 $r = r(t)$ 叫做运动方程. 不同时刻径矢的增量叫做位移, 记作 Δr.

(1) 直角坐标系中径矢和位移分别表示为

$$r = x\boldsymbol{i} + y\boldsymbol{j} + z\boldsymbol{k}, \quad \text{其大小为 } r = \sqrt{x^2 + y^2 + z^2}$$

$$\Delta r = \Delta x\boldsymbol{i} + \Delta x\boldsymbol{j} + \Delta z\boldsymbol{k}$$

(2) 极坐标系径矢和位移分别表示为

$$r = r\boldsymbol{e}_r$$

$$\Delta r = \Delta r\boldsymbol{e}_r + r\Delta\theta\boldsymbol{e}_\theta$$

2. 速度、加速度

$$v = \frac{\mathrm{d}r}{\mathrm{d}t}, \quad a = \frac{\mathrm{d}v}{\mathrm{d}t}$$

在不同坐标系中, 速度和加速度的表达式如下:

(1) 直角坐标系

$$v = \frac{\mathrm{d}x}{\mathrm{d}t}\boldsymbol{i} + \frac{\mathrm{d}y}{\mathrm{d}t}\boldsymbol{j} + \frac{\mathrm{d}z}{\mathrm{d}t}\boldsymbol{k}$$

$$a = \frac{\mathrm{d}v_x}{\mathrm{d}t}\boldsymbol{i} + \frac{\mathrm{d}v_y}{\mathrm{d}t}\boldsymbol{j} + \frac{\mathrm{d}v_z}{\mathrm{d}t}\boldsymbol{k}$$

(2) 极坐标系

$$v = \frac{\mathrm{d}r}{\mathrm{d}t}\boldsymbol{e}_r + r\frac{\mathrm{d}\theta}{\mathrm{d}t}\boldsymbol{e}_\theta$$

$$a = \left[\frac{\mathrm{d}^2 r}{\mathrm{d}t^2} - r\left(\frac{\mathrm{d}\theta}{\mathrm{d}t}\right)^2\right]\boldsymbol{e}_r + \left(2\frac{\mathrm{d}r}{\mathrm{d}t}\frac{\mathrm{d}\theta}{\mathrm{d}t} + r\frac{\mathrm{d}\theta^2}{\mathrm{d}t^2}\right)\boldsymbol{e}_\theta$$

(3) 自然坐标系

$$v = v\boldsymbol{e}_\mathrm{t}$$

$$a = \frac{\mathrm{d}v}{\mathrm{d}t}\boldsymbol{e}_\mathrm{t} + \frac{v^2}{\rho}\boldsymbol{e}_\mathrm{n}$$

3. 运动学的两类问题

由运动方程通过求时间的导数可以得到速度和加速度; 由速度或加速度结合初始条件可以通过积分的方法得到运动方程, 从运动方程的参数表达式中消去时间 t 可得轨道方程.

定积分法

$$\boldsymbol{v}(t) = \boldsymbol{v}(t_0) + \int_{t_0}^{t} \boldsymbol{a}(\tau)\, \mathrm{d}\tau$$

$$\boldsymbol{r}(t) = \boldsymbol{r}(t_0) + \int_{t_0}^{t} \boldsymbol{v}(\tau)\, \mathrm{d}\tau$$

不定积分法

$$\boldsymbol{v}(t) = \int \boldsymbol{a}(\tau)\, \mathrm{d}\tau + \boldsymbol{v}_0$$

$$\boldsymbol{r}(t) = \int \boldsymbol{v}(\tau)\, \mathrm{d}\tau + \boldsymbol{r}_0$$

式中 $\boldsymbol{v}_0$ 和 $\boldsymbol{r}_0$ 为积分常量, 由初始条件定出.

1.2 习题解答

1−1 已知一质点沿 x 轴作直线运动, t 时刻的坐标为: $x = 4.5t^2 - 2t^3$. 求:

(1) 第 2 s 内的平均速度;

(2) 第 2 s 末的即时速度;

(3) 第 2 s 内的平均速率.

解 (1) 第 2 s 内的平均速度为

$$\bar{\boldsymbol{v}} = \frac{\Delta x}{\Delta t}\boldsymbol{i} = \frac{x(2) - x(1)}{2 - 1}\boldsymbol{i} = -0.5\boldsymbol{i}\ \mathrm{m \cdot s^{-1}}$$

(2) 瞬时速度

$$\boldsymbol{v} = \frac{\mathrm{d}x}{\mathrm{d}t}\boldsymbol{i} = (9t - 6t^2)\boldsymbol{i}$$

当 $t = 2\ \mathrm{s}$ 时, $\boldsymbol{v} = -6\boldsymbol{i}\ \mathrm{m \cdot s^{-1}}$.

(3) 令 $v = 9t - 6t^2 = 0$, 解得 $t = 1.5\ \mathrm{s}$, 此时速度的方向发生改变. 第 2 秒内的路程为

$$\Delta s = |x(1.5) - x(1)| + |x(2) - x(1.5)| = 2.25\ \mathrm{m}$$

于是

$$\bar{v} = \frac{\Delta s}{\Delta t} = 2.25\ \mathrm{m \cdot s^{-1}}$$

1−2 一质点沿一直线运动, 其加速度为 $a = -2x$, 式中 x 以 m 为单位, a 以 $\mathrm{m \cdot s^{-2}}$ 为单位. 试求质点的速率 v 与坐标 x 的关系式. 设当 $x = 0$ 时, $v_0 = 4\ \mathrm{m \cdot s^{-1}}$.

解 速率 v 对 x 的导数可通过下列变换得到:

$$\frac{\mathrm{d}v}{\mathrm{d}x} = \frac{\mathrm{d}v}{\mathrm{d}t}\frac{\mathrm{d}t}{\mathrm{d}x} = \frac{a}{v} = \frac{-2x}{v}$$

整理得

$$v\, \mathrm{d}v = -2x\, \mathrm{d}x$$

上式两边积分, 有

$$\int_{v_0}^{v} v \, \mathrm{d}v = -2 \int_{0}^{x} x \, \mathrm{d}x$$

因此, v 与 x 的关系式为

$$v^2 = v_0^2 - 2x^2 = 16 - 2x^2, \quad |x| \leqslant 2\sqrt{2} \text{ m}$$

1-3 质点从 $t = 0$ 时刻开始, 按 $x = t^3 - 3t^2 - 9t + 5$ 的规律沿 x 轴运动. 在哪个时间间隔它沿着 x 轴正向运动? 哪个时间间隔沿着 x 轴负方向运动? 哪个时间间隔它加速? 哪个时间间隔减速? 分别画出 x, v, a 以时间为自变量的函数图.

解　速度为

$$v = \frac{\mathrm{d}x}{\mathrm{d}t} = 3t^2 - 6t - 9$$

解不等式组

$$\begin{cases} t > 0 \\ 3t^2 - 6t - 9 < 0 \end{cases}$$

可得 $0 < t < 3$ s 时质点沿 x 轴负方向运动. 同理可得当 $t > 3$ s 时质点沿 x 轴正向运动.

加速度为

$$a = \frac{\mathrm{d}v}{\mathrm{d}t} = 6t - 6$$

由 $t > 0$ 及 $a < 0$ 可以解得, 当 $0 < t < 1$ s 时质点加速度为负值, 为减速运动. 同理, $t > 1$ s 时, 质点作加速运动.

x, v, a 随时间的变化曲线见解图 1-3.

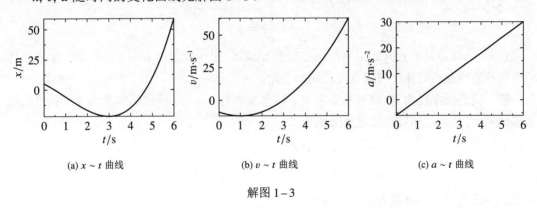

(a) $x \sim t$ 曲线　　　　　(b) $v \sim t$ 曲线　　　　　(c) $a \sim t$ 曲线

解图 1-3

1-4　一质点平面运动的加速度为 $a_x = -A\cos t$, $a_y = -B\sin t$, $A \neq 0$, $B \neq 0$, 初始条件 ($t = 0$ 时) 为 $v_{0x} = 0$, $v_{0y} = B$, $x_0 = A$, $y_0 = 0$. 求质点的运动轨迹.

解　速度分量为

$$v_x = \int_0^t a_x \, \mathrm{d}t + v_{0x} = -\int_0^t A\cos t \, \mathrm{d}t = -A\sin t$$

$$v_y = \int_0^t a_y \, \mathrm{d}t + v_{0y} = -\int_0^t B\sin t \, \mathrm{d}t + B = B\cos t$$

坐标分量为

$$x = \int_0^t v_x \, \mathrm{d}t + x_0 = -\int_0^t A \sin t \, \mathrm{d}t + A = A \cos t$$

$$y = \int_0^t v_y \, \mathrm{d}t + y_0 = \int_0^t B \cos t \, \mathrm{d}t = B \sin t$$

运动方程的矢量表达式为

$$\boldsymbol{r} = x\boldsymbol{i} + y\boldsymbol{j} = A \cos t \, \boldsymbol{i} + B \sin t \, \boldsymbol{j}.$$

从运动方程的分量表达式中消去 t, 得

$$\frac{x^2}{A^2} + \frac{y^2}{B^2} = 1$$

因此, 质点的运动轨迹为椭圆.

1–5　一质点在平面上运动, 其位矢为 $\boldsymbol{r} = a \cos \omega t \, \boldsymbol{i} + b \sin \omega t \, \boldsymbol{j}$, 其中 a, b, ω 为常量. 求:

(1) 该质点的速度和加速度;

(2) 该质点的轨迹.

解　(1) 质点的速度和加速度分别为

$$\boldsymbol{v} = \frac{\mathrm{d}\boldsymbol{r}}{\mathrm{d}t} = -a\omega \sin \omega t \, \boldsymbol{i} + b\omega \cos \omega t \, \boldsymbol{j}$$

$$\boldsymbol{a} = \frac{\mathrm{d}\boldsymbol{v}}{\mathrm{d}t} = -a\omega^2 \cos \omega t \, \boldsymbol{i} - b\omega^2 \sin \omega t \, \boldsymbol{j} = -\omega^2 \boldsymbol{r}$$

(2) 由题意,

$$x = a \cos \omega t, \qquad y = b \sin \omega t$$

从中消去 t, 可得质点的轨迹为位于该平面上的半长轴为 a, 半短轴为 b 的椭圆, 椭圆方程为

$$\frac{x^2}{a^2} + \frac{y^2}{b^2} = 1$$

1–6　一质点从静止开始沿着圆周作匀角加速运动, 角加速度 $\alpha = 1 \, \mathrm{rad} \cdot \mathrm{s}^{-2}$. 求质点运动一周后回到起点时速度与加速度之间的夹角.

解　设圆周半径为 R. 质点任意时刻 t 的角速率为 $\omega = \alpha t$, 转过的角度为 $\theta = \alpha t^2/2$. 在极坐标系中, 质点的速度和加速度分别为

$$\boldsymbol{v} = \omega R \boldsymbol{e}_\theta = \alpha t R \boldsymbol{e}_\theta$$

$$\boldsymbol{a} = -\omega^2 R \boldsymbol{e}_r + \alpha R \boldsymbol{e}_\theta = -\alpha^2 t^2 R \boldsymbol{e}_r + \alpha R \boldsymbol{e}_\theta$$

速度和加速度的大小分别为

$$v = \alpha t R$$

$$a = R\alpha \sqrt{1 + \alpha^2 t^4}$$

任意时刻质点速度与加速度的夹角 ϕ 的余弦为

$$\cos \phi = \frac{\boldsymbol{v} \cdot \boldsymbol{a}}{va} = \frac{1}{\sqrt{1 + \alpha^2 t^4}}$$

当质点运动一周回到起点时, $\theta = \alpha t^2/2 = 2\pi$, 所用时间 $t = \sqrt{4\pi}$, 代入上式得

$$\phi = \arccos \frac{1}{\sqrt{1 + 16\pi^2}} = 85.45°$$

1-7 一质点沿半径为 0.10 m 的圆周运动, 其角位置 θ(以弧度表示) 可用 $\theta = 2 + 4t^3$ 表示, 式中 t 以秒计. 问:

(1) 在 $t = 2$ s 时, 它的法向加速度和切向加速度是多少?

(2) 当切向加速度的大小恰是总加速度大小的一半时, θ 的值是多少?

(3) 在哪一时刻, 切向加速度和法向加速度恰有相等的值?

解 (1) 质点切向加速度和法向加速度分别为

$$a_t = R\frac{d^2\theta}{dt^2} = 24Rt = 4.8 \text{ m} \cdot \text{s}^{-2}$$

$$a_n = \frac{v^2}{R} = \left(\frac{d\theta}{dt}\right)^2 R = (12t^2)^2 R = 144Rt^4 = 230.4 \text{ m} \cdot \text{s}^{-2}$$

(2) 由题意, $a = \sqrt{a_t^2 + a_n^2} = 2a_t$, 因此, $a_n = \sqrt{3}a_t$, 即

$$144Rt^4 = 24\sqrt{3}Rt$$

由此可得 $t = 12^{-1/6} \approx 0.66$ s. 相应的,

$$\theta = 2 + \frac{2\sqrt{3}}{3} \approx 3.15 \text{ rad}$$

(3) 由 $a_n = a_t$, 即 $144Rt^4 = 24Rt$, 解得 $t = 6^{-1/3} \approx 0.55$ s.

1-8 多个质点从某一点以同样大小的速度, 沿着同一铅直面内不同的方向, 同时抛出.

(1) 试证明在任意时刻这些质点散落在同一圆周上;

(2) 试证明各质点彼此的相对速度的方向始终不变.

解 (1) 设初始速率为 v_0, 以任意抛射角 θ 抛出的质点, 在 t 时刻的坐标为

$$\begin{cases} x = (v_0 \cos\theta)t \\ y = (v_0 \sin\theta)t - \dfrac{1}{2}gt^2 \end{cases}$$

从中消去变量 θ, 可得

$$x^2 + \left(y + \frac{1}{2}gt^2\right)^2 = v_0^2 t^2$$

可以看出, 在 t 时刻, 上式表示以 $\left(0, -\dfrac{1}{2}gt^2\right)$ 为圆心, 以 $v_0 t$ 为半径的圆.

(2) 质点初始时刻的速度为

$$\boldsymbol{v}_0 = v_0 \cos\theta\, \boldsymbol{i} + v_0 \sin\theta\, \boldsymbol{j}$$

任意时刻 t, 质点的速度为

$$\boldsymbol{v} = (v_0 \cos\theta)\,\boldsymbol{i} + [v_0 \sin\theta - gt]\,\boldsymbol{j}$$

研究任意两个质点, 其抛射角分别为 θ_1, θ_2, 初始时刻的相对速度为

$$\boldsymbol{v}_{01} - \boldsymbol{v}_{02} = v_0(\cos\theta_1 - \cos\theta_2)\,\boldsymbol{i} + v_0(\sin\theta_1 - \sin\theta_2)\,\boldsymbol{j}$$

t 时刻的相对速度为

$$\boldsymbol{v}_1 - \boldsymbol{v}_2 = v_0 (\cos \theta_1 - \cos \theta_2) \boldsymbol{i} + v_0 (\sin \theta_1 - \sin \theta_2) \boldsymbol{j}$$

所以任意时刻这两个质点的相对速度与水平面的夹角为

$$\phi = \arctan \frac{\sin \theta_1 - \sin \theta_2}{\cos \theta_1 - \cos \theta_2}$$

且与初始时刻的相等.

1–9 某物体在 $t = 0$ 时刻以初速度 $\boldsymbol{v}_0$ 和仰角 α 斜抛出去. 求斜抛体在任一时刻的法向加速度 a_n、切向加速度 a_t 和轨道曲率半径 ρ.

解　设坐标 x, y 沿水平和竖直两个方向, 如解图 1–9 所示. 总加速度 (重力加速度) g 是已知的; 所以 $a_\mathrm{n}, a_\mathrm{t}$ 只是重力加速度 g 沿轨道法向和切向的分量, 由解图 1–9 可得:

$$v_x = v_0 \cos \alpha, \ v_y = v_0 \sin \alpha - gt$$

$$v = \sqrt{v_x^2 + v_y^2} = \sqrt{v_0^2 + g^2 t^2 - 2g v_0 t \sin \alpha}$$

$$a_\mathrm{n} = g \cos \theta = g \frac{v_x}{v} = \frac{g v_0 \cos \alpha}{\sqrt{v_0^2 + g^2 t^2 - 2g v_0 t \sin \alpha}}$$

$$a_\mathrm{t} = -g \sin \theta = -g \frac{v_y}{v} = \frac{-g(v_0 \sin \alpha - gt)}{\sqrt{v_0^2 + g^2 t^2 - 2g v_0 t \sin \alpha}}$$

$$\rho = \frac{v^2}{a_\mathrm{n}} = \frac{\left(v_0^2 + g^2 t^2 - 2g v_0 t \sin \alpha\right)^{3/2}}{g v_0 \cos \alpha}$$

解图 1–9

1–10 质点由静止开始沿半径为 R 的圆周运动, 角加速度 α 为常量. 求:

(1) 该质点在圆上运动一周又回到出发点时, 经历的时间?

(2) 此时它的加速度的大小是多少?

解　(1) 由 $\alpha = \dfrac{\mathrm{d}\omega}{\mathrm{d}t}$, 得

$$\omega = \omega_0 + \int_0^t \alpha \, \mathrm{d}t = \omega_0 + \alpha t$$

$$\theta = \theta_0 + \int_0^t \omega \, \mathrm{d}t = \theta_0 + \omega_0 t + \frac{1}{2} \alpha t^2$$

将 $\theta_0 = 0, \omega_0 = 0, \theta = 2\pi$ 代入上式, 得

$$t = \sqrt{\frac{4\pi}{\alpha}}, \quad \omega = \omega_0 + \alpha t = \sqrt{4\pi\alpha}$$

(2) $a_n = R\omega^2 = 4\pi R\alpha, a_t = R\alpha$. 故加速度的大小为

$$a = \sqrt{a_n^2 + a_t^2} = R\alpha\sqrt{1 + 16\pi^2}$$

1–11 雨天一辆客车以 $15\ \mathrm{m\cdot s^{-1}}$ 的速率向东行驶, 雨滴以 $10\ \mathrm{m\cdot s^{-1}}$ 的速率落下, 其方向与竖直方向成 15°, 已知风向为正西, 求车厢内的人观察到雨滴的速度的大小和方向.

解 如解图 1–11 所示, 以地面为参考系 S, 并建立坐标系, x 轴指向东, y 轴向上. 牵连速度为车厢相对于地面的速度

$$u = 15i\ \mathrm{m\cdot s^{-1}}$$

题中给出的雨滴的速度是相对于 S 系的速度

$$v_a = (10\sin 15\ °i - 10\cos 15\ °j)\ \mathrm{m\cdot s^{-1}} \approx (2.59i - 9.66j)\ \mathrm{m\cdot s^{-1}}$$

车厢中的人观察到雨滴的速度是相对速度

$$v_r = v_a - u = -(12.41i + 9.66j)\ \mathrm{m\cdot s^{-1}}$$

由上式知, v_r 的大小为

$$v_r = \sqrt{v_{rx}^2 + v_{ry}^2} = 15.73\ \mathrm{m\cdot s^{-1}}$$

其方向由与 $-y$ 轴之间的夹角确定,

$$\theta = \arctan\frac{v_{rx}}{v_{ry}} = 52.1\ °$$

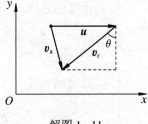

解图 1–11

第 2 章 动量 角动量

2.1 要点归纳

1. 动量和冲量

定义质点的动量为 $\boldsymbol{p} = m\boldsymbol{v}$, 质点系的动量为 $\boldsymbol{p} = \sum m_i \boldsymbol{v}_i$; 冲量 $\boldsymbol{J} = \int_{t_1}^{t_2} \boldsymbol{F} \, \mathrm{d}t$.

2. 动量定理

质点动量定理

$$\boldsymbol{J} = m\boldsymbol{v}_2 - m\boldsymbol{v}_1$$

质点系动量定理

$$\sum_{i=1}^{n} \boldsymbol{J}_i = \sum_{i=1}^{n} m_i \boldsymbol{v}_{i2} - \sum_{i=1}^{n} m_i \boldsymbol{v}_{i1}$$

3. 动量守恒定律   合外力为零时, 质点系总动量守恒

$$\sum_{i=1}^{n} m_i \boldsymbol{v}_i = 常矢量$$

4. 质心运动定理

$$\boldsymbol{F} = m \frac{\mathrm{d}r_{\mathrm{c}}^2}{\mathrm{d}t^2}, \quad \boldsymbol{r}_{\mathrm{c}} = \frac{1}{m} \sum_{i=1}^{n} m_i \boldsymbol{r}_i, \quad m = \sum_{i}^{n} m_i$$

5. 角动量

质点角动量 $\boldsymbol{L} = \boldsymbol{r} \times \boldsymbol{p} = \boldsymbol{r} \times m\boldsymbol{v}$, 质点系角动量 $\boldsymbol{L} = \sum_i \boldsymbol{r}_i \times \boldsymbol{p}_i = \sum_i \boldsymbol{r}_i \times m_i \boldsymbol{v}_i$, 刚体定轴转动的角动量 $L_z = I_z \omega$.

6. 刚体定轴转动的运动学描述

$$\theta = \theta(t), \quad \omega = \frac{\mathrm{d}\theta}{\mathrm{d}t}, \quad \alpha = \frac{\mathrm{d}\omega}{\mathrm{d}t}$$

7. 刚体对定轴 z 的转动惯量

$$I_z = \sum_{i}^{n} m_i r_i^2 \quad (分立质点刚体), \quad I_z = \int r^2 \, \mathrm{d}m \quad (质量连续分布刚体)$$

8. 角动量定理 $\boldsymbol{M} = \dfrac{\mathrm{d}\boldsymbol{L}}{\mathrm{d}t}$, 刚体定轴转动定律 $M_z = \dfrac{\mathrm{d}L_z}{\mathrm{d}t} = I_z \dfrac{\mathrm{d}\omega}{\mathrm{d}t}$.

9. 角动量守恒定律

对同一参考点, 合外力矩为零时, 质点系(含刚体)总角动量守恒, $\boldsymbol{L} = $ 常矢量. 特别是含刚体定轴转动的角动量守恒定律

$$\sum_i L_{iz} + \sum_j I_{jz} \omega_j = 常量$$

式中 L_{iz} 表示第 i 个质点对转动轴的角动量 (或是它对于轴上任一点的角动量的轴向分量), I_{jz} 表示第 j 个刚体绕同一轴的转动惯量, ω_j 为相应的角速度.

2.2 习题解答

2–1 一个质量为 $m = 50$ g 的质点, 以速率 $v = 20$ m·s^{-1} 作匀速圆周运动.

(1) 经过1/4 周期它的动量变化多大? 在这段时间内它受到的冲量多大?

(2) 经过 1 周期它的动量变化多大? 受到的冲量多大?

解 (1) 建立如解图 2–1 所示的坐标系.

动量变化为

$$\Delta \boldsymbol{p} = m\Delta \boldsymbol{v} = mv(-\boldsymbol{j} - \boldsymbol{i})$$

其大小为

$$\Delta p = \sqrt{2}\, mv = 1.41 \text{ kg·m·s}^{-1}$$

根据质点动量定理,冲量的大小

$$J = \Delta p = 1.41 \text{ kg·m·s}^{-1}$$

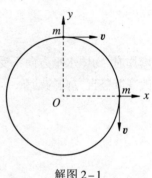

解图 2–1

(2) $\boldsymbol{J} = \Delta \boldsymbol{p} = m\Delta \boldsymbol{v} = \boldsymbol{0}$.

2–2 某消防用高压水枪的出水口直径为 19 mm, 水柱以20 m·s^{-1} 的速度垂直喷射到墙体上. 求水柱对墙体的冲力.

解 水柱作用于墙体的冲力为单位时间水流动量的变化量, 即

$$F = \frac{\mathrm{d}m}{\mathrm{d}t}v = \rho\frac{\mathrm{d}V}{\mathrm{d}t}v = \frac{1}{4}\pi D^2 \rho v^2 = 113 \text{ N}$$

2–3 一质量均匀柔软的绳竖直悬挂着, 绳的下端刚好触到水平桌面上. 如果把绳的上端放开, 绳将落在桌面上. 试证明: 在绳下落过程中的任意时刻, 作用于桌面上的压力等于已落到桌面上绳子重量的 3 倍.

解 设任意时刻落在桌面上的绳子长度为 x, 绳子的质量线密度为 λ, 桌面对绳子的支持力为 F_N. 以桌面上的绳子为研究对象, 其重力为 $F_G = \lambda x g$, 由动量定理 $F\,\mathrm{d}t = \mathrm{d}p$, 有

$$(F_N - \lambda x g)\,\mathrm{d}t = v\lambda\,\mathrm{d}x$$

从而

$$F_N = \lambda x g + v\lambda\frac{\mathrm{d}x}{\mathrm{d}t} = \lambda x g + \lambda v^2$$

由于下落的绳子与桌面接触时的速率为 $v = \sqrt{2gx}$, 因此,

$$F_N = 3\lambda x g = 3F_G$$

任意时刻桌面的支持力的大小都等于绳子作用于桌面的压力, 故原题得证.

2–4　一作斜抛运动的物体, 在最高点炸裂为质量相等的两块, 最高点距离地面为 19.6 m. 爆炸后 1.00 s, 第一块落到爆炸点正下方的地面上, 此处距抛出点的水平距离为 100 m. 问第二块落在距抛出点多远的地面上 (设空气的阻力不计)?

解　以爆炸点为原点, 沿水平方向建立 x 轴, 竖直向上建立 y 轴. 设物体质量为 m, 抛出时的水平速度为 v_x, 从抛出到爆炸经历的时间为 t, 爆炸点距地面的高度为 $h = 19.6$ m, 距抛出点的水平距离为 $l = 100$ m, 爆炸后两物块的水平速度分别为 $v_{1x} = 0$ 和 v_{2x}, 竖直速度分别为 v_{1y} 和 v_{2y}, 此后, 两物块分别经时间 $t_1 = 1.00$ s 和 t_2 落到地面.

根据质点运动学, 物体从抛出到升至最高点, 有

$$l = v_x t \tag{1}$$

$$h = \frac{1}{2}gt^2 \tag{2}$$

爆炸时, 物体水平方向不受外力, 竖直方向虽然受到重力作用, 但由于爆炸时间极短, 来不及改变其竖直方向的动量, 因此, 爆炸前后物体的动量守恒.

$$mv_x = \frac{1}{2}mv_{1x} + \frac{1}{2}mv_{2x} \tag{3}$$

$$0 = \frac{1}{2}mv_{1y} + \frac{1}{2}mv_{2y} \tag{4}$$

从爆炸到两个物块落到地面的过程, 由质点运动学, 满足

$$-h = v_{1y}t_1 - \frac{1}{2}gt_1^2 \tag{5}$$

$$-h = v_{2y}t_2 - \frac{1}{2}gt_2^2 \tag{6}$$

从式 (1) 和式 (2) 解得 $v_x = 50$ m·s^{-1}, 代入式 (3), 式 (4) 和式 (5), 得 $v_{2x} = 100$ m·s^{-1}, $v_{1y} = -14.7$ m·s^{-1}, $v_{2y} = 14.7$ m·s^{-1}, 再代入式 (6), 得 $t_2 = 4.00$ s. 由此可得第二物块落地点到爆炸点的水平距离为 $l_2 = v_{2x}t_2 = 400$ m. 于是, 第二物块落地点到抛出点的水平距离为 500 m.

2–5　如习题 2–5 图所示, 一个有 1/4 圆弧滑槽 (半径 R) 的物体质量为 m_1, 停在光滑的水平面上, 另一质量为 m_2 的小物体从静止开始沿圆面从顶端由静止下滑. 求当小物体滑到底时, 大物体在水平面上移动的距离.

解　水平向右建立 x 轴. 设小物体在顶端时, 大、小物体质心的水平坐标分别为 x_1, x_2, 小物体滑到底端时, 大、小物体质心的水平坐标分别为 x_1', x_2'. 由于两个物体构成的系统所受合外力为零, 且初始时刻系统静止, 所以, 根据质心运动规律, 系统的质心位置不变.

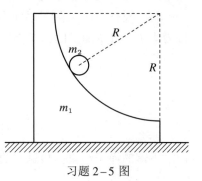

习题 2–5 图

$$\frac{m_1 x_1 + m_2 x_2}{m_1 + m_2} = \frac{m_1' x_1 + m_2' x_2}{m_1 + m_2}$$

$$m_1(x_1' - x_1) + m_2(x_2' - x_2) = 0$$

记 $\Delta x_1 = x_1' - x_1$, $\Delta x_2 = x_2' - x_2$, 有

$$m_1 \Delta x_1 + m_2 \Delta x_2 = 0 \tag{1}$$

又由于小物体相对于凹面的水平位移为 R, 所以

$$\Delta x_2 - \Delta x_1 = R \tag{2}$$

联立式 (1) 和式 (2), 可解出

$$\Delta x_1 = -\frac{m_2}{m_1 + m_2} R, \quad \Delta x_2 = \frac{m_1}{m_1 + m_2} R$$

小物体滑到底时, 大物体在水平面上向左移动的距离为 $\dfrac{m_2}{m_1 + m_2} R$.

2−6 一小球从高 h 处水平抛出, 初始速率为 v_0, 落地时小球撞在光滑的固定平面上. 设恢复系数为 e, ϕ_1 表示入射角, ϕ_2 表示反射角 (见习题 2−6 图). 试证: $\tan \phi_1 = e \tan \phi_2$.

解 由于水平方向不受外力, 故落地时小球的水平速率为 v_0, 且碰撞前后水平方向的动量守恒, 即

$$m v_0 = m v_1 \sin \phi_2$$

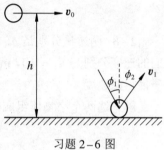

习题 2−6 图

由此解出

$$v_1 \sin \phi_2 = v_0 \tag{1}$$

在竖直方向上

$$e = \frac{0 - v_1 \cos \phi_2}{-\sqrt{2gh} - 0} = \frac{v_1 \cos \phi_2}{\sqrt{2gh}}$$

故

$$v_1 \cos \phi_2 = e\sqrt{2gh} \tag{2}$$

根据几何关系,

$$\tan \phi_1 = \frac{v_0}{\sqrt{2gh}} \tag{3}$$

$$\tan \phi_2 = \frac{v_1 \sin \phi_2}{v_1 \cos \phi_2}$$

将式 (1) 和式 (2) 代入上式得

$$\tan \phi_2 = \frac{v_0}{e\sqrt{2gh}}$$

与式 (3) 比较可知 $\tan \phi_1 = e \tan \phi_2$.

2−7 某一原来静止的放射性原子核由于衰变辐射出一个电子和一个中微子, 电子与中微子的运动方向互相垂直, 电子的动量为 1.2×10^{-22} kg·m·s^{-1}, 而中微子的动量等于 6.4×10^{-23} kg·m·s^{-1}. 试求原子核剩余部分反冲动量的方向和大小.

解 以原子核的剩余、电子和中微子组成的质点系为系统, 衰变过程中不受外力作用, 因而动量守恒, 即

$$\boldsymbol{p}_{\mathrm{e}} + \boldsymbol{p}_{\mathrm{n}} + \boldsymbol{p}_{\mathrm{r}} = 0$$

式中 p_e, p_n, p_r 分别表示电子、中微子和原子核剩余部分的动量. 如解图 2-7 建立坐标系,
动量守恒的分量表达式为

$$p_r = p_n \sin\theta + p_e \cos\theta \qquad (1)$$

$$p_n \cos\theta - p_e \sin\theta = 0 \qquad (2)$$

联立式 (1) 和式 (2), 可以解出

$$p_r = \sqrt{p_e^2 + p_n^2} = 1.36 \times 10^{-22} \text{ kg} \cdot \text{m} \cdot \text{s}^{-1}$$

$$\theta = \arctan\frac{p_n}{p_e} = 0.49 \text{ rad} = 28°4'$$

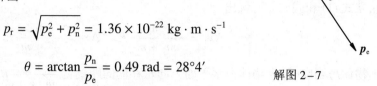

解图 2-7

故原子核剩余部分的动量方向与电子径迹间的夹角为

$$180° - 28°4' = 151°56'$$

2-8　两质量分别是 $m_1 = 20$ g, $m_2 = 50$ g 的小物体在光滑水平面 (x-y 平面) 上运动, 它
们的速度分别为 $u_1 = 10\,i$ m·s^{-1}, $u_2 = (3.0i + 5.0j)$ m·s^{-1}, 二者相碰后合为一体, 求两物体
碰撞后的速度.

解　选两个小物体组成的系统为质点系, 由于碰撞过程中合外力为零, 故动量守恒.

$$m_1 u_1 + m_2 u_2 = (m_1 + m_2)v$$

$$v = \frac{(20 \times 10 + 50 \times 3.0)\,i + 50 \times 5.0\,j}{20 + 50} = \left(5.0i + \frac{25}{7}j\right) \text{ m} \cdot \text{s}^{-1}.$$

速度的大小为 $v = \sqrt{v_x^2 + v_y^2} = 6.14$ m·s^{-1}, 速度方向与 x 轴的夹角为

$$\theta = \arctan\frac{v_y}{v_x} = \arctan\frac{5}{7} = 0.62 \text{ rad} = 35.5°$$

2-9　在直角坐标系中, 一质点位于 $r = (2i + j - k)\,r_0$, 受一作用力 $F = (3i - 2j + k)F_0$.
其中 r_0 和 F_0 分别表示一个单位的长度和力. 求该力对于原点的力矩.

解　根据力矩的定义,

$$M = r \times F = (2i + j - k)r_0 \times (3i - 2j + k)F_0 = (-i - 5j - 7k)r_0 F_0$$

2-10　习题 2-10 图中质量为 m 的质点绕点 $(R, 0)$ 作匀速圆周运动. 证明质点相对于
原点的角动量的大小为

$$L = m\omega R^2(1 + \cos\omega t)$$

式中 ω 是质点的角速率, $t = 0$ 时质点位于点 $(2R, 0)$.

解　由题意, 质点的运动方程为

$$r = (R + R\cos\omega t)i + R\sin\omega t\,j$$

上式对 t 求导, 得质点的速度为

$$v = -R\omega\sin\omega t\,\boldsymbol{i} + R\omega\cos\omega t\,\boldsymbol{j}$$

根据角动量的定义,有

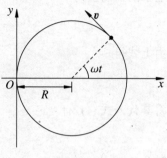

$$\boldsymbol{L} = \boldsymbol{r} \times m\boldsymbol{v}$$
$$= m\omega R\cos\omega t(R + R\cos\omega t)\boldsymbol{k} + m\omega R^2\sin^2\omega t\,\boldsymbol{k}$$
$$= m\omega R^2(1 + \cos\omega t)\boldsymbol{k}$$

其大小为

$$L = m\omega R^2(1 + \cos\omega t)$$

习题 2-10 图

原题得证.

2-11 哈雷彗星绕太阳运动的轨道是一个椭圆. 近日点距离太阳中心 $r_1 = 8.75 \times 10^{10}$ m, 在该处的速率 $v_1 = 5.46 \times 10^4$ m·s^{-1}. 已知它在远日点的速率为 $v_2 = 9.02 \times 10^2$ m·s^{-1}.

(1) 求哈雷彗星离太阳中心的最远距离 r_2;

(2) 估算哈雷彗星的周期.

解 (1) 如解图 2-11 所示, 彗星与太阳的相互作用力始终经过太阳中心, 以太阳中心为参考点, 彗星的角动量守恒, 即

$$r_1 m v_1 = r_2 m v_2$$

因此, $r_2 = \dfrac{v_1}{v_2} r_1 = 5.30 \times 10^{12}$ m.

(2) 椭圆的半长轴 a 和半短轴 b 分别为

$$a = \frac{r_1 + r_2}{2} = 2.69 \times 10^{12} \text{ m}$$

$$b = \sqrt{r_1 r_2} = 6.81 \times 10^{11} \text{ m}$$

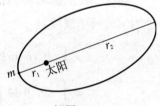

解图 2-11

椭圆面积为 $S = \pi a b = 5.75 \times 10^{24}$ m^2. 由公式 $\dfrac{\mathrm{d}S}{\mathrm{d}t} = \dfrac{L}{2m}$, 得

$$T = \frac{2mS}{L} = \frac{2mS}{r_1 m v_1} = 2.41 \times 10^9 \text{ s} = 76.4 \text{ a}$$

2-12 设氢原子中电子在圆形轨道中以速率 v 绕质子运动. 作用在电子上的向心力为电作用力, 其大小为 $e^2/(4\pi\varepsilon_0 r^2)$, 其中 e 为电子或质子的电量, r 为轨道半径, ε_0 为恒量. 假设电子绕核的角动量只能为 $h/(2\pi)$ 的整数倍, 其中 h 为普朗克常量. 试证电子的可能轨道半径由下式确定:

$$r = \frac{n^2\varepsilon_0 h^2}{\pi m e^2}$$

式中 n 可取正整数 $1, 2, 3, \cdots$.

解 根据牛顿第二定律, 有

$$\frac{e^2}{4\pi\varepsilon_0 r^2} = m\frac{v^2}{r}$$

由上式可得轨道半径为

$$r = \frac{e^2}{4\pi\varepsilon_0 m v^2} \tag{1}$$

电子的角动量为

$$L = rmv = \frac{e^2}{4\pi\varepsilon_0 v} = n\frac{h}{2\pi}, \quad n = 1, 2, 3, \cdots$$

由上式得

$$\frac{e^2}{2\varepsilon_0 v} = nh$$

将其代入式 (1), 有

$$r = \frac{nh}{2\pi mv}$$

因此

$$v = \frac{nh}{2\pi mr} \tag{2}$$

将式 (2) 代入式 (1), 得

$$r = \frac{\varepsilon_0 n^2 h^2}{\pi m e^2}$$

2–13　一个半圆薄板质量为 m, 半径为 R. 当它绕着它的直径边转动时, 它的转动惯量多大?

解　以直径为极轴, 建立如解图 2–13 所示的极坐标. 面元 $\mathrm{d}S = r\,\mathrm{d}r\,\mathrm{d}\theta$, 其质量为

$$\mathrm{d}m = \frac{m}{\pi R^2/2}\mathrm{d}S = \frac{2mr}{\pi R^2}\mathrm{d}r\,\mathrm{d}\theta$$

到转动轴的距离为 $r\sin\theta$. 于是, 半圆薄板以直径为轴的转动惯量为

$$\begin{aligned}
I &= \int_0^\pi \int_0^R (r\sin\theta)^2 \frac{2m}{\pi R^2} r\,\mathrm{d}r\,\mathrm{d}\theta \\
&= \int_0^\pi \sin^2\theta\,\mathrm{d}\theta \int_0^R \frac{2m}{\pi R^2} r^3\,\mathrm{d}r \\
&= \frac{\pi}{2}\frac{2m}{\pi R^2}\frac{R^4}{4} = \frac{1}{4}mR^2
\end{aligned}$$

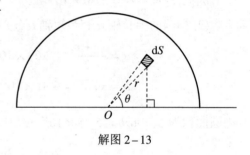

解图 2–13

2–14　试证明质量为 m, 半径为 R 的均匀球体, 以直径为转轴的转动惯量为 $\frac{2}{5}mR^2$.

解　在直角坐标系中, 绕 z 轴的转动惯量为

$$I_z = \int (x^2 + y^2)\,\mathrm{d}m \tag{1}$$

同理, 绕 x 轴和绕 y 轴的转动惯量分别为

$$I_x = \int (y^2 + z^2)\,\mathrm{d}m \tag{2}$$

$$I_y = \int (x^2 + z^2)\,\mathrm{d}m \tag{3}$$

将式 (1)、式 (2) 和式 (3) 相加, 利用 $I = I_x = I_y = I_z$, 得

$$3I = 2\int (x^2 + y^2 + z^2)\,\mathrm{d}m$$

换为球坐标系,

$$x^2 + y^2 + z^2 = r^2, \quad \mathrm{d}m = \rho 4\pi r^2 \, \mathrm{d}r$$

式中 $\rho = \dfrac{3m}{4\pi R^3}$ 为球体的密度, 有

$$3I = 2\int_0^R \rho 4\pi r^4 \, \mathrm{d}r = \frac{8}{5}\pi R^5 \rho = \frac{6}{5} mR^2$$

因此, $I = 2mR^2/5$.

2–15 飞轮对自身轴的转动惯量为 I_0, 初角速度为 ω_0, 作用在飞轮上的阻力矩为 M (常量). 试求飞轮的角速度减到 $\omega_0/2$ 时所需的时间 t 以及在这一段时间内飞轮转过的圈数 N.

解 由转动定律, $-M \, \mathrm{d}t = I_0 \omega$, 两边积分

$$-\int_0^t M \, \mathrm{d}t = I_0 \int_{\omega_0}^{\omega_0/2} \mathrm{d}\omega$$

$$t = \frac{I_0 \omega_0}{2M} \tag{1}$$

任意时刻 τ 的 ω 由下式求出

$$-\int_0^\tau M \, \mathrm{d}t = I_0 \int_{\omega_0}^\omega \mathrm{d}\omega$$

$$\omega = \frac{I_0 \omega_0 - M\tau}{I_0}$$

经时间 t 飞轮转过的角度为

$$\theta = \int_0^t \omega \, \mathrm{d}\tau = \int_0^t \left(\omega_0 - \frac{M\tau}{I_0}\right) \mathrm{d}\tau = \omega_0 t - \frac{M}{2I_0} t^2 \tag{2}$$

将式 (1) 代入式 (2) 得

$$\theta = \frac{3I_0 \omega_0^2}{8M}$$

从而转过的圈数

$$N = \frac{\theta}{2\pi} = \frac{3I_0 \omega_0^2}{16\pi M}$$

2–16 在光滑的水平面上有一木杆, 其质量 $m_1 = 1.0$ kg, 长 $l = 40$ cm, 可绕通过其中点并与之垂直的轴转动. 一质量为 $m_2 = 10$ g 的子弹, 以 $v = 2.0 \times 10^2$ m·s^{-1} 的速度射入杆端, 其方向与杆及轴都垂直. 若子弹陷入杆中, 试求木杆的的角速度.

解 选子弹与杆为系统, 不存在轴向的外力矩, 故角动量守恒, 即

$$m_2 v \frac{l}{2} = \left[\frac{1}{12} m_1 l^2 + m_2 \left(\frac{l}{2}\right)^2\right] \omega$$

由此解出

$$\omega = \frac{6m_2 v}{(m_1 + 3m_2)l} = 29.1 \text{ rad·s}^{-1}$$

木杆与子弹绕同一轴以 29.1 rad·s^{-1} 的角速度旋转.

2–17　有一圆板状水平转台, 质量 $m_1 = 200$ kg, 半径 $R = 3$ m, 台上有一人, 质量 $m_2 = 50$ kg, 当他站在距转轴 $r = 1$ m 处时, 转台和人一起以 $\omega_1 = 1.35$ rad·s^{-1} 的角速度转动. 若轴处摩擦可忽略不计, 问当人走到台边时, 转台和人一起转动的角速度 ω 为多少?

解　选取人与转台组成的系统, 转轴方向的力矩为零, 因此角动量守恒, 即

$$\left(I + m_2 r^2\right)\omega_1 = (I + m_2 R^2)\omega_2$$

式中 $I = m_1 R^2/2$. 从上式解得

$$\omega_2 = \frac{m_1 R^2/2 + m_2 r^2}{m_1 R^2/2 + m_2 R^2}\omega_1 = 0.95 \text{ rad·s}^{-1}$$

第3章 功 和 能

3.1 要点归纳

1. 功

当物体从位置矢量 $\boldsymbol{r}_1$ 沿空间曲线运动至位置矢量 $\boldsymbol{r}_2$ 时,作用在物体上的力 $\boldsymbol{F}$ 做的功为

$$A = \int_{\boldsymbol{r}_1}^{\boldsymbol{r}_2} \boldsymbol{F} \cdot \mathrm{d}\boldsymbol{r}$$

积分必须沿物体运动的曲线进行.

作定轴转动的刚体从角位置 θ_1 转动到角位置 θ_2 时,作用在刚体上的相对于转动轴的力矩 M 做的功,即

$$A = \int_{\theta_1}^{\theta_2} M \, \mathrm{d}\theta$$

2. 动能定理

质点动能定理: 合力对质点做的功等于质点动能的增量.

$$\int \boldsymbol{F} \cdot \mathrm{d}\boldsymbol{r} = \frac{1}{2} m v_2^2 - \frac{1}{2} m v_1^2$$

质点系动能定理: 作用在质点系上的总功 (包括内力和外力的功) 等于质点系动能的增量.

$$\sum_i A_{i\text{外}} + \sum_i A_{i\text{内}} = E_{k2} - E_{k1}$$

刚体定轴转动的动能定理: 相对于转动轴的合外力矩对定轴转动的刚体做的功等于刚体转动动能的增量.

$$\int M \, \mathrm{d}\theta = \frac{1}{2} I \omega_2^2 - \frac{1}{2} I \omega_1^2$$

3. 势能

若 $\boldsymbol{F}$ 满足 $\oint \boldsymbol{F} \cdot \mathrm{d}\boldsymbol{r} = 0$,则定义空间任意两点 M 和 N 之间的势能之差为

$$E_p(M) - E_p(N) = \int_M^N \boldsymbol{F} \cdot \mathrm{d}\boldsymbol{r}$$

若选择平衡位置的弹性势能为零,弹簧伸长量为 x (x 为负表示弹簧被压缩) 时弹簧的弹性势能为

$$E_p(x) = \int_x^0 -kx \, \mathrm{d}x = \frac{1}{2} k x^2$$

质量为 m_1 和 m_2 的两物体,如果选择它们相距无限远时万有引力势能为零,则当它们相距 r 时的万有引力势能为

$$E_p(r) = -\int_r^\infty G \frac{m_1 m_2}{r^2} \, \mathrm{d}r = -G \frac{m_1 m_2}{r}$$

4. 保守力等于势能的负梯度 $\boldsymbol{F} = -\nabla E_{p}$.

5. 功能原理: 外力与耗散内力的总功等于系统机械能的增量, 即

$$\sum_{i} A_{i外} + \sum_{i} A_{i耗内} = (E_{k2} + E_{p2}) - (E_{k1} + E_{p1})$$

$$\sum_{i} A_{i外} + \sum_{i} A_{i耗内} = E_{2} - E_{1}$$

6. 机械能守恒定律: 在只有保守内力做功的情况下, 系统的机械能保持不变.

3.2 习题解答

3-1 一小球在介质中按规律 $x = ct^{3}$ 作直线运动, c 为一常量. 设小球所受的阻力与速度的平方成正比 (阻力系数为 k). 试求小球由原点运动到 $x = x_{0}$ 时, 阻力所做的功.

解 小球任意时刻的速率为 $v = 3ct^{2}$. 由题意, $t = (x/c)^{1/3}$, 阻力为

$$F = -kv^{2} = -9kc^{2}t^{4} = -9kc^{2/3}x^{4/3}$$

于是, 阻力做的功为

$$A = \int_{0}^{x_{0}} F\,\mathrm{d}x = \int_{0}^{x_{0}} -9kc^{2/3}x^{4/3}\,\mathrm{d}x = -\frac{27}{7}kc^{2/3}x_{0}^{7/3}$$

3-2 如习题 3-2 图所示, 一链条的质量为 m, 总长为 l, 放在光滑的桌面上, 其中一端下垂, 长度为 a, 假定开始时链条静止.

(1) 求链条离开桌面时的速率;

(2) 如果桌面与链条间的摩擦因数为 μ, 求链条离开桌面时的速率.

解 (1) 设链条垂下部分的长度为 x, 选链条为研究对象, 它受到的合力为垂下部分的重力 mgx/l. 根据动能定理, 当链条离开桌面内, 此力做的功等于链条动能的增量, 即

$$\int_{a}^{l} \frac{mgx}{l}\,\mathrm{d}x = \frac{1}{2}mv^{2}$$

或

$$\frac{mg}{2l}\left(l^{2} - a^{2}\right) = \frac{1}{2}mv^{2}$$

化简得

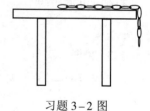

习题 3-2 图

$$v = \sqrt{\frac{g}{l}(l^{2} - a^{2})}$$

(2) 摩擦力的大小为 $(l - x)mg\mu/l$, 方向与链条运动方向相反, 因此动能定理可表示为

$$\int_{a}^{l} \left[-\frac{l - x}{l}mg\mu + \frac{mgx}{l}\right]\mathrm{d}x = \frac{1}{2}mv^{2}$$

积分并化简可得

$$v = \sqrt{\frac{g}{l}\left[l^{2} - a^{2} - \mu(l - a)^{2}\right]}$$

3–3 质量为 m 的质点在外力作用下在 x-y 平面内运动, 运动方程为 $r = ia\cos\omega t + jb\sin\omega t$. 求该外力在 $t = 0$ 到 $t = 0.5\pi/\omega$ 内所做的功.

解 根据运动方程得质点任意时刻的速度为

$$v = -\omega a\sin\omega t\, i + \omega b\cos\omega t\, j$$

当 $t = 0$ 时, $v_1 = \omega b j$, 当 $t = 0.5\pi/\omega$ 时, $v_2 = -\omega a i$. 由动能定理, 外力做的功等于质点动能的增量, 所以

$$A = \frac{1}{2}m(v_2^2 - v_1^2) = \frac{1}{2}m\omega^2\left(a^2 - b^2\right)$$

3–4 粒子的势能具有形式

$$E_p = a\left(\frac{x}{y} - \frac{y}{z}\right)$$

式中 a 是常量. 试求:

(1) 作用于粒子上的力;

(2) 当粒子由点 $(1, 1, 1)$ 移动到点 $(2, 2, 3)$ 时场力对粒子做的功.

解 (1) 根据势能与保守力的关系 $F = -\nabla E_p$, 得

$$F = -\frac{a}{y}i + a\left(\frac{x}{y^2} + \frac{1}{z}\right)j - \frac{a y}{z^2}k$$

(2) 场力的功等于势能的负增量, 即

$$A = E_p(1, 1, 1) - E_p(2, 2, 3) = -\frac{a}{3}$$

3–5 已知某双原子分子的原子间相互作用的势能函数为

$$E_p = \frac{A}{x^{12}} - \frac{B}{x^6}$$

其中, A 和 B 为常量, x 为原子间的距离. 试求原子间作用力的函数式及原子间相互作用力为零时的距离.

解

$$F(x) = -\nabla E_p = -\frac{dE_p}{dx}i = \left(\frac{12A}{x^{13}} - \frac{6B}{x^7}\right)i$$

由 $F(x) = 0$ 可以解出,

$$x = \left(\frac{2A}{B}\right)^{1/6}$$

3–6 一质量为 m 的地球卫星, 沿半径为 $3R_E$ 的圆轨道运动, R_E 为地球半径. 已知地球的质量为 m_E, 求:

(1) 卫星的动能;

(2) 卫星的引力势能;

(3) 卫星的机械能.

解 (1) 卫星作圆周运动时满足

$$\frac{mv^2}{3R_E} = G\frac{m_E m}{(3R_E)^2}$$

从上式解得

$$v = \sqrt{\frac{Gm_E}{3R_E}}$$

于是卫星的动能为

$$E_k = \frac{1}{2}mv^2 = \frac{Gm_E m}{6R_E}$$

(2) 卫星的引力势能为

$$E_p = -\int_{3R_E}^{\infty} G\frac{m_E m}{r^2}\,dr = -G\frac{m_E m}{3R_E}$$

(3) 卫星的机械能为

$$E = E_k + E_p = -\frac{Gm_E m}{6R_E}$$

3-7 一转动惯量为 I 的飞轮以 ω 的角速度在轴上旋转, 轴的转动惯量可以忽略不计. 另一静止的飞轮的转动惯量为 $2I$, 它们突然被耦合到同一个轴上. 求:

(1) 耦合后整个系统的角速度是多大?

(2) 耦合前后系统动能的损失.

解　(1) 耦合前后系统的角动量守恒

$$I\omega = (I + 2I)\omega'$$

所以

$$\omega' = \frac{1}{3}\omega$$

(2) 损失的动能为

$$|\Delta E_k| = \frac{1}{2}I\omega^2 - \frac{1}{2}(I+2I)\omega'^2 = \frac{1}{3}I\omega^2$$

3-8 如习题 3-8 图所示, 弹簧的劲度系数 $k = 2.0 \times 10^3 \ \text{N} \cdot \text{m}^{-1}$, 轮子的转动惯量为 $0.5 \ \text{kg} \cdot \text{m}^2$, 轮子半径 $r = 30 \ \text{cm}$. 求质量为 $60 \ \text{kg}$ 的物体下落 $40 \ \text{cm}$ 时的速率是多大? 假设开始时物体静止而弹簧无伸长.

解　设当物体下落到速率为 v 时, 轮子的角速率为 ω, 则必有 $\omega = \dfrac{v}{r}$.

选取地球、物体、轮子和弹簧为系统, 则物体下落过程中机械能守恒. 如果设物体初始位置为重力势能零点, 则

$$0 = \frac{1}{2}kh^2 + \frac{1}{2}mv^2 + \frac{1}{2}I\left(\frac{v}{r}\right)^2 - mgh$$

从上式得出

$$v = \sqrt{\frac{2mgh - kh^2}{m + I/r^2}} = 1.51 \ \text{m} \cdot \text{s}^{-1}$$

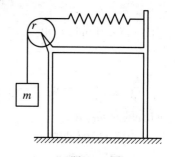

习题 3-8 图

3-9 如习题 3-9 图所示, 劲度系数为 k 的轻弹簧, 一端固定, 另一端与桌面上的质量为 m 的小球相连, 推动小球, 将弹簧压缩一段距离 d 后放开, 假定小球所受的摩擦力大小为 F, 且恒定不变 (滑动摩擦因数与静摩擦因数可视为相等). 试求 l 必须满足什么条件才能使小球放开后就开始运动, 而且一停下来就保持静止状态.

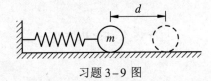

习题 3-9 图

解 欲使小球放开后即开始运动, 必须满足

$$kd > F \tag{1}$$

设小球运动至弹簧伸长 x 时停止, 则由功能原理, 摩擦力做的功等于小球机械能的增量, 即

$$-F(x+d) = \frac{1}{2}kx^2 - \frac{1}{2}kd^2 \tag{2}$$

欲使小球停下来后保持静止, 还必须满足

$$F > kx \tag{3}$$

从式 (2) 解出

$$x = d - \frac{2F}{k}$$

代入式 (3), 得 $d < 3F/k$. 再与式 (1) 联立, 即可得出 d 必须满足的条件为

$$\frac{F}{k} < d < \frac{3F}{k}$$

3-10 求物体从地面出发的逃逸速度, 即逃脱地球引力所需要的从地面出发的最小速度. 地球半径取 $R = 6.4 \times 10^6$ m.

解 选物体与地球为系统, 并设二者相距无限远时引力势能为零, 则逃逸速度 v_e 满足

$$\frac{1}{2}mv_e^2 - \frac{Gm_E m}{R} = 0$$

由上式可得

$$v_e = \sqrt{\frac{2Gm_E}{R}}$$

考虑到地面上的重力加速度为 $g = Gm_E/R^2$, 所以逃逸速度为

$$v_e = \sqrt{2gR} = 1.12 \times 10^4 \text{ m} \cdot \text{s}^{-1}$$

3-11 在一光滑平面内两相同的球完全弹性碰撞, 其中一球开始时处于静止状态, 另一球速度为 $\boldsymbol{v}_0$. 求证: 碰撞后两球速度 $\boldsymbol{v}_1$, $\boldsymbol{v}_2$ 的方向相互垂直.

解 设球体的质量为 m, 选两球组成的系统为研究对象, 则由于碰撞过程系统受到的合外力为零, 且为弹性碰撞, 所以碰撞前后的动量和动能都保持不变, 即

$$m\boldsymbol{v}_1 + m\boldsymbol{v}_2 = m\boldsymbol{v}_0 \tag{1}$$

$$\frac{1}{2}mv_1^2 + \frac{1}{2}mv_2^2 = \frac{1}{2}mv_0^2 \tag{2}$$

将式 (1) 两边平方, 化简得

$$v_1^2 + v_2^2 + 2\boldsymbol{v}_1 \cdot \boldsymbol{v}_2 = v_0^2 \tag{3}$$

由式 (2) 得

$$v_1^2 + v_2^2 = v_0^2 \tag{4}$$

将式 (3) 减去式 (4), 有

$$\boldsymbol{v}_1 \cdot \boldsymbol{v}_2 = 0$$

因为 $v_1 \neq 0, v_2 \neq 0$, 所以上式表示两个矢量相互垂直.

3-12 水星绕太阳运行轨道的近日点到太阳的距离为 $r_1 = 4.59 \times 10^7$ km, 远日点对太阳的距离为 $r_2 = 6.98 \times 10^7$ km. 求水星越过近日点和远日点时速率 v_1 和 v_2. 设太阳质量为 1.99×10^{30} kg.

解 水星在近日点和远日点处的速度方向与它对太阳的径矢方向垂直. 由角动量守恒, 得

$$r_1 m v_1 = r_2 m v_2 \tag{1}$$

又由机械能守恒得

$$\frac{1}{2} m v_1^2 - \frac{G m_E m}{r_1} = \frac{1}{2} m v_2^2 - \frac{G m_E m}{r_2} \tag{2}$$

将式 (1) 和式 (2) 联立, 解得

$$v_1 = \left[\frac{2 G m_E r_2}{(r_1 + r_2) r_1} \right]^{1/2} = 5.91 \times 10^4 \ \text{m} \cdot \text{s}^{-1}$$

$$v_2 = \frac{r_1}{r_2} v_1 = 3.88 \times 10^4 \ \text{m} \cdot \text{s}^{-1}$$

第 4 章 流体力学

4.1 要点归纳

1. 静止流体的压强公式

静止流体内部同一高度各点的压强都相等; 竖直方向深度差为 h 的两点的压强差为

$$\Delta p = \rho g h$$

上式成立的前提是流体的密度均匀分布. 若液面上的压强为 p_0, 则液面下深度 h 处的压强为 $p_0 + \rho g h$.

2. 理想流体的定常流动

(1) 理想流体: 无黏性、密度均匀不可压缩的流体.

(2) 定常流动: 流场中的物理量不随时间变化.

(3) 连续性方程: 对于理想流体中任一闭合曲面, 体积流量 $\oint \boldsymbol{v} \cdot \mathrm{d}\boldsymbol{S} = 0$. 如果闭合曲面的侧面为流管, 且两个端面上的流速均匀分布, 则连续性方程可以化简为 $S_1 v_1 = S_2 v_2$.

(4) 伯努利方程: 同一条流线上各点, $\rho g y + \dfrac{1}{2}\rho v^2 + p = $ 常量.

3. 黏性流体的流动

(1) 流体的黏性: 流体内部各部分相对运动时存在摩擦力, 因而黏性流体的流动需要消耗能量.

(2) 牛顿黏性定律: 黏性流体作层流时相邻两层间的摩擦力 $f = \eta \Delta S \dfrac{\mathrm{d}v}{\mathrm{d}z}$.

(3) 泊肃叶公式

$$q = \frac{\pi R^4}{8\eta} \frac{\Delta p}{l}$$

牛顿流体在圆管中作定常层流时, 体积流量与单位长度的压强降成正比, 与圆管半径的 4 次方成正比, 与流体的黏度成反比.

(4) 斯托克斯公式 $f = 6\pi r \eta v$.

4. 液体的表面现象

(1) 表面张力系数的三种定义

$$\sigma = \frac{f}{l}; \quad \sigma = \frac{\mathrm{d}A}{\mathrm{d}S}; \quad \sigma = \frac{\mathrm{d}E}{\mathrm{d}S}$$

(2) 球形液面的附加压强 $\Delta p = \dfrac{2\sigma}{R}$

(3) 毛细管中液面升降的高度 $h = \dfrac{2\sigma \cos\theta}{\rho g r}$

4.2　习题解答

4–1　有一水坝长 1 km, 水深 5 m, 水坝斜面与水平方向的夹角为 60°, 求坝身所承受水的总压力.

解　如解图 4–1 所示, 以水的底部为 y 轴原点, 竖直向上建立 y 轴.

考虑高为 y 处厚度为 $\mathrm{d}y$ 的一层水平液块, 在该处的压强为 $p_0 + \rho g(H - y)$. 水平液块对坝的垂直压力为

$$\mathrm{d}F = [p_0 + \rho g(H - y)] L \frac{\mathrm{d}y}{\sin\theta}$$

式中 L 为坝长. 水坝受到的总压力为

$$
\begin{aligned}
F &= \int_0^H [p_0 + \rho g(H - y)] L \frac{\mathrm{d}y}{\sin\theta} \\
&= \left(p_0 H + \frac{1}{2}\rho g H^2\right) \frac{L}{\sin\theta} \\
&= 7.3 \times 10^8 \ \mathrm{N}
\end{aligned}
$$

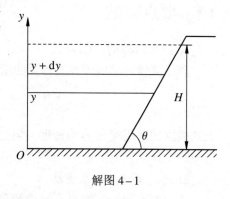

解图 4–1

4–2　一个圆柱形水桶装有水, 液面高度为 H, 水桶的底面积为 S_1. 桶的底部有一个小孔, 面积为 S_2. 求:

(1) 液面下降的速率与液面高度的关系;

(2) 桶内水全部流尽需要的时间.

解　(1) 设 t 时刻的水高为 h, 选择桶内水面上一点与小孔出口处另一点, 连接成一条流线, 列出连续性方程和伯努利方程:

$$
\begin{cases}
S_1 v_1 = S_2 v_2 \\
p_0 + \rho g h + \dfrac{1}{2}\rho v_1^2 = p_0 + \dfrac{1}{2}\rho v_2^2
\end{cases}
$$

从中解得

$$v_1 = S_2 \sqrt{\frac{2gh}{S_1^2 - S_2^2}}$$

这就是液面高度为 h 时, 桶内液面下降的速率.

(2) 因为液面下降的速率还可以表示为

$$v_1 = -\frac{\mathrm{d}h}{\mathrm{d}t}$$

所以有

$$\mathrm{d}t = -\frac{\mathrm{d}h}{v_1}$$

将 (1) 中 v_1 的表达式代入上式并积分, 可得桶内水全部流尽需要的时间为

$$\tau = -\int_H^0 \frac{\sqrt{S_1^2 - S_2^2}\,\mathrm{d}h}{S_2\sqrt{2gh}} = \frac{1}{S_2}\sqrt{\frac{2H\left(S_1^2 - S_2^2\right)}{g}}$$

4–3 在水平地板上放置一开口很大的圆柱形容器, 里面盛有水, 水面距离地板的高度为 H. 在容器侧壁上距离水面的竖直高度为 h 处开一小孔. 假设水为理想流体, 问射出的水流在地板上的射程有多远? h 为何值时, 射程最远?

解 水从小孔出射的速率为 $v = \sqrt{2gh}$, 到达地板的时间为 $t = \sqrt{2(H-h)/g}$, 故射程为

$$l = vt = 2\sqrt{h(H-h)}$$

欲使 l 最大, 必须满足 $\dfrac{\mathrm{d}l}{\mathrm{d}h} = 0$, 即

$$(H - 2h)\left[h(H-h)\right]^{-1/2} = 0$$

从中解得 $h = H/2$, 可以验证, 此时 $\mathrm{d}^2l/\mathrm{d}h^2 < 0$, 所以当 $h = H/2$ 时射程最远.

4–4 计算习题 4–4 图中与 A 等高的虹吸管内一点的压强.

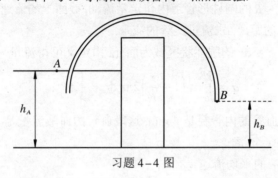

习题 4–4 图

解 设与 A 等高的虹吸管内一点的压强为 p, 此点与 A 点之间的伯努利方程为

$$p_0 = p + \frac{1}{2}\rho v^2$$

$v = \sqrt{2g(h_A - h_B)}$ 为虹吸管内水的流速. 从上式得

$$p = p_0 - \frac{1}{2}\rho v^2 = p_0 - \rho g(h_A - h_B)$$

4–5 水柱从面积为 S_0 的喷水口竖直向上以初速度 v_0 喷出, 正好将位于出水口正上方的带有平板底座的物体托起并稳定悬浮在空中. 将水流视为理想流体的定常流动, 且认为水柱喷射到底座上后迅速沿水平方向散开, 竖直方向的速度变为零. 已知物体和底座的质量之和为 m, 问:

(1) 底座位于出水口上方多高的地方?

(2) 水柱到达底座时截面积为多大?

解 设底座位于出水口上方 h 处, 水柱到达底座时速度为 v, 截面积为 S. 单位时间喷射到底座上的水的质量为 $\rho S v$, 根据动量定理, 单位时间竖直方向动量的增量等于其竖直方向受到的冲力, 即

$$-\rho S v^2 = -mg \tag{1}$$

水从出水口到底座的流动满足连续性方程

$$v_0 S_0 = v S \tag{2}$$

和伯努利方程

$$p_0 + \frac{1}{2}\rho v_0^2 = p_0 + \frac{1}{2}\rho v^2 + \rho g h \tag{3}$$

从式 (1) 和式 (2) 可得

$$v = \frac{mg}{\rho S_0 v_0} \tag{4}$$

将式 (4) 代入式 (3) 得

$$h = \frac{v_0^2}{2g} - \frac{m^2 g}{2\rho^2 v_0^2 S_0^2}$$

将式 (4) 代入式 (2) 得

$$S = \frac{\rho S_0^2 v_0^2}{mg}$$

4-6　流体在半径为 R 的圆柱形管道内作定常流动, 截面上的流速分布为 $v = v_0(1 - r/R)$, r 为截面上某点到轴线的距离. 求流过此管的流量.

解　选半径为 $r \sim r + \mathrm{d}r$ 的圆环状区域为面元, 由定义可得流量

$$q = \int_0^R v_0\left(1 - \frac{r}{R}\right)2\pi r \, \mathrm{d}r = \frac{1}{3}\pi R^2 v_0$$

4-7　假设人体的血管的内半径是 4 mm, 这段血管的血液流量是 1×10^{-6} m³ · s⁻¹. 血液的黏度 $\eta = 3.0 \times 10^{-3}$ Pa · s. 求:

(1) 这段血管中血液的平均流速;

(2) 长为 0.1 m 的血管两端的压强差.

解　(1) 平均流速为流量与截面半径之比,

$$\bar{v} = \frac{q}{\pi r^2} = 0.02 \text{ m} \cdot \text{s}^{-1}$$

(2) 根据泊肃叶公式, 得

$$\Delta p = \frac{8\eta l q}{\pi R^4} = 3 \text{ Pa}$$

4-8　一半径为 0.1 mm 的雨滴, 在空气中下降, 空气视为黏性流体, 试用斯托克斯公式求雨滴下降的终极速度. 空气的密度 $\rho_0 = 1.25$ kg · m⁻³, 空气的黏度 $\eta = 1.81 \times 10^{-5}$ Pa · s.

解　雨滴的末速度即其加速度为零时的速度, 此时作用于雨滴上的合外力为零. 记雨滴的密度为 ρ, 则

$$\frac{4}{3}\pi r^3 \rho g - 6\pi r \eta v - \frac{4}{3}\pi r^3 \rho_0 g = 0$$

解得

$$v = \frac{2(\rho - \rho_0)g r^2}{9\eta} = 1.2 \text{ m} \cdot \text{s}^{-1}$$

4-9　将一根毛细管一端竖直插入水中, 管内水面比管外水面高出 $h = 6.5$ cm, 如将此毛细管一端插入水银中, 求管内外水银面的高度差. 已知水的表面张力系数 $\sigma = 7.3 \times 10^{-2}$ N · m⁻¹, 水与管壁的接触角为0°; 水银的表面张力系数 $\sigma' = 0.49$ N · m⁻¹, 密度 $\rho' = 13.6 \times 10^3$ kg · m⁻³, 与管壁的接触角为135°.

解 由公式

$$h = \frac{2\sigma \cos\theta}{\rho g r}$$

可得

$$h' = \frac{\sigma' \cos\theta' \rho}{\sigma \cos\theta \rho'} h = -0.35h = -2.27 \text{ cm}$$

式中负号表示管内水银的液面低于管外水银的液面.

4-10 已知移液管装有某种液体, 其质量为 m, 然后让液体缓缓地从移液管下端滴出, 液滴因重力作用形成袋状, 袋状表面层形成一个细的瓶颈, 直径为 d, 如习题 4-10 图所示. 液滴一滴滴地由颈部断裂落下, 共有 n 滴, 求此液体的表面张力系数.

解 可认为液滴脱离移液管的瞬间, 液滴所受重力等于表面张力. 每个液滴的表面张力为其颈部周长与表面张力系数的乘积, 因此有

$$\sigma \pi d = \frac{mg}{n}$$

于是有

$$\sigma = \frac{mg}{n\pi d}$$

4-11 如习题 4-11 图所示, 一个半径为 R 的气泡恰在水面下, 水的表面张力系数为 σ, 水面上大气压强为 p_0, 求气泡内的压强.

解 气泡为球形液面, 根据球形液面的附加压强公式, 可知泡内压强为

$$p = p_0 + \frac{2\sigma}{R}$$

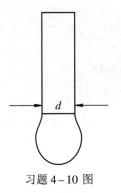

习题 4-10 图

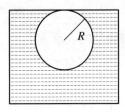

习题 4-11 图

第5章 振 动

5.1 要点归纳

1. 简谐振动

(1) 动力学方程

$$\frac{\mathrm{d}x^2}{\mathrm{d}t^2} + \omega^2 x = 0$$

(2) 运动学方程

$$x = A\cos(\omega t + \phi), \quad v = -\omega A\sin(\omega t + \phi), \quad a = \omega^2 A\cos(\omega t + \phi)$$

(3) 典型的简谐振动的角频率

$$\omega = \sqrt{\frac{k}{m}} \qquad (弹簧谐振子)$$

$$\omega = \sqrt{\frac{g}{l}} \qquad (单摆)$$

$$\omega = \sqrt{\frac{mgl}{I}} \qquad (复摆)$$

(4) 简谐振动的能量

$$E_k = \frac{1}{2}mA^2\omega^2\sin^2(\omega t + \phi)$$

$$E_p = \frac{1}{2}mA^2\omega^2\cos^2(\omega t + \phi)$$

$$E = E_k + E_p = \frac{1}{2}mA^2\omega^2 = \frac{1}{2}kA^2$$

(5) 简谐振动的表示方法

简谐振动 $x = A\cos(\omega t + \phi)$ 可用一个模为 A, 起点位于原点的以角速度 ω 旋转的矢量表示.

在相平面内简谐振动的相轨为一椭圆

$$\left(\frac{x}{A}\right)^2 + \left(\frac{p}{m\omega A}\right)^2 = 1$$

2. 简谐振动的合成

(1) 同频率、同方向简谐振动的合成

$$x = A_1\cos(\omega t + \phi_1) + A_2\cos(\omega t + \phi_2) = A\cos(\omega t + \phi)$$

$$A = \sqrt{A_1^2 + A_2^2 + 2A_1A_2\cos(\phi_2 - \phi_1)}$$

$$\phi = \frac{A_1\sin\phi_1 + A_2\sin\phi_2}{A_1\cos\phi_1 + A_2\cos\phi_2}$$

(2) 同频率、垂直方向简谐振动的合成

合成振动的轨道方程为

$$\frac{x^2}{A_1^2} + \frac{y^2}{A_2^2} - \frac{2xy}{A_1 A_2} \cos(\phi_2 - \phi_1) = \sin^2(\phi_2 - \phi_1)$$

当 $\Delta\phi = \phi_2 - \phi_1$ 取不同值时, 合振动的轨迹见图 5-1.

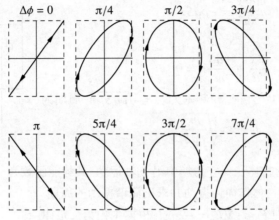

图 5-1 同频率垂直方向两个简谐振动的合振动轨迹

3. 阻尼振动

(1) 动力学方程

$$\frac{\mathrm{d}^2 x}{\mathrm{d}t^2} + \frac{b}{m}\frac{\mathrm{d}x}{\mathrm{d}t} + \omega_0^2 x = 0$$

式中 ω_0 为阻尼不存在时简谐振动的角频率, 称为固有角频率.

(2) 阻尼振动的三种模式: 当 $b < 2m\omega_0$ 时, 为阻尼振动; 当 $b > 2m\omega_0$ 时, 为过阻尼; 当 $b = 2m\omega_0$ 时, 为临界阻尼.

4. 受迫振动

(1) 动力学方程

$$\frac{\mathrm{d}^2 x}{\mathrm{d}t^2} + \frac{b}{m}\frac{\mathrm{d}x}{\mathrm{d}t} + \omega_0^2 x = \frac{F_0}{m}\cos\omega t$$

式中 ω_0 固有角频率.

(2) 稳态振幅

$$A = \frac{F_0/m}{\sqrt{(\omega^2 - \omega_0^2)^2 + (b\omega/m)^2}}$$

(3) 共振条件

$$\omega = \sqrt{\omega_0^2 - \frac{b^2}{2m^2}}$$

5.2 习题解答

5-1 质量为 m 的长方体木块, 浮在水面上, 它与水面平行的表面的面积为 S. 现将木块轻轻按下,使其偏离平衡位置.试证明小木块释放后将作简谐振动,并求振动的周期(已知水的密度为 ρ).

解 以木块处于平衡位置时与下底面等高处为原点,向下建立 x 轴.则当木块偏离平衡位置 x 时,受到的合外力(重力与浮力的矢量和)的 x 分量为 $F = -\rho g S x$.

根据牛顿第二定律,木块的动力学方程为

$$m\frac{\mathrm{d}^2 x}{\mathrm{d}t^2} = -\rho g S x$$

或

$$\frac{\mathrm{d}^2 x}{\mathrm{d}t^2} + \frac{\rho g S}{m} x = 0$$

这正是简谐振动的动力学方程.角频率为 $\omega = \sqrt{\rho g S/m}$, 周期为

$$T = 2\pi \sqrt{\frac{m}{\rho g S}}$$

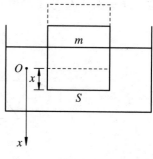

解图 5-1

5-2 质量为 m 的物体在保守力场中沿 x 轴运动,其势能函数为 $E_p = a(x^2 + 1)$, a 为大于零的常量.试证明该物体作简谐振动并求出简谐振动的周期.

解 该物体受力为 $\boldsymbol{F} = -\boldsymbol{\nabla} E_p = -2ax\boldsymbol{i}$, 根据牛顿第二定律,有

$$F = -2ax = m\frac{\mathrm{d}^2 x}{\mathrm{d}t^2}$$

令 $\omega = \sqrt{2a/m}$, 上式可化为

$$\frac{\mathrm{d}^2 x}{\mathrm{d}t^2} + \omega^2 x = 0$$

这就是简谐振动的动力学方程,所以,该物体作简谐振动.周期为 $T = \pi\sqrt{2m/a}$.

5-3 一细圆环质量为 m, 半径为 R, 挂在墙上的钉子上.求它的微小摆动的周期.

解 圆环摆角为 θ 时,将受到相对于钉子的力矩 $-mgR\sin\theta$. 圆环对悬挂点的转动惯量为 $2mR^2$. 根据转动定律,对微小摆动,有

$$2mR^2\frac{\mathrm{d}\theta}{\mathrm{d}t} = -mgR\sin\theta \approx -mgR\theta$$

或

$$\frac{\mathrm{d}^2\theta}{\mathrm{d}t^2} + \frac{g}{2R}\theta = 0$$

由此得

$$T = 2\pi\sqrt{\frac{2R}{g}}$$

5-4 两个质点在同一直线上作振幅和频率均相等的简谐振动. 它们每次都是在振幅的一半处相向相遇,问它们的相位差为多大?

解 不妨以它们相遇的时刻作为计时零点,则振动表达式分别为

$$x_1 = A\cos(\omega t + \phi_1)$$

$$x_2 = A\cos(\omega t + \phi_2)$$

由初始条件 $x_1(0) = x_2(0) = A/2, v_1(0) = -v_2(0)$ 可得

$$\cos\phi_1 = \cos\phi_2 = \frac{1}{2}, \quad \sin\phi_1 = -\sin\phi_2$$

因此, 它们振动的相位差也是初相位差, 为 $\pm 2\pi/3$.

5-5 一质量为 m 的物体, 以振幅 A 作简谐振动, 最大加速度为 a_{max}, 则其振动总能量为多大? 当其动能为其势能的一半时, 物体位于离平衡位置多远?

解 对于简谐振动, 有

$$x = A\cos(\omega t + \phi)$$

$$v = -\omega A\sin(\omega t + \phi)$$

$$a = -\omega^2 A\cos(\omega t + \phi)$$

所以 $a_{max} = \omega^2 A$, 于是有 $\omega = \sqrt{\dfrac{a_{max}}{A}}$, 振动的总能量为

$$E = \frac{1}{2}m\omega^2 A^2 = \frac{1}{2}mAa_{max}$$

当动能是势能的一半时,

$$E_p = \frac{2}{3}E = \frac{2}{3}\frac{1}{2}m\omega^2 A^2 = \frac{1}{2}m\omega^2 x^2$$

从上式可得 $x = \pm\sqrt{6}A/3$.

5-6 一质点作简谐运动的表达式为 $x = 0.10\cos(20\pi t + 0.25\pi)$ (m). 求:

(1) 振幅、频率、角频率、周期和初相位;

(2) $t = 2$ s 时的位移、速度和加速度.

解 (1) 从振动表达式可以读出, 振幅 $A = 0.10$ m, 角频率 $\omega = 20\pi$ rad·s^{-1}, 初相位 $\phi = 0.25\pi$ rad. 频率 $\nu = \omega/(2\pi) = 10$ Hz, 周期为 $T = 1/\nu = 0.10$ s.

(2) 振动表达式对时间分别求一阶导数与二阶导数, 可得质点的速度和加速度随时间变化的函数式.

$$v(t) = \frac{dx}{dt} = -2.0\pi\sin(20\pi t + 0.25\pi) \ (\text{m·s}^{-1})$$

$$a(t) = \frac{d^2x}{dt^2} = -40\pi^2\cos(20\pi t + 0.25\pi) \ (\text{m·s}^{-2})$$

将 $t = 2$ s 代入, 分别得到 $x = \approx 7.07\times10^{-2}$ m, $v = -4.44$ m·s^{-1}, $a = -2.79\times10^2$ m·s^{-2}.

5-7 作简谐运动的小球, 速度的最大值为 $v_{max} = 3$ cm·s^{-1}, 振幅 $A = 2$ cm, 若从速度为正的最大值的那一时刻开始计时,

(1) 求振动的周期;

(2) 求加速度的最大值;

(3) 写出振动表达式.

解 (1) 由 $v_{max} = \omega A = 2\pi A/T$, 得 $T = 2\pi A/v_{max} = 4.2$ s.

(2) $a_{max} = \omega^2 A = v_{max}^2/A = 4.5\times10^{-2}$ m·s^{-2}.

(3) 由初始条件, $t = 0$ 时, $v = v_{max}$, 得初相位 $\phi = -\pi/2$. 角频率 $\omega = v_{max}/A = 1.5 \, \text{rad} \cdot \text{s}^{-1}$. 所以振动表达式为

$$x(t) = 0.02 \cos\left(\frac{3}{2}t - \frac{\pi}{2}\right) \, (\text{m})$$

5-8 质量为 $0.10 \, \text{kg}$ 的物体, 以振幅 $1.0 \times 10^{-2} \, \text{m}$ 作简谐振动, 其最大加速度为 $4.0 \, \text{m} \cdot \text{s}^{-2}$. 试计算:

(1) 振动的周期;

(2) 通过平衡位置时的动能;

(3) 振动总能量;

(4) 物体在何处动能和势能相等?

解　(1) 因 $a_{max} = \omega^2 A$, 故 $\omega = \sqrt{\dfrac{a_{max}}{A}} = 20 \, \text{rad} \cdot \text{s}^{-1}$, 周期 $T = 2\pi/\omega = 0.314 \, \text{s}$.

(2) 通过平衡位置时的速率最大, 故

$$E_{k,max} = \frac{1}{2}mv_{max}^2 = \frac{1}{2}m\omega^2 A^2 = 2.0 \times 10^{-3} \, \text{J}$$

(3) 振动总能量 $E = E_{k,max} = 2.0 \times 10^{-3} \, \text{J}$.

(4) 当 $E_p = E_k$ 时, $E_p = \dfrac{1}{2}E = \dfrac{1}{2}m\omega^2 x^2$, 因此, $x = \pm\sqrt{\dfrac{E}{m\omega^2}} = \pm 7.07 \times 10^{-3} \, \text{m}$.

5-9 一弹簧振子放置在光滑水平面上. 已知弹簧的劲度系数 $k = 1.60 \, \text{N} \cdot \text{m}^{-1}$, 物体的质量 $m = 0.40 \, \text{kg}$. 试分别写出以下两种情况下的振动表达式:

(1) 将物体从平衡位置向右移到 $x = 0.10 \, \text{m}$ 处后释放;

(2) 将物体从平衡位置向右移到 $x = 0.10 \, \text{m}$ 处后并给物体一向左的速度 $0.20 \, \text{m} \cdot \text{s}^{-1}$.

解　以向右为 x 轴正方向. 设振动表达式为 $x(t) = A\cos(\omega t + \phi)$, 则速度表达式为

$$v(t) = \frac{\mathrm{d}x(t)}{\mathrm{d}t} = -A\omega\sin(\omega t + \phi)$$

依题意可得 $\omega = \sqrt{k/m} = 2 \, \text{rad} \cdot \text{m}^{-1}$.

(1) 将初始条件 $x(0) = 0.10 \, \text{m}$, 及 $v(0) = 0 \, \text{m} \cdot \text{s}^{-1}$ 代入位移及速度表达式得

$$\begin{cases} A\cos\phi = 0.10 \\ -A\omega\sin\phi = 0 \end{cases}$$

从中解出 $A = 0.10 \, \text{m}$, $\phi = 0$, 于是振动表达式为 $x(t) = 0.10\cos 2t \, (\text{m})$.

(2) 同理, 将初始条件 $x(0) = 0.10 \, \text{m}$, $v(0) = -0.20 \, \text{m} \cdot \text{s}^{-1}$ 代入位移和速度表达式, 有

$$\begin{cases} A\cos\phi = 0.10 \\ -A\omega\sin\phi = -0.20 \end{cases}$$

从方程组解得

$$A = \frac{\sqrt{2}}{10} \, \text{m}, \quad \phi = \frac{\pi}{4}$$

所以振动表达式为

$$x(t) = \frac{\sqrt{2}}{10} \cos\left(2t + \frac{\pi}{4}\right) \, (\text{m})$$

5–10 一质点在 x-y 平面内运动, 它在两个坐标轴上的投影均为简谐振动, 表达式分别为

$$x = A\cos(\pi t), \quad y = 2A\cos(2\pi t)$$

(1) 求质点的轨道方程;

(2) 计算质点连续两次通过 x 轴的时间间隔.

解 (1) 质点在 y 方向的振动表达式可以展开为

$$y = 4A\cos^2(\pi t) - 2A$$

因此, 质点的轨道方程为

$$y = \frac{4x^2}{A} - 2A, \quad x \in [-A, A]$$

质点的运动轨迹为一段抛物线, 质点沿该段抛物线往复振动.

(2) 由 $y = 0$ 可得 $2\pi t = (n + 1/2)\pi$, $n \in \mathbb{Z}$. n 取两个连续整数时的时间差即为所求, $\Delta t = 0.5$ s.

5–11 四个简谐振动振幅均为 A_0, 频率相等, 初相位依次增大 $\pi/3$. 求它们在同一方向合成后的振幅.

解 第一个与第四个振动的相位差为 π, 合成后相互抵消, 只需要求出中间两个振动合成后的振幅. 由于它们的相位相差 $\pi/3$, 所以合振动的振幅

$$A = \sqrt{A_0^2 + A_0^2 + 2A_0^2 \cos\left(\frac{\pi}{3}\right)} = \sqrt{3}A_0$$

5–12 一质点同时参与两个同方向、同频率的简谐振动, 其振动规律为

$$x_1 = 5\cos\left(10t + \frac{3}{4}\pi\right) \text{ cm}, \quad x_2 = 6\cos\left(10t + \frac{1}{4}\pi\right) \text{ cm}$$

(1) 求合振动的振幅和初相位;

(2) 如另有一简谐振动 $x_3 = 7\cos(10t + \phi_3)$ cm, 问当 ϕ_3 为何值时, $x_1 + x_3$ 的振幅最大? 当 ϕ_3 为何值时, $x_1 + x_3$ 的振幅最小?

解 (1) 两个同方向、同频率的简谐振动的合成仍为一简谐振动, 合振动的振幅为

$$A = \sqrt{A_1^2 + A_2^2 + 2A_1 A_2 \cos(\phi_2 - \phi_1)} = \sqrt{61} \text{ cm} \approx 7.81 \text{ cm}$$

初相位

$$\phi = \frac{A_1 \sin\phi_1 + A_2 \sin\phi_2}{A_1 \cos\phi_1 + A_2 \cos\phi_2} = \arctan 11 \text{ rad} \approx 1.48 \text{ rad}$$

(2) x_1 与 x_3 同相位合成时, 即 $\phi_3 = \frac{3}{4}\pi + 2n\pi$ $(n \in \mathbb{Z})$ 时振幅最大. x_1 与 x_3 反相位合成时, 即 $\phi_3 = \frac{3}{4}\pi + (2n + 1)\pi$ 时振幅最小.

第6章 狭义相对论基础

6.1 要点归纳

1. 狭义相对论基本假设

(1) 相对性原理: 物理定律在所有惯性系中都是相同的, 具有相同的数学表达形式, 对于描述一切物理现象的规律而言, 所有惯性系都是等价的.

(2) 光速不变原理: 在所有惯性系中, 真空中光沿各个方向传播的速率都等于同一个恒量, 与光源和观察者的运动状态无关.

2. 相对论运动学

(1) 洛伦兹坐标变换

$$\begin{cases} x' = \gamma(x - \beta ct) \\ y' = y \\ z' = z \\ t' = \gamma(t - \beta x/c) \end{cases}$$

式中

$$\beta = \frac{u}{c}, \quad \gamma = \frac{1}{\sqrt{1 - \beta^2}}$$

(2) 洛伦兹速度变换

$$\begin{cases} v_x' = \dfrac{v_x - u}{1 - \dfrac{u}{c^2}v_x} \\[3mm] v_y' = \dfrac{v_y}{\gamma\left(1 - \dfrac{u}{c^2}v_x\right)} \\[3mm] v_z' = \dfrac{v_z}{\gamma\left(1 - \dfrac{u}{c^2}v_x\right)} \end{cases}$$

(3) 狭义相对论效应

同时的相对性: 在一个惯性系中不同地点发生的两个事件, 在另一与之相对运动的惯性系中观察, 并不同时.

长度收缩效应: 如果以 l_0 表示固有长度, l 表示在相对运动的参考系中测得的长度, 则总有 $l = l_0/\gamma < l_0$.

时间延缓效应: 在某一惯性系中同一地点发生的两个事件的时间为 τ_0 (固有时), 在其他惯性系中测量得的时间间隔为 $\tau = \gamma\tau_0 > \tau_0$.

3. 相对论动力学

(1) 相对论中质量与速度相关, 不是常量, 质速关系式为

$$m = \frac{m_0}{\sqrt{1 - v^2/c^2}}$$

(2) 相对论的动量定义为 $\boldsymbol{p} = m\boldsymbol{v}$, 动力学方程为

$$\boldsymbol{F} = \frac{\mathrm{d}\boldsymbol{p}}{\mathrm{d}t} = \frac{\mathrm{d}(m\boldsymbol{v})}{\mathrm{d}t}$$

(3) 质能关系式

$$E = mc^2, \quad E_0 = m_0 c^2, \quad E_k = mc^2 - m_0 c^2$$

(4) 相对论中, 能量与动量之间满足关系式

$$E^2 = p^2 c^2 + m_0^2 c^4$$

6.2 习题解答

6–1 一火箭原长为 l_0, 以速度 u 相对于地球飞行, 其尾部有一光源发射光信号, 试计算在地球上的观测者看来, 光信号自火箭尾部到达前端所需要的时间和所经历的位移.

解 取地面为 S 系, 火箭为 S′ 系, 记光信号从火箭尾部发出为事件 1, 光信号被火箭头部的探测器接收到为事件 2. 则两个事件的间隔在 S′ 系的观察者看来, $\Delta x' = l_0$, $\Delta t' = l_0/c$. 在 S 系的观察者看来, 位移

$$\Delta x = \gamma(\Delta x' + \beta c \Delta t') = \gamma(1 + \beta)l_0 = l_0\sqrt{\frac{c+u}{c-u}}$$

时间

$$\Delta t = \gamma(\Delta t' + \beta \Delta x'/c) = \gamma(1 + \beta)l_0/c = \frac{l_0}{c}\sqrt{\frac{c+u}{c-u}}$$

6–2 地面上一观察者测得一根运动的细棒长度为 0.6 m, 细棒静长为 1 m, 求细棒相对于观察者的运动速度.

解 根据长度收缩效应,

$$l = \frac{l_0}{\gamma} = l_0\sqrt{1 - (u/c)^2}$$

由上式得

$$u = c\sqrt{1 - \frac{l^2}{l_0^2}} = 0.8c$$

6–3 一静止边长为 l_0, 静止质量为 m_0 的立方体, 沿其一棱作速率为 v 的高速运动, 在地面参考系中计算其体积和质量.

解 在地面参考系看来, 当立方体沿某一棱边方向运动时, 该棱边长度为

$$l = l_0\sqrt{1 - v^2/c^2}$$

而与此棱边垂直的棱边不受"长度收缩"效应的影响. 所以体积

$$V = l_0^3 \sqrt{1 - v^2/c^2}$$

利用相对论质速关系式, 得立方体的运动质量为

$$m = \frac{m_0}{\sqrt{1 - v^2/c^2}}$$

6-4　在 S 系中观察到两个事件同时发生在 x 轴上, 其间距离是 1 m, 在 S′ 系观察到这两个事件之间的空间距离是 2 m, 求在 S′ 系中这两个事件的时间间隔.

解　据题意, $\Delta x = 1$ m, $\Delta t = 0$, $\Delta x' = 2$ m. 根据洛伦兹变换,

$$\Delta x' = \gamma(\Delta x - \beta c \Delta t) = \gamma \Delta x = \frac{\Delta x}{\sqrt{1 - u^2/c^2}}$$

从中解出

$$u = \sqrt{1 - \frac{\Delta x^2}{\Delta x'^2}}\, c = \frac{\sqrt{3}}{2} c$$

再由

$$\Delta t' = \gamma(\Delta t - \beta \Delta x/c)$$

可得

$$\Delta t' = -\gamma \beta \Delta x/c = -\frac{\sqrt{3}\Delta x'}{2c} = -5.77 \times 10^{-9}\ \text{s}$$

6-5　在地面上测得两个飞船分别以 $+0.9c$ 和 $-0.9c$ 的速率向相反方向飞行, 求两飞船的相对速率.

解　以地面为 S 系, 以速率为 $+0.9c$ 的飞船为 S′ 系, 由速度变换可得

$$v_x' = \frac{v_x - u}{1 - \beta v_x/c} = \frac{-0.9c - 0.9c}{1 - 0.9(-0.9c)/c} = -0.994\, c$$

6-6　在惯性系 S 中观察到有两个事件发生在同一地点, 其时间间隔为 4.0 s, 从另一惯性系 S′ 观察到这两个事件的时间间隔为 6.0 s, 试问从 S′ 系测量到这两个事件的空间间隔是多少? 设 S′ 系以恒定速率相对 S 系沿 Ox 轴运动.

解　已知 $\Delta t = 4.0$ s, $\Delta t' = 6.0$ s, 由时间延缓效应可知 $\Delta t' = \gamma \Delta t = \dfrac{\Delta t}{\sqrt{1 - u^2/c^2}}$, 故

$$u = \sqrt{1 - \left(\frac{\Delta t}{\Delta t'}\right)^2}\, c = \frac{\sqrt{5}}{3} c$$

由洛伦兹变换式

$$\Delta x = \gamma(\Delta x' + \beta c \Delta t') = 0$$

可得两事件在 S′ 系中的空间间隔为

$$\Delta x' = -u \Delta t' = -1.34 \times 10^9\ \text{m}$$

可见, 在 S 系中同一地点发生的两个事件, 在 S′ 系看来并未发生在同一地点.

6-7 一高速运动的粒子,其动能等于静能时,求其运动速率.

解 静止质量为 m_0 速率为 v 的粒子具有静能 m_0c^2,动能 $mc^2 - m_0c^2$,由质速关系式,依题意有

$$\frac{m_0}{\sqrt{1 - v^2/c^2}} - m_0c^2 = m_0c^2$$

由上式得 $v = \sqrt{3}c/2 \approx 0.866\,c$.

6-8 若一电子的总能量为 $5.0\,\mathrm{MeV}$,求该电子的静能、动能、动量和速率.已知电子的静止质量为 $m_0 = 9.11 \times 10^{-31}$ kg.

解 电子静能为 $E_0 = m_0c^2 = 0.512\,\mathrm{MeV}$,电子动能为 $E_\mathrm{k} = E - E_0 = 4.488\,\mathrm{MeV}$,由相对论能量动量关系式 $E^2 = p^2c^2 + E_0^2$,得电子动量为

$$p = \frac{1}{c}\sqrt{E^2 - E_0^2} = 2.66 \times 10^{-21}\,\mathrm{kg \cdot m \cdot s^{-1}}$$

由质速关系,可得静能与总能量的关系 $E = E_0/\sqrt{1 - v^2/c^2}$,于是

$$v = \sqrt{\frac{E^2 - E_0^2}{E^2}}\,c = 0.995c$$

6-9 两个静止质量都是 m_0 的粒子,以速率 $0.8c$ 相向运动,发生完全非弹性正撞后形成一个静止的复合粒子,该复合粒子的静止质量是多少?

解 设碰撞后复合粒子的静止质量为 m_0'.根据碰撞前后能量守恒,得

$$mc^2 + mc^2 = m_0'c^2$$

因此,有

$$m_0' = 2m = \frac{2m_0}{\sqrt{1 - v^2/c^2}} = 3.33m_0$$

6-10 电子被加速器加速后,其能量为 $E = 3.00 \times 10^9$ eV.加速后电子的质量和速率各是多少?已知电子的静质量为 9.1×10^{-31} kg.

解 由质能关系式 $E = mc^2$,可得

$$m = \frac{E}{c^2} = 5.33 \times 10^{-27}\,\mathrm{kg}$$

由质速关系式 $m = m_0/\sqrt{1 - v^2/c^2}$,可得

$$v = \sqrt{1 - \frac{m_0^2}{m^2}}\,c = 0.999\,999\,985\,c$$

6-11 有一 π^+ 介子,在静止下来后,衰变为 μ^+ 子和中微子 ν,三者的静止质量分别为 m_π, m_μ 和 0. 求 μ^+ 子和中微子的动能.

解 设 μ^+ 子速度为 v_μ,中微子的动量为 p,则根据能量动量关系,中微子的能量只有动能,为 pc. 由能量守恒,得

$$m_\pi c^2 = pc + \frac{m_\mu c^2}{\sqrt{1 - v_\mu^2/c^2}} \tag{1}$$

再由动量守恒, 有

$$p = \frac{m_\mu v_\mu}{\sqrt{1 - v_\mu^2/c^2}} \tag{2}$$

联立式 (1) 与式 (2) 可解

$$v_\mu = \frac{m_\pi^2 - m_\mu^2}{m_\pi^2 + m_\mu^2} c$$

于是, μ^+ 子和中微子的动能分别为

$$E_{k\mu} = \frac{m_\mu c^2}{\sqrt{1 - v_\mu^2/c^2}} - m_\mu c^2 = \frac{(m_\pi - m_\mu)^2 c^2}{2m_\pi}$$

$$E_{kv} = pc = \frac{m_\mu v_\mu c}{\sqrt{1 - v_\mu^2/c^2}} = \frac{(m_\pi^2 - m_\mu^2)c^2}{2m_\pi}$$

第7章 气体动理论

7.1 要点归纳

1. 气体的状态方程

无外场时, 气体的状态可用压强、体积和温度三个态参量描述, 它们之间的关系式

$$f(p, V, T) = 0$$

叫做状态方程. 理想气体的状态方程为

$$pV = \nu RT = NkT, \quad p = nkT$$

2. 气体分子动理论

(1) 理想气体模型: 分子视为质点; 分子之间、分子与器壁的碰撞不计时间、不改变分子的速度分布且为弹性碰撞; 不计分子之间的相互作用力.

(2) 统计结果: 理想气体的压强和温度分别满足

$$p = nmv_x^2 = \frac{2}{3}n\left(\frac{1}{2}m\overline{v^2}\right) = nkT, \quad \frac{1}{2}m\overline{v^2} = \frac{3}{2}kT$$

(3) 能量均分定理: 在温度为 T 的平衡态下, 物质 (气体、液体、固体) 分子的每一个自由度都具有相同的平均动能, 其大小都是 $kT/2$.

根据能量均分定理, 可得理想气体分子的平均能量为 $ikT/2, i = t + r + 2s$ (t, r, s 分别表示分子的平动、转动和振动自由度), 内能为 $i\nu RT = ipV/2$. 单原子分子和双原子分子的内能如表 7-1 所示.

表 7-1 分子自由度与理想气体的内能

分子类型	平动自由度	转动自由度	振动自由度	内能
单原子	3	0	0	$\frac{3}{2}\nu RT$
刚性双原子	3	2	0	$\frac{5}{2}\nu RT$
非刚性双原子	3	2	1	$\frac{7}{2}\nu RT$

3. 分子的概率密度分布

(1) 麦克斯韦速率分布

$$f(v) = 4\pi v^2 \left(\frac{m}{2\pi kT}\right)^{3/2} \exp\left(-mv^2/2kT\right)$$

(2) 玻耳兹曼能量分布

$$f(\varepsilon) = C \exp(-\varepsilon/kT)$$

(3) 玻耳兹曼速度分布

$$f_{\text{в}}(v_x, v_y, v_z) = \left(\frac{m}{2\pi kT}\right)^{3/2} \exp\left[-\frac{m\left(v_x^2 + v_y^2 + v_z^2\right)}{2kT}\right]$$

(4) 玻耳兹曼密度分布

$$n = n_0 \exp\left(-\varepsilon_{\text{p}}/kT\right)$$

4. 理想气体的特征速率

$$\bar{v} = \sqrt{\frac{8kT}{\pi m}} = \sqrt{\frac{8RT}{\pi M}}, \quad \sqrt{\overline{v^2}} = \sqrt{\frac{3kT}{m}} = \sqrt{\frac{3RT}{M}}, \quad v_{\text{p}} = \sqrt{\frac{2kT}{m}} = \sqrt{\frac{2RT}{M}}$$

5. 平均碰撞频率与平均自由程

(1) 分子的平均碰撞频率

$$\overline{Z} = \sqrt{2}n\pi d^2\bar{v}$$

(2) 分子的平均自由程

$$\overline{\lambda} = \frac{1}{\sqrt{2}\pi nd^2}$$

6. 输运现象的气体动理论

(1) 输运现象的宏观规律

$$f = \eta\Delta S\frac{\mathrm{d}v}{\mathrm{d}z} \qquad (黏性)$$

$$\Phi = -\kappa\Delta S\frac{\mathrm{d}T}{\mathrm{d}x} \qquad (热传导)$$

$$q_m = -D\Delta S\frac{\mathrm{d}\rho}{\mathrm{d}x} \qquad (扩散)$$

(2) 气体动理论对输运现象的解释

$$\eta = \frac{1}{3}\rho\bar{v}\overline{\lambda} \qquad (黏性)$$

$$\kappa = \frac{i}{6}\frac{\rho}{m}\bar{v}\overline{\lambda}k \qquad (热传导)$$

$$D = \frac{1}{3}\bar{v}\overline{\lambda} \qquad (扩散)$$

7.2 习题解答

7-1 常温、常压下, 空气的密度为 $1.2\,\text{kg}\cdot\text{m}^{-3}$, 空气的平均摩尔质量为 $29\,\text{g}\cdot\text{mol}^{-1}$. 求 $1.0\,\text{cm}^3$ 的体积内包含的分子个数.

解 根据题中给出的 $\rho = 1.2\,\text{kg}\cdot\text{m}^{-3}$, $M = 29\times10^{-3}\,\text{kg}\cdot\text{mol}^{-1}$, $V = 1.0\times10^{-6}\,\text{m}^3$, 可计算出分子个数

$$N = N_{\text{A}}\nu = \frac{\rho V N_{\text{A}}}{M} = 2.49\times10^{19}$$

7–2 轿车的一条轮胎内部体积为 3.5×10^{-2} m³, 开始时, 胎内含有压强为 0.10 MPa、温度为 $27\,°C$ 的空气. 若保持温度不变, 将轮胎充气至气压为 0.25 MPa, 问需要多少空气? 在夜晚温度降至 $15\,°C$ 时胎内气压变为多大? 假设轮胎体积不变, 且空气可视为理想气体.

解   记 $p_0 = 0.10$ MPa, $p_1 = 0.25$ MPa, $V = 3.5 \times 10^{-2}$ m³, $T = 27\,°C = 300$ K, $T' = 15\,°C = 288$ K, 则由理想气体的状态方程, 得

$$\begin{cases} p_0 V = \nu_0 RT \\ p_1 V = \nu_1 RT \end{cases}$$

由以上方程组可得需要充入的空气的量为

$$\nu_1 - \nu_0 = \frac{(p_1 - p_0)V}{RT} = 2.1 \text{ mol}$$

夜晚温度降低后的胎压为

$$p' = \frac{T'}{T} p = 0.24 \text{ MPa}$$

7–3 在星际空间, 平均每立方厘米内有一个氢原子, 温度为 3 K. 求此环境下的压强.

解   由理想气体的状态方程, 此环境下的压强

$$p = \frac{\nu RT}{V} = nkT = 4.14 \times 10^{-17} \text{ Pa}$$

7–4 1 mol 气体的范德瓦耳斯方程

$$p = \frac{RT}{V-b} - \frac{a}{V^2}$$

是描述实际气体的一种常用的状态方程. 求范德瓦耳斯方程的第二、第三位力系数 (用 a, b, T 表示).

解   将 $\frac{pV}{RT}$ 展开成 $\frac{1}{V}$ 的幂级数, 则展开式中 $\frac{1}{V}$ 和 $\frac{1}{V^2}$ 的系数分别就是第二、第三位力系数.

范德瓦耳斯方程两边同乘以 $\frac{V}{RT}$, 有

$$\frac{pV}{RT} = \frac{V}{V-b} - \frac{a}{VRT} = \left(1 - \frac{b}{V}\right)^{-1} - \frac{a}{VRT}$$

展开成 $\frac{1}{V}$ 的幂级数, 则有

$$\frac{pV}{RT} = 1 + \left(b - \frac{a}{RT}\right)\frac{1}{V} + b^2 \frac{1}{V^2} + \cdots$$

因此, 第二、第三位力系数分别为

$$B = b - \frac{a}{RT}, \quad C = b^2$$

7–5 有一个密封容器内盛有处于平衡态的压强为 200 kPa 的理想气体, 其分子的平均平动动能为 1.12×10^{-20} J, 求容器内气体的温度. 如果将分子的平均平动动能减小到原来的一半, 那么气体的压强变为多少?

解 由 $\frac{1}{2}m\overline{v^2} = \frac{3}{2}kT$, 得

$$T = \frac{2}{3k}\left(\frac{1}{2}m\overline{v^2}\right) = 541\ \text{K}$$

平均平动动能减小后, 容器的体积和分子数均未变, 所以分子数密度不变. 由

$$p = \frac{2}{3}n\left(\frac{1}{2}m\overline{v^2}\right)$$

可知, 在此条件下, 压强与平均平动动能成正比, 所以压强也减为原来的一半, 即 100 kPa.

7-6 计算标准状态下 N_2 的下列各量:

(1) 分子数密度;

(2) 质量密度;

(3) 分子的平均平动动能.

解 (1) 由 $p = nkT$, 得 $n = \frac{p}{kT} = 2.69 \times 10^{25}\ \text{m}^{-3}$.

(2) $\rho = mn = \frac{Mn}{N_A} = 1.25\ \text{kg} \cdot \text{m}^{-3}$.

(3) $\overline{\varepsilon}_k = \frac{3}{2}kT = 5.65 \times 10^{-21}\ \text{J}$.

7-7 某气体处于平衡态. 试问速率与最概然速率相差不超过 1% 的分子占气体分子的百分之几?

解 令 $u = v/v_p$, 则可将麦克斯韦速率分布函数简化为

$$f(u)\,\mathrm{d}u = \frac{4}{\sqrt{\pi}}u^2\,\mathrm{e}^{-u^2}\,\mathrm{d}u$$

由于速率区间很小, 故所求概率

$$f(u)\Delta u \approx \frac{4}{\sqrt{\pi}}u^2\,\mathrm{e}^{-u^2}\Delta u = \frac{4}{\sqrt{\pi}} \cdot 1^2 \cdot \mathrm{e}^{-1} \cdot 0.02 = 1.66\%$$

7-8 求温度为 300 K 下氢分子和氧分子的平均速率、方均根速率和最概然速率.

解 对于氢分子, $M = 2.0 \times 10^{-3}$ kg,

$$\overline{v} = \sqrt{\frac{8RT}{\pi M}} = 1.78 \times 10^3\ \text{m} \cdot \text{s}^{-1}$$

$$\sqrt{\overline{v^2}} = \sqrt{\frac{3RT}{\mu}} = 1.93 \times 10^3\ \text{m} \cdot \text{s}^{-1}$$

$$v_p = \sqrt{\frac{2RT}{\mu}} = 1.58 \times 10^3\ \text{m} \cdot \text{s}^{-1}$$

同理, 对于氧分子, $\overline{v} = 445\ \text{m} \cdot \text{s}^{-1}$, $\sqrt{\overline{v^2}} = 483\ \text{m} \cdot \text{s}^{-1}$, $v_p = 394\ \text{m} \cdot \text{s}^{-1}$.

7-9 平衡态下, 氮分子 (N_2) 的方均根速率比平均速率大 $50\ \text{m} \cdot \text{s}^{-1}$, 试求平衡态的温度 T.

解 由题意,

$$\sqrt{\frac{3RT}{M}} - \sqrt{\frac{8RT}{\pi M}} = 50$$

其中 $M = 28 \times 10^{-3}$ kg. 由方程解得 $T = 453.5$ K.

7–10 导体中自由电子的运动可看作类似于气体分子的运动(称"电子气"),设导体中共有 N 个自由电子,其中电子的最大速率为 v_F(称"费米速率"). 已知电子的速率分布满足

$$f(v) = \begin{cases} Av^2, & v_F > v > 0,\ A\ 为常量 \\ 0, & v > v_F \end{cases}$$

(1) 画出速率分布函数曲线;

(2) 用 v_F 定出常量 A;

(3) 求电子的 v_p, $\bar{v}$ 和 $\sqrt{\overline{v^2}}$.

解 (1) 电子气的速率分布密度曲线示于解图 7–10 中.

(2) 由归一化条件 $\displaystyle\int_0^{v_F} Av^2\,\mathrm{d}v = 1$,可得 $A = \dfrac{3}{v_F^3}$.

(3) 电子的三个特征速率分别为

$$v_p = v_F$$

$$\bar{v} = \int_0^\infty v f(v)\,\mathrm{d}v = \int_0^{v_F} Av^3\,\mathrm{d}v = \frac{3v_F}{4}$$

$$\sqrt{\overline{v^2}} = \left(\int_0^{v_F} Av^4\,\mathrm{d}v\right)^{1/2} = \sqrt{\frac{3}{5}}\,v_F$$

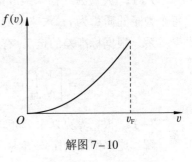

解图 7–10

7–11 有 N 个质量均为 m 的同种气体分子,它们的速率分布如习题 7–11 图所示.

(1) 由 N 和 v_0 求 a;

(2) 求在速率 $v_0/2 \sim 3v_0/2$ 间隔内的分子数;

(3) 求分子的平均平动动能.

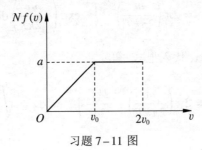

习题 7–11 图

解 (1) 习题 7–11 图中曲线方程可以表示为

$$Nf(v) = \begin{cases} \dfrac{v}{v_0}a, & v \in [0, v_0] \\[2mm] a, & v \in (v_0, 2v_0] \\[2mm] 0, & v \in (2v_0, \infty) \end{cases}$$

由归一化条件

$$N = \int_0^\infty Nf(v)\,\mathrm{d}v = \int_0^{v_0} \frac{v}{v_0}a\,\mathrm{d}v + \int_{v_0}^{2v_0} a\,\mathrm{d}v$$

得

$$a = \frac{2N}{3a_0}$$

(2) 给定区间内的分子数为

$$\Delta N = \int_{v_0/2}^{v_0} \frac{v}{v_0} a \, \mathrm{d}v + \int_{v_0}^{3v_0/2} a \, \mathrm{d}v = \frac{7N}{12}$$

(3) 分子的方均速率为

$$\overline{v^2} = \frac{1}{N} \int_0^{v_0} v^2 \frac{v}{v_0} a \, \mathrm{d}v + \frac{1}{N} \int_{v_0}^{2v_0} a v^2 \, \mathrm{d}v = \frac{31}{18} v_0^2$$

于是分子的平均平动动能为

$$\overline{\varepsilon}_\mathrm{k} = \frac{1}{2} m \overline{v^2} = \frac{31}{36} m v_0^2$$

7–12 大量独立粒子组成的系统在温度为 T 的平衡态下服从麦克斯韦速率分布律. 若每个粒子的质量为 m, 求速率的标准差.

解 根据标准差的定义, 有

$$s = \left[\frac{1}{N} \int_0^\infty (v - \overline{v})^2 N f(v) \, \mathrm{d}v \right]^{1/2} = \sqrt{\overline{v^2} - \overline{v}^2} = \sqrt{\left(3 - \frac{8}{\pi} \right) \frac{kT}{m}}$$

7–13 根据麦克斯韦分布律求速率倒数的平均值 $\overline{1/v}$, 并与平均值的倒数 $1/\overline{v}$ 比较.

解 速率倒数的平均值为

$$\overline{\left(\frac{1}{v} \right)} = \int_0^\infty \frac{f(v)}{v} \mathrm{d}v$$

$$= 4\pi \left(\frac{m}{2\pi kT} \right)^{3/2} \int_0^\infty v \exp\left(-\frac{mv^2}{2kT} \right) \mathrm{d}v$$

$$= 2\pi \left(\frac{m}{2\pi kT} \right)^{3/2} \int_0^\infty \exp\left(-\frac{mv^2}{2kT} \right) \mathrm{d}v^2$$

令 $x = \dfrac{m}{2kT} v^2$, 则 $\mathrm{d}v^2 = \dfrac{2kT}{m} \mathrm{d}x$, 代入上式, 得

$$\overline{\left(\frac{1}{v} \right)} = 2\pi \left(\frac{m}{2\pi kT} \right)^{3/2} \frac{2kT}{m} \int_0^\infty \mathrm{e}^{-x} \mathrm{d}x = \sqrt{\frac{2m}{\pi kT}}$$

而 $\dfrac{1}{\overline{v}} = \sqrt{\dfrac{\pi m}{8kT}}$, 故 $\dfrac{\overline{1/v}}{1/\overline{v}} = \dfrac{4}{\pi} > 1$.

7–14 在容积为 $1.0 \times 10^{-2} \ \mathrm{m}^3$ 的容器中, 装有 $0.01 \ \mathrm{kg}$ 理想气体, 若气体分子的方均根速率为 $200 \ \mathrm{m \cdot s^{-1}}$, 问气体的压强是多大?

解 理想气体的方均根速率为

$$\sqrt{\overline{v^2}} = \sqrt{\frac{3RT}{M}} \tag{1}$$

理想气体的状态方程为

$$pV = \frac{\mu}{M} RT \tag{2}$$

将式 (1) 与式 (2) 联立可得

$$p = \frac{\mu \overline{v^2}}{3V} = 1.33 \times 10^4 \ \mathrm{Pa}$$

7-15 在 $T = 300\ \mathrm{K}$ 时, $1\ \mathrm{mol}\ N_2$ 处于平衡状态. 试问下列量各等于多少:

(1) 全部分子的速度的 x 分量之和;

(2) 全部分子的速度之和;

(3) 全部分子的速度的平方和;

(4) 全部分子的速度的模之和.

解 (1) 速度 x 分量的平均值为

$$\overline{v_x} = \iiint_{-\infty}^{\infty} f_B\,(v_x, v_y, v_z)\,v_x\,\mathrm{d}v_x\,\mathrm{d}v_y\,\mathrm{d}v_z = 0$$

因此有 $\sum v_x = N_A \overline{v_x} = 0.$

(2) 同理可得 $\overline{v}_y = \overline{v}_z = 0.$ 所以

$$\overline{\boldsymbol{v}} = \overline{v}_x \boldsymbol{i} + \overline{v}_y \boldsymbol{j} + \overline{v}_z \boldsymbol{k} = 0, \qquad \sum \boldsymbol{v} = N_A \overline{\boldsymbol{v}} = 0$$

(3) 利用 $\overline{v^2} = \dfrac{3RT}{M}$, 有

$$\sum v^2 = N_A \overline{v^2} = \frac{3RT N_A}{M} = 1.61 \times 10^{29}\ \mathrm{m^2 \cdot s^{-2}}$$

(4) 由 $\overline{v} = \sqrt{\dfrac{8RT}{\pi M}}$, 得

$$\sum v = N_A \overline{v} = N_A \sqrt{\frac{8RT}{\pi M}} = 2.87 \times 10^{26}\ \mathrm{m \cdot s^{-1}}$$

7-16 气球携带气压计在高空测得的大气压强降到地面上的 50 %. 已知空气的温度均匀且为 273 K, 空气的平均摩尔质量是 $29 \times 10^{-3}\ \mathrm{kg \cdot mol^{-1}}$, 求 (1) 气球的高度; (2) 气体的体积膨胀了多少倍?

解 (1) 气球的高度 $z = -\dfrac{RT}{Mg} \ln \dfrac{p\,(z)}{p_0} = 5.5 \times 10^3\ \mathrm{m}.$

(2) $V/V_0 = p(z)/p_0 = 2.$

7-17 在容积为 $2.0 \times 10^{-3}\ \mathrm{m^3}$ 的容器中, 有内能为 $6.75 \times 10^2\ \mathrm{J}$ 的刚性双原子分子理想气体. (1) 求气体的压强; (2) 若容器中分子总数为 5.4×10^{22} 个, 求分子的平均平动动能及气体的温度.

解 (1) 刚性双原子分子的内能为

$$E = \frac{5}{2}\nu RT \tag{1}$$

理想气体状态方程为

$$pV = \nu RT \tag{2}$$

将式 (1) 与式 (2) 联立可得

$$p = \frac{2E}{5V} = 1.35 \times 10^5\ \mathrm{Pa}$$

(2) 气体的温度为

$$T = \frac{p}{nk} = \frac{pV}{Nk} = 362\ \mathrm{K}$$

分子平均平动动能为

$$\overline{\varepsilon}_k = \frac{3}{2}kT = 7.49 \times 10^{-21} \text{ J}$$

7-18　今测得温度为 288 K, 压强为 $p = 1.03 \times 10^5$ Pa 时氩分子和氖分子的平均自由程分别为 $\overline{\lambda}_{Ar} = 6.3 \times 10^{-8}$ m, $\overline{\lambda}_{Ne} = 13.2 \times 10^{-8}$ m, 问:

(1) 氩分子和氖分子有效直径之比是多少?

(2) 温度为 293 K, 压强为 2.03×10^4 Pa 时 $\overline{\lambda}_{Ar}$ 是多少?

解　(1) 根据

$$\overline{\lambda} = \frac{kT}{\sqrt{2}\pi d^2 p}$$

在压强和温度都相等的情况下, 平均自由程只与分子有效直径的平方成反比. 故

$$\frac{d_{Ar}}{d_{Ne}} = \sqrt{\frac{\overline{\lambda}_{Ne}}{\overline{\lambda}_{Ar}}} = 1.45$$

(2) 对于同种分子, $\dfrac{\overline{\lambda}'}{\overline{\lambda}} = \dfrac{T'p}{Tp'}$, 因此,

$$\overline{\lambda}'_{Ar} = \frac{T'p}{Tp'}\overline{\lambda}_{Ar} = 3.25 \times 10^{-7} \text{ m}$$

7-19　温度为 273 K, 压强为 1.0×10^5 Pa 下, 空气的密度是 $1.293\,\text{kg} \cdot \text{m}^{-3}$, $\overline{v} = 460\,\text{m} \cdot \text{s}^{-1}$, $\overline{\lambda} = 6.4 \times 10^{-8}$ m. 试计算空气的黏度.

解　$\eta = \dfrac{1}{3}\rho\overline{v}\overline{\lambda} = 1.27 \times 10^{-5}$ Pa $\cdot$ s.

7-20　每天通过皮肤表面扩散的水分约为 3.0×10^{-4} m³. 如果人的皮肤的总面积为 1.60 m², 厚为 20 μm, 试计算扩散系数.

解　在 dt 时间内, 通过面元 dS 扩散的水分为

$$dm = -D\frac{d\rho}{dx}dt\,dS$$

由于密度梯度 $\dfrac{d\rho}{dx}$ 为常量, 所以在时间间隔 T 内, 通过面积 S 扩散的水分为

$$m = \int dm = -D\frac{d\rho}{dx}T\,S$$

由上式得

$$D = -\frac{m}{T\,S\dfrac{d\rho}{dx}} = 4.34 \times 10^{-14} \text{ m}^2 \cdot \text{s}^{-1}$$

7-21　在两个同心球面的间隙内填满了匀质的各向同性物质. 球面的半径 $r_1 = 10.0$ cm, $r_2 = 12.0$ cm. 内球面保持在温度 $T_1 = 320$ K, 外球面保持在温度 $T_2 = 300$ K, 在这些条件下, 有稳定的热流 dQ/d$t = 2.00$ kW 从内球面流向外球面. 假设间隙内物质的导热系数 κ 与温度无关, 试确定:

(1) κ 的值;

(2) 间隙内距离球心为 r 处的温度 $T(r)$.

解 (1) 由题意, 单位时间通过半径为 $r (r_1 \leqslant r \leqslant r_2)$ 的同心球面传导的热量与 r 无关, 即

$$\frac{\mathrm{d}Q}{\mathrm{d}t} = -4\pi r^2 \kappa \frac{\mathrm{d}T}{\mathrm{d}r}, \quad r \in [r_1, r_2]$$

上式可化为

$$\frac{\mathrm{d}Q}{\mathrm{d}t} \frac{\mathrm{d}r}{r^2} = -4\pi \kappa \mathrm{d}T$$

积分得

$$\frac{\mathrm{d}Q}{\mathrm{d}t} \int_{r_1}^{r_2} \frac{\mathrm{d}r}{r^2} = -4\pi \kappa \int_{T_1}^{T_2} \mathrm{d}T$$

即

$$\frac{\mathrm{d}Q}{\mathrm{d}t} \left(\frac{1}{r_1} - \frac{1}{r_2} \right) = -4\pi \kappa (T_2 - T_1)$$

由上式可得导热系数

$$\kappa = -\frac{\frac{\mathrm{d}Q}{\mathrm{d}t} \left(\frac{1}{r_1} - \frac{1}{r_2} \right)}{4\pi (T_2 - T_1)} = 13.3 \, \mathrm{W} \cdot \mathrm{m}^{-1} \cdot \mathrm{K}^{-1}$$

(2) 对于半径为 $r (r_1 \leqslant r \leqslant r_2)$ 的球面,

$$\frac{\mathrm{d}Q}{\mathrm{d}t} \int_{r_1}^{r} \frac{\mathrm{d}r}{r^2} = -4\pi \kappa \int_{T_1}^{T} \mathrm{d}T$$

即

$$\frac{\mathrm{d}Q}{\mathrm{d}t} \left(\frac{1}{r_1} - \frac{1}{r} \right) = -4\pi \kappa (T - T_1)$$

由上式解得

$$T = T_1 - \frac{\frac{\mathrm{d}Q}{\mathrm{d}t} \left(\frac{1}{r_1} - \frac{1}{r} \right)}{4\pi \kappa}$$

将本题第 (1) 问中 κ 的表达式代入上式, 可得

$$T(r) = 200 + \frac{12}{r}$$

式中 T 的单位为 K, r 的单位为 m.

第 8 章 热力学基础

8.1 要点归纳

1. 热力学第一定律

(1) 系统从外界吸收的热量与外界对系统做功的总和等于系统内能的增量, 即 $\Delta E = Q + A$. 热力学第一定律就是涉及热现象的能量守恒定律.

(2) 理想气体的热力学第一定律可以表示为

$$\Delta E = Q - \int_{V_1}^{V_2} p \, \mathrm{d}V$$

式中积分必须沿过程曲线进行.

(3) 热力学第一定律应用于理想气体的等值过程, 重要公式示于表 8-1. 表中 $\gamma = \dfrac{C_{p,\mathrm{m}}}{C_{V,\mathrm{m}}}$, $C_{p,\mathrm{m}} = C_{V,\mathrm{m}} + R$.

表 8-1 理想气体几种典型过程的重要公式

过程	等体	等压	等温	绝热
ΔE	$\nu C_{V,\mathrm{m}} \Delta T$	$\nu C_{V,\mathrm{m}} \Delta T$	0	$\nu C_{V,\mathrm{m}} \Delta T$
A	0	$-p\Delta V$	$-\nu RT \ln \dfrac{V_2}{V_1}$	$\dfrac{p_2 V_2 - p_1 V_1}{\gamma - 1}$
Q	$\nu C_{V,\mathrm{m}} \Delta T$	$\nu C_{p,\mathrm{m}} \Delta T$	$\nu RT \ln \dfrac{V_2}{V_1}$	0
过程方程	$V =$ 常量	$p =$ 常量	$pV =$ 常量	$pV^{\gamma} =$ 常量

2. 循环过程

(1) 循环过程的特点是完成一次循环, 内能不变; 在 $p-V$ 图中循环过程为一闭合曲线, 所围的面积代表系统对外做功的多少.

(2) 任意正循环的效率和逆循环的制冷系数分别为

$$\eta = \frac{Q_1 + Q_2}{Q_1}, \quad \varepsilon = \frac{Q_2}{|Q_1 + Q_2|}$$

(3) 卡诺循环的效率和制冷系数只与高温热源的温度 T_1 和低温热源的温度 T_2 有关, 分别为

$$\eta = 1 - \frac{T_2}{T_1}, \quad \varepsilon = \frac{T_2}{T_1 - T_2}$$

3. 热力学第二定律

(1) 可逆过程与不可逆过程

一个过程使系统由一个状态到达另一个状态, 如果存在另一个逆向进行的过程使系统和

外界完全复原, 即不仅系统回到原来的状态而且同时消除了对外界的一切影响, 则称原过程为可逆过程. 如果不存在使系统和外界都复原的逆向进行的过程, 则称原过程为不可逆过程.

(2) 热力学第二定律的两种表述

开尔文表述: 不可能从单一热源吸热使之完全转化成有用功而不产生其他影响.

克劳修斯表述: 不可能把热量从低温物体传向高温物体而不引起其他的变化.

事实上, 任何与热现象有关的宏观热力学过程都是不可逆过程, 可以证明这些不可逆过程都是完全等价的.

(3) 卡诺定理: 工作在两个恒温热源$(T_1 > T_2)$之间的热机效率满足不等式:

$$\eta \leqslant 1 - \frac{T_2}{T_1}$$

式中可逆机取等号, 不可逆机取小于号.

4. 熵　熵增加原理

(1) 定义系统在状态 A 与状态 B 之间的熵差

$$S_B - S_A = \int_A^B \frac{\mathrm{d}Q}{T}$$

积分路径必须为可逆过程. 熵是状态量和广延量. 实际应用中只有熵的增量才有意义.

(2) 当系统从状态 A 经任意热力学过程到达状态 B 时, 有

$$S_B - S_A \geqslant \int_A^B \frac{\mathrm{d}Q}{T}$$

可逆过程取等号, 不可逆过程取大于号. 上式可作为热力学第二定律的数学表述.

(3) 熵的统计意义: 熵是描述系统无序程度的物理量.

(4) 熵增加原理: 孤立系发生的任何不可逆过程, 都将导致系统熵的增加, 系统的总熵只有在可逆过程才是不变的, 即

$$\mathrm{d}S \geqslant 0, \quad \text{或} \quad \Delta S \geqslant 0$$

如果过程可逆则取等于号, 如果过程不可逆则取大于号.

(5) 热力学概率: 一个宏观状态所包含的微观状态数.

(6) 玻耳兹曼关系式 $S = k \ln \Omega$.

(7) 理想气体的熵函数

$$S(T, V) = \nu C_{V,\,\mathrm{m}} \ln T + \nu R \ln V + S_0$$

$$S(p, T) = \nu C_{p,\,\mathrm{m}} \ln T - \nu R \ln p + S_0$$

$$S(p, V) = \nu C_{p,\,\mathrm{m}} \ln V + \nu C_{V,\,\mathrm{m}} \ln p + S_0$$

8.2　习题解答

8–1 某气体经过一个过程, 在此过程中压强 p 随体积 V 变化的关系式为

$$p = p_0 \,\mathrm{e}^{-a(V - V_0)}$$

式中 p_0, V_0, a 为常量. 求当其体积由 $3V_0$ 压缩至 $2V_0$ 时外界对气体做的功.

解　外界对气体做的功为

$$A = -\int_{3V_0}^{2V_0} p\,\mathrm{d}V = \frac{p_0}{a}\left(\mathrm{e}^{-aV_0} - \mathrm{e}^{-2aV_0}\right)$$

8-2　理想气体由初态 (p_0, V_0) 经等压过程膨胀到原体积的 2 倍, 再经等温过程压缩到初态的体积, 求外界对气体所做的功.

解　等压膨胀过程外界对气体做功

$$A_1 = -p_0(2V_0 - V_0) = -p_0 V_0$$

等温压缩过程外界对气体做功

$$A_2 = -p_0(2V_0)\ln\frac{V_0}{2V_0} = 2p_0 V_0 \ln 2$$

整个过程外界对气体做功

$$A = A_1 + A_2 = p_0 V_0(2\ln 2 - 1)$$

8-3　1 mol 实际气体满足范德瓦耳斯方程

$$\left(p + \frac{a}{V^2}\right)(V - b) = RT$$

式中 a 和 b 均为常量. 求 1 mol 此种气体在温度为 T_0 时由体积 V_1 等温膨胀至体积为 V_2 的过程气体对外界做的功.

解　过程方程为

$$p = \frac{RT_0}{V - b} - \frac{a}{V^2}$$

气体做的功为

$$A' = \int_{V_1}^{V_2} p\,\mathrm{d}V = \left(\frac{RT_0}{V-b} - \frac{a}{V^2}\right)\mathrm{d}V = RT_0 \ln\frac{V_2 - b}{V_1 - b} - a\left(\frac{1}{V_1} - \frac{1}{V_2}\right)$$

8-4　在标准状态 (温度为 273.15 K, 压强为 1.013×10^5 Pa) 下的 0.016 kg 氧气, 经过一绝热过程对外做功 80 J. 求终态的温度、压强和体积.

解　记 $p_1 = 1.013 \times 10^5$ Pa, $T_1 = 273.15$ K, $V_1 = \dfrac{\nu RT}{p_1} = 1.12 \times 10^{-2}$ m³, $A = -80$ J.

绝热过程中 $Q = 0$, 根据 $\Delta E = \nu C_{V,\mathrm{m}}(T_2 - T_1) = A$ 可得

$$T_2 = \frac{A}{\nu C_{V,\mathrm{m}}} + T_1 = 265\ \mathrm{K}$$

由绝热过程方程 $\dfrac{p_1^{\gamma-1}}{T_1^{\gamma}} = \dfrac{p_2^{\gamma-1}}{T_2^{\gamma}}$ 及 $\gamma = \dfrac{7}{5}$ 得

$$p_2 = \left(\frac{T_2}{T_1}\right)^{\frac{\gamma}{\gamma-1}} p_1 = 9.13 \times 10^4\ \mathrm{Pa}$$

再由理想气体状态方程, 可得

$$V_2 = \frac{\nu RT_2}{p_2} = 1.2 \times 10^{-2}\ \mathrm{m}^3$$

8-5 1 mol 氢气, 在压强为 1.0×10^5 Pa, 温度为 293 K 时, 其体积为 V_0. 今使它经过以下两种过程达到同一状态:

(1) 先保持体积不变, 加热到温度为 353 K, 然后令它作等温膨胀, 体积变为原来的 2 倍;

(2) 先使它作等温膨胀至原来体积的 2 倍, 然后保持体积不变, 加热到 353 K.

试分别计算以上两种过程中吸收的热量, 气体对外做的功和内能的增量, 并作 $p-V$ 图.

解 $p-V$ 图见解图 8-5.

(1) 过程 $1 \rightarrow 2 \rightarrow 3$:

$$Q = C_{V,\mathrm{m}}(T_2 - T_1) + RT_2 \ln \frac{2V_0}{V_0} = 3280 \text{ J}$$

$$A' = RT_2 \ln \frac{2V_0}{V_0} = 2033 \text{ J}$$

$$\Delta E = C_{V,\mathrm{m}}(T_2 - T_1) = 1247 \text{ J}$$

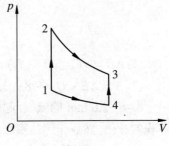

解图 8-5

(2) 过程 $1 \rightarrow 4 \rightarrow 3$:

$$Q = RT_1 \ln \frac{2V_0}{V_0} + C_{V,\mathrm{m}}(T_2 - T_1) = 2934 \text{ J}$$

$$A' = RT_1 \ln \frac{2V_0}{V_0} = 1688 \text{ J}$$

$$\Delta E = 1247 \text{ J}$$

两种过程中功和热量不相等, 但内能的增量相等, 说明内能的增量与过程无关.

8-6 一定量的单原子理想气体先绝热压缩到原来压强的 9 倍, 然后再等温膨胀到原来的体积. 试问气体最终的压强是其初始压强的多少倍?

解 设初态为 (p_1, V_1), 中间态为 (p_2, V_2), 末态为 (p_3, V_3). 由题意, $\frac{p_2}{p_1} = 9$, $\gamma = \frac{5}{3}$, $V_1 = V_3$.

对于绝热过程, 有

$$p_1 V_1^{\gamma} = p_2 V_2^{\gamma}$$

或表示为

$$\frac{V_2}{V_1} = \left(\frac{p_1}{p_2}\right)^{\frac{1}{\gamma}} \tag{1}$$

对于等温过程, 有

$$p_2 V_2 = p_3 V_3 = p_3 V_1$$

因此有

$$\frac{V_2}{V_1} = \frac{p_3}{p_2} \tag{2}$$

由式 (1) 和式 (2) 可解得

$$p_3 = \left(\frac{p_1}{p_2}\right)^{1/\gamma} p_2 = 9 \left(\frac{p_1}{p_2}\right)^{1/\gamma} p_1 = 2.4 p_1$$

即末态压强变为初始压强的 2.4 倍.

8-7　1 mol 理想气体, 在从 273 K 等压膨胀到 373 K 时吸收了 3350 J 的热量. 求:

(1) γ 值;

(2) 气体内能的增量;

(3) 气体做的功.

解　(1) 由 $Q = \nu C_{p,\mathrm{m}}(T_2 - T_1)$, 得

$$C_{p,\mathrm{m}} = \frac{Q}{\nu(T_2 - T_1)} = 33.5\ \mathrm{J \cdot mol^{-1} \cdot K^{-1}}$$

$$\gamma = \frac{C_{p,\mathrm{m}}}{C_{V,\mathrm{m}}} = \frac{C_{p,\mathrm{m}}}{C_{p,\mathrm{m}} - R} = 1.33$$

(2) $\Delta E = \nu C_{V,\mathrm{m}}(T_2 - T_1) = \nu(C_{p,\mathrm{m}} - R)\Delta T = 2519\ \mathrm{J}$.

(3) $A = \Delta E - Q = -831\ \mathrm{J}$. 即气体对外界做功 831 J.

8-8　2.0 mol 的氢气, 起始温度为 300 K, 体积是 $2.0 \times 10^{-2}\ \mathrm{m^3}$. 此气体先等压膨胀到原体积的 2 倍, 然后作绝热膨胀, 至温度恢复到初始温度为止.

(1) 在 p-V 图上画出该过程.

(2) 在这过程中共吸热多少?

(3) 氢气的内能共改变多少?

(4) 氢气所做的总功是多少?

(5) 最后的体积是多大?

解　(1) 为了 p-V 图上画出过程曲线, 必须先求出三个状态的参量. 初态参量为

$$V_1 = 2.0 \times 10^{-2}\ \mathrm{m^3}, \quad T_1 = 300\ \mathrm{K}, \quad p_1 = \frac{\nu R T_1}{V_1} = 2.493 \times 10^5\ \mathrm{Pa}$$

等压膨胀后的状态参量为

$$p_2 = p_1 = 2.493 \times 10^5\ \mathrm{Pa}, \quad V_2 = 2V_1 = 4.0 \times 10^{-2}\ \mathrm{m^3}, \quad T_2 = \frac{p_2 V_2}{\nu R} = 600\ \mathrm{K}$$

绝热膨胀后的状态参量为 $T_3 = T_1 = 300\ \mathrm{K}$, 根据绝热过程方程 $TV^{\gamma-1} =$ 常量, 可得

$$V_3 = \left(\frac{T_2}{T_3}\right)^{\frac{1}{\gamma-1}} V_2 = 0.113\ \mathrm{m^3}, \quad p_3 = \frac{\nu R T_3}{V_3} = 4.41 \times 10^4\ \mathrm{Pa}$$

过程曲线如解图 8-8 所示.

(2) 绝热过程中无热量交换, 故总吸热为等压膨胀过程中的吸热

$$Q = \nu C_{p,\mathrm{m}}(T_2 - T_1) = 1.25 \times 10^4\ \mathrm{J}$$

(3) 理想气体的内能是温度的单值函数, 因系统又回到初始温度, 故内能没变化, 即 $\Delta E = 0$.

(4) 因 $\Delta E = Q + A = 0$, 故 $A' = -A = Q = 1.25 \times 10^4\ \mathrm{J}$.

(5) 前面已经计算出, $V_3 = 0.113\ \mathrm{m^3}$.

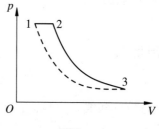

解图 8-8

8-9　为了测定理想气体的 γ 值, 可以采用下面的方法. 一定量的气体, 初始的温度、压强和体积分别是 T_0, p_0, V_0. 用一根通有电流的铂丝对它加热, 设两次加热的时间和电流都相

同, 第一次保持 V_0 不变, 温度和压强分别变为 T_1, p_1, 第二次保持 p_0 不变, 而温度和体积分别变为 T_2, V_1. 试证明:

$$\gamma = \frac{(p_1 - p_0)V_0}{(V_1 - V_0)p_0}$$

解 两次加热, 气体分别经历等体过程和等压过程. 由题意, 两个过程的吸热相等, 即

$$\nu C_{V,\mathrm{m}}(T_1 - T_0) = \nu C_{p,\mathrm{m}}(T_2 - T_0)$$

上式两边同乘以 R, 由理想气体的状态方程 $pV = \nu RT$, 得

$$C_{V,\mathrm{m}}(p_1 - p_0)V_0 = C_{p,\mathrm{m}}(V_1 - V_0)p_0$$

于是有

$$\gamma = \frac{C_{p,\mathrm{m}}}{C_{V,\mathrm{m}}} = \frac{(p_1 - p_0)V_0}{(V_1 - V_0)p_0}$$

8-10 1.0 mol 单原子理想气体先由体积为 $V_1 = 3.00 \times 10^{-3}$ m³ 的状态 1 等温膨胀到体积为 $V_2 = 6.00 \times 10^{-3}$ m³ 的状态 2, 再等压收缩至体积为 V_1 的状态 3, 最后由状态 3 经等体过程回到初态 1. 求此循环的效率.

解 因 $1 \to 2$ 为等温过程, 故 $p_2 = p_3 = \dfrac{V_1}{V_2}p_1 = \dfrac{1}{2}p_1$.

$$Q_{12} = p_1 V_1 \ln \frac{V_2}{V_1} = p_1 V_1 \ln 2 > 0$$

$$Q_{23} = \nu C_{p,\mathrm{m}}(T_2 - T_1) = \nu C_{p,\mathrm{m}}\left(\frac{p_3 V_3}{\nu R} - \frac{p_2 V_2}{\nu R}\right)$$

$$= \frac{C_{p,\mathrm{m}}}{R}(p_3 V_1 - p_1 V_1) = -\frac{C_{p,\mathrm{m}}}{2R}p_1 V_1 < 0$$

同理, $Q_{31} = \nu C_{V,\mathrm{m}}(T_1 - T_3) = \dfrac{C_{V,\mathrm{m}}}{2R}p_1 V_1 > 0$.

循环过程中正吸热

$$Q_+ = Q_{12} + Q_{31} = \left(\ln 2 + \frac{C_{V,\mathrm{m}}}{2R}\right)p_1 V_1 = \left(\ln 2 + \frac{3}{4}\right)p_1 V_1$$

负吸热

$$Q_- = Q_{23} = -\frac{C_{p,\mathrm{m}}}{2R}p_1 V_1 = -\frac{5}{4}p_1 V_1$$

所以效率

$$\eta = 1 + \frac{Q_-}{Q_+} = 1 - \frac{\dfrac{5}{4}}{\dfrac{3}{4} + \ln 2} = 13.4\%$$

8-11 在一部二级卡诺热机中, 第一级热机从温度 T_1 处吸取热量 Q_1 对外做功 A_1, 并把热量 Q_2 放到低温 T_2 处. 第二级热机吸取第一级热机所放出的热量做功 A_2, 并把热量 Q_3 放到更低温度 T_3 处. 试证明这复合热机的效率为

$$\eta = \frac{T_1 - T_3}{T_1}$$

解　第一级热机做的功和放出的热量分别为

$$A_1 = Q_1\left(1 - \frac{T_2}{T_1}\right), \quad Q_2 = Q_1 - A_1 = \frac{T_2}{T_1}Q_1$$

第二级热机做的功为

$$A_2 = Q_2\left(1 - \frac{T_3}{T_2}\right) = Q_1\frac{T_2}{T_1}\left(1 - \frac{T_3}{T_2}\right)$$

复合热机的效率为

$$\eta = \frac{A_1 + A_2}{Q_1} = \frac{1 - \dfrac{T_2}{T_1} + \dfrac{T_2}{T_1}\left(1 - \dfrac{T_3}{T_2}\right)}{Q_1}Q_1 = \frac{T_1 - T_3}{T_1}$$

8–12　如习题 8–12 图所示, 在刚性绝热容器中有一可无摩擦移动而不漏气的导热隔板, 将容器分为 A, B 两部分, 各盛有 1 mol 的 He 和 O_2. 初态 He 的温度为 T_0, O_2 的温度为 $2T_0$, 压强均为 p_0.

(1) 求整个系统达到平衡时的温度和压强 (O_2 可看作是刚性的);

(2) 求整个系统熵的增量.

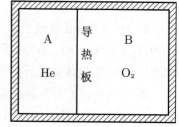

习题 8–12 图

解　(1) 设热平衡时的温度为 T, 压强为 p. 将 A 与 B 两部分合起来作为一个系统, 显然它是一个孤立系. 由热力学第一定律, 初、终态的内能不变, 即

$$\Delta E = \Delta E_A + \Delta E_B = \nu_A C_{V,mA}(T - T_A) + \nu_B C_{V,mB}(T - T_B) = 0$$

利用 $\nu_A = \nu_B = 1 \text{ mol}$, 从上式解得

$$T = \frac{C_{V,mA}T_A + C_{V,mB}T_B}{C_{V,mA} + C_{V,mB}} = \frac{\dfrac{3}{2}RT_0 + \dfrac{5}{2}R \cdot 2T_0}{\dfrac{3}{2}R + \dfrac{5}{2}R} = \frac{13}{8}T_0$$

设初态 A 和 B 两部分的体积分别为 V_A 和 V_B, 终态的体积分别为 V_A' 和 V_B', 则按理想气体的状态方程,

$$V_A = \frac{RT_A}{p_0}, \quad V_B = \frac{RT_B}{p_0}, \quad V_A' = \frac{RT}{p}, \quad V_B' = \frac{RT}{p}$$

系统初态的体积与终态的体积相等,

$$V_A + V_B = V_A' + V_B'$$

或

$$\frac{RT_A}{p_0} + \frac{RT_B}{p_0} = \frac{RT}{p} + \frac{RT}{p}$$

从上式解得

$$p = \frac{2T}{T_A + T_B}p_0 = \frac{13}{12}p_0$$

(2) A 和 B 两部分熵的增量分别为

$$\Delta S_A = C_{p,mA} \ln \frac{T}{T_A} - R \ln \frac{p}{p_0}$$

$$\Delta S_B = C_{p,mB} \ln \frac{T}{T_B} - R \ln \frac{p}{p_0}$$

式中 $C_{p,mA} = \dfrac{5}{2}R$, $\quad C_{p,mB} = \dfrac{7}{2}R$, 故

$$\Delta S = \Delta S_A + \Delta S_B$$

$$= \frac{5}{2}R \ln \frac{T}{T_A} + \frac{7}{2}R \ln \frac{T}{T_B} - 2R \ln \frac{p}{p_0}$$

$$= R\left(4 \ln 13 - \frac{35}{2} \ln 2 + 2 \ln 3\right)$$

$$= 2.72 \ \mathrm{J \cdot K^{-1}}$$

从 $\Delta S > 0$ 可以看出, 过程为自发进行的不可逆过程.

8−13 热机循环过程如习题 8−13 图所示, 该循环由两条等温线与两条等熵线组成. 求一次循环过程中系统对外做的功及循环的效率.

解 循环过程中系统静吸热为

$$Q = \oint T \mathrm{d}S = (T_2 - T_1)(S_2 - S_1)$$

完成一次循环系统内能不变, 由热力学第一定律, 系统对外做功 $A' = Q = (T_2 - T_1)(S_2 - S_1)$.

系统从高温热源吸收的热量为 $Q_1 = T_2(S_2 - S_1)$, 故循环效率为

$$\eta = \frac{A'}{Q_1} = \frac{T_2 - T_1}{T_2}$$

这就是卡诺循环的效率, 卡诺循环在 $T - S$ 图上对应于一个矩形.

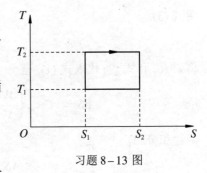

习题 8−13 图

8−14 证明理想气体由平衡态 (p_1, V_1, T_1) 经任意过程到达平衡态 (p_2, V_2, T_2) 时, 熵的增量为

(1) $\Delta S = \nu C_{p, m} \ln \dfrac{T_2}{T_1} - \nu R \ln \dfrac{p_2}{p_1}$;

(2) $\Delta S = \nu C_{p, m} \ln \dfrac{V_2}{V_1} + \nu C_{V, m} \ln \dfrac{p_2}{p_1}$.

证明 (1) 对于闭系,

$$\mathrm{d}S = \frac{\nu C_{V, m} \mathrm{d}T + p \mathrm{d}V}{T} \tag{1}$$

将理想气体状态方程

$$pV = \nu RT \tag{2}$$

两边全微分得

$$p \, dV + V \, dp = \nu R \, dT \tag{3}$$

由式 (3) 得

$$p dV = \nu R dT - V dp \tag{4}$$

由式 (2) 得

$$V = \frac{\nu RT}{p} \tag{5}$$

将式 (4) 代入式 (1) 得

$$dS = \frac{\nu C_{V,m} dT + \nu R dT - V dp}{T}$$

再将式 (5) 代入上式, 有

$$dS = \frac{\nu \, (C_{V,m} + R) \, dT}{T} - \nu R \frac{dp}{p} = \nu C_{p,m} \frac{dT}{T} - \nu R \frac{dp}{p}$$

积分可得

$$\Delta S = \nu C_{p,m} \int_{T_1}^{T_2} \frac{dT}{T} - \nu R \int_{p_1}^{p_2} \frac{dp}{p} = \nu C_{p,m} \ln \frac{T_2}{T_1} - \nu R \ln \frac{p_2}{p_1}$$

(2) 由式 (2),

$$T = \frac{pV}{\nu R} \tag{6}$$

由式 (3),

$$dT = \frac{1}{\nu R} \, (p \, dV + V \, dp) \tag{7}$$

将式 (6) 和式 (7) 代入式 (1), 有

$$dS = \nu C_{V,m} \left(\frac{dV}{V} + \frac{dp}{p} \right) + \nu R \frac{dV}{V} = \nu C_{p,m} \frac{dV}{V} + \nu C_{V,m} \frac{dp}{p}$$

两边积分, 有

$$\Delta S = \nu C_{p,m} \ln \frac{V_2}{V_1} + \nu C_{V,m} \ln \frac{p_2}{p_1}$$

8–15 理想气体分别经等压过程和等体过程从相同的初态温度升至相同的末态温度. 已知等体过程中熵的增量为 ΔS, 设气体的 γ 为常数, 求等压过程中熵的增量.

解　气体等体过程熵的增量为

$$\Delta S = \nu C_{V,m} \ln \frac{T_2}{T_1}$$

式中 T_1 和 T_2 分别表示初、末态的温度. 等压过程熵的增量为

$$\Delta S' = \nu C_{p,m} \ln \frac{T_2}{T_1}$$

以上两式相除, 得

$$\Delta S' = \frac{C_{p,m}}{C_{V,m}} \Delta S = \gamma \Delta S$$

8–16 1 mol 单原子理想气体由 $T_1 = 300$ K 可逆地被加热到 $T_2 = 400$ K. 在加热过程中气体的压强随温度按下列规律改变:

$$p = p_0 \, \mathrm{e}^{\alpha T}$$

其中 $\alpha = 1.00 \times 10^{-3}$ K^{-1}. 试确定气体在加热时所吸收的热量 Q.

解 对于理想气体, 有

$$\mathrm{d}S = \nu C_{p,\mathrm{m}} \frac{\mathrm{d}T}{T} - \nu R \frac{\mathrm{d}p}{p}$$

$$\mathrm{d}Q = T\,\mathrm{d}S = \nu C_{p,\mathrm{m}}\,\mathrm{d}T - \nu RT \frac{\mathrm{d}p}{p} = \nu C_{p,\mathrm{m}}\,\mathrm{d}T - \alpha \nu RT\,\mathrm{d}T$$

积分可得

$$Q = \nu C_{p,\mathrm{m}}(T_2 - T_1) - \frac{1}{2}\alpha \nu R(T_2^2 - T_1^2) = 1.79 \times 10^3 \text{ J}$$

8–17 一个有限质量的物体原来的温度为 T_2, T_2 高于热库的温度 T_1, 有一热机在此物体与此热库之间按无限小的循环运转, 直到热机把该物体的温度从 T_2 降到 T_1 为止. 试证明可以从这热机获得的最大功为

$$A_{\max} = Q + T_1(S_2 - S_1)$$

式中 $S_2 - S_1$ 为物体熵的变化, 而 Q 为热机从物体所吸取的热量.

解 根据热力学第一定律, 热库获取的热量 $Q' = Q - A$, 其中 A 为热机对外做的功. 选取物体、热库和热机为系统, 在物体温度降至 T_1 的过程中, 物体的熵变为 $S_2 - S_1$, 热库的熵变为 Q'/T_1, 热机经历的是循环过程, 熵变为 0. 由于整个系统与外界是绝热的, 所以按熵增加原理, 它们的熵变之和满足

$$S_2 - S_1 + \frac{Q - A}{T_1} \geqslant 0$$

从上式得

$$A \leqslant Q + T_1(S_2 - S_1)$$

上式取等号时, 热机输入的功最大, 为 $A_{\max} = Q + T_1(S_2 - S_1)$.

第9章 静 电 场

9.1 要点归纳

1. 电场强度及叠加原理

(1) 定义单位试探正电荷在静电场中所受的静电力为电场强度,

$$E = \frac{F}{q_0}$$

其方向为正电荷受力的方向.

(2) 电场强度的叠加原理: 空间任一点的电场强度等于各场源电荷单独存在时在该点激发的电场强度的矢量和. 对于点电荷系, 有

$$E = \sum_i \frac{q_i}{4\pi\varepsilon_0 r^3} r$$

对于连续带电体, 有

$$E = \int \frac{\mathrm{d}q}{4\pi\varepsilon_0 r^3} r$$

2. 静电场的性质

(1) 静电场是有源场, 可用高斯定理表示为

$$\oint_S E \cdot \mathrm{d}S = \frac{1}{\varepsilon_0} \sum_i q_i$$

(2) 静电场是保守场(无旋性), 可用静电场的环路定理表示为

$$\oint_L E \cdot \mathrm{d}l = 0$$

3. 电势

(1) 定义空间任意两点 A 和 B 的电势差为

$$U_A - U_B = \int_A^B E \cdot \mathrm{d}l$$

若选取无限远处为零电势参考位置, 则场中任一点 P 的电势为 $U_P = \int_P^\infty E \cdot \mathrm{d}l$, 积分可沿场中任意路径进行.

(2) 电势的叠加原理: 静电场中任一点的电势等于场源电荷单独存在时在该点的电势的代数和, 即

$$U = \sum_i \frac{q_i}{4\pi\varepsilon_0 r_i} \quad (\text{点电荷系}), \quad U = \int \frac{\mathrm{d}q}{4\pi\varepsilon_0 r} \quad (\text{连续带电体})$$

式中 r_i 表示点电荷 q_i 到场点的距离, r 表示元电荷 $\mathrm{d}q$ 到场点的距离.

(3) 场强与电势的关系

$$E = -\nabla U\left(r\right)$$

即电场强度等于电势的负梯度. 在空间直角坐标系中上式可表示为

$$E = -\frac{\partial U}{\partial x}\mathbf{i} - \frac{\partial U}{\partial y}\mathbf{j} - \frac{\partial U}{\partial z}\mathbf{k}$$

4. 静电场中的导体

(1) 导体的静电平衡条件为导体中的电场强度处处为零. 根据导体的静电平衡条件可知, 导体是等势体, 导体表面为等势面; 导体内部不存在净余的电荷; 导体外侧表面附近的电场强度只存在垂直于导体表面的分量.

(2) 静电屏蔽: 用一个接地的空腔导体把外电场遮住, 使其内部不受影响, 也不使其内部带电体对外界产生影响.

(3) 孤立导体的电容定义为 $C = \dfrac{Q}{U}$, 双导体的电容定义为 $C = \dfrac{Q}{\Delta U}$.

5. 电介质

(1) 电介质分为有极分子电介质和无极分子电介质两种. 无极分子电介质在静电场中表现为位移极化, 而有极分子电介质在静电场中表现为取向极化.

(2) 极化的宏观表现: 产生退极化场, 形成宏观电偶极矩, 出现极化电荷.

(3) 线性极化介质中的高斯定理

$$\oint_S \mathbf{D} \cdot \mathrm{d}\mathbf{S} = \sum_i q_i$$

式中 $\displaystyle\sum_i q_i$ 为闭合曲面 S 中所包围的所有自由电荷的代数和, $\mathbf{D} = \varepsilon_0 \varepsilon_r \mathbf{E} = \varepsilon \mathbf{E}$.

6. 静电场的能量

(1) 能量密度: $w_e = \dfrac{1}{2}\mathbf{D} \cdot \mathbf{E}$. 电场中任意区域中的电场能量为 $W_e = \displaystyle\int \dfrac{1}{2}\mathbf{D} \cdot \mathbf{E}\, \mathrm{d}V$, 积分遍及整个区域.

(2) 电容器储存的静电能为

$$W = \frac{1}{2}C\Delta U^2 = \frac{1}{2}q\Delta U = \frac{1}{2}\frac{q^2}{C}$$

9.2 习题解答

9-1 氢键的作用使水有很多不同寻常的性质. 氢键的一种简化的模型可以用呈直线排列的四个点电荷的相互作用来表示, 如习题 9-1 图所示. 试用图中的数据计算模型中氢键的作用力.

解 按自左向右的顺序将四个电荷编为 "1" "2" "3" "4" 号. 根据库仑定律, 氢键作用力为

$$F = \frac{(0.35e)^2}{4\pi\varepsilon_0}\left(\frac{1}{r_{13}^2} - \frac{1}{r_{14}^2} - \frac{1}{r_{23}^2} + \frac{1}{r_{24}^2}\right) = -4.1 \times 10^{-19}\ \mathrm{N}$$

负号表示引力.

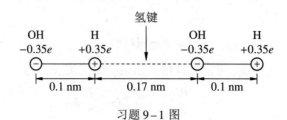

习题 9-1 图

9-2 将 6 个带正电 q 的点电荷固定在正六边形的顶点上(习题 9-2 图),现将负电荷 $-kq$ 置于正六边形中心,发现松开正电荷后它们仍能静止. 求 k 的值.

解 由对称性分析可知, 位于中心的负电荷所受合力为零; 6 个正电荷受力大小相等, 每个正电荷受力的方向都沿该电荷与处于中心的负电荷的连线方向. 设正六边形的边长为 a, 任选一正电荷, 由合力为零, 即

习题 9-2 图

$$\frac{q^2}{4\pi\varepsilon_0}\left(\frac{2}{a^2}\cos\frac{\pi}{3} + \frac{2}{3a^2}\cos\frac{\pi}{6} + \frac{1}{4a^2} - \frac{k}{a^2}\right) = 0$$

可得 $k \approx 1.83$.

9-3 两个等量同性点电荷 q 被固定在相距为 $2d$ 的两点, 其连线的中点为 O. 质量为 m 的点电荷 Q 放置在连线中垂面上距 O 点为 x 处.

(1) 求 Q 受到的静电力;

(2) 当 x 为何值时, Q 受力最大, 并求出此力;

(3) 若 $Q = -q$, 求点电荷 Q 在 O 点附近作微小振动的周期 (只考虑静电力).

解 (1) Q 受到其中一个点电荷 q 的力为

$$F_1 = \frac{qQ}{4\pi\varepsilon_0(d^2+x^2)}$$

Q 受到的合力 (见解图 9-3) 为

$$F = 2F_1\cos\theta = \frac{qQx}{2\pi\varepsilon_0(d^2+x^2)^{3/2}}$$

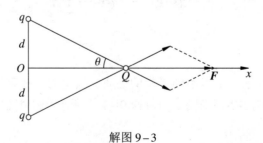

解图 9-3

(2) 可以分析出, $x=0$ 或 $x\to\pm\infty$ 时受力为零, 因此, F 对 x 一阶导数的零点位置即为所求. 由

$$\frac{\mathrm{d}F}{\mathrm{d}x} = \frac{qQ}{2\pi\varepsilon_0}\frac{d^2-2x^2}{(d^2+x^2)^{5/2}} = 0$$

得 $x = \pm \dfrac{\sqrt{2}}{2}d$, 即在距离 O 点为 $\dfrac{\sqrt{2}}{2}d$ 处 Q 受力最大, 此时

$$F_{\max} = \frac{qQ}{3\sqrt{3}\pi\varepsilon_0 d^2}$$

(3) 若 $Q = -q$, 则 $F < 0$ 为引力. 当 $|x| \ll d$ 时, 在线性近似下,

$$F \approx -\frac{q^2}{2\pi\varepsilon_0 d^3}x$$

由牛顿第二定律, 得

$$F \approx -\frac{q^2}{2\pi\varepsilon_0 d^3}x = m\frac{\mathrm{d}^2 x}{\mathrm{d}t^2}$$

或

$$\frac{\mathrm{d}^2 x}{\mathrm{d}t^2} + \frac{q^2}{2\pi\varepsilon_0 m d^3}x = 0$$

因此, 微小振动的角频率为

$$\omega = \frac{|q|}{\sqrt{2\pi\varepsilon_0 m d^3}}$$

周期为

$$T = \frac{2\pi}{\omega} = \frac{2\pi}{|q|}\sqrt{2\pi\varepsilon_0 m d^3}$$

9–4 一电偶极子原来与一均匀电场平行, 将它转到与电场反平行时, 外力做功 0.1 J. 问当此电偶极子与场强成 45° 时, 作用于它的力偶矩有多大?

解 在均匀外电场中, 电偶极子所受力矩的大小为

$$M = p_\mathrm{e}E\sin\theta$$

当由与外场平行转到反平行时, 外场做的功为

$$A = \int_0^\pi M\,\mathrm{d}\theta = \int_0^\pi p_\mathrm{e}E\sin\theta\,\mathrm{d}\theta = 2p_\mathrm{e}E$$

从而

$$M = p_\mathrm{e}E\sin\theta = \frac{A}{2}\sin\theta = 3.54 \times 10^{-2}\ \mathrm{N \cdot m}$$

9–5 肿瘤的质子疗法是用高速质子轰击肿瘤, 杀死其中的恶性细胞. 设质子的加速距离为 3.0 m, 要使质子从静止开始被加速到 $1.0 \times 10^7\ \mathrm{m \cdot s^{-1}}$, 不考虑相对论效应, 求平均电场强度的大小.

解 设平均场强为 $\overline{E}$, 则质子受到电场的平均作用力为 $F = e\overline{E}$, 由动能定理, 有

$$e\overline{E}d = \frac{1}{2}m_\mathrm{p}v^2$$

因此

$$\overline{E} = \frac{m_\mathrm{p}v^2}{2ed} = 1.74 \times 10^5\ \mathrm{V \cdot m^{-1}}$$

9–6 用绝缘细线弯成半径为 a 的圆弧, 圆弧对圆心所张的角度为 θ_0, 电荷 q 均匀分布于圆弧上. 求圆心处的电场强度.

解 线电荷密度 $\lambda = q/(a\theta_0)$. 如解图 9–6 所示, 在圆弧上选一线元 $a\,\mathrm{d}\theta$, 带有元电荷

$$\mathrm{d}q = \lambda a\,\mathrm{d}\theta = q\,\mathrm{d}\theta/\theta_0$$

该元电荷在圆心处的电场强度大小为

$$dE = \frac{q\,d\theta}{4\pi\varepsilon_0 a^2 \theta_0}$$

根据对称性分析可知, 图中竖直方向的场强分量相互抵消, 圆心 O 处的场强沿水平方向, 于是

$$E = \int_{-\theta_0/2}^{\theta_0/2} dE\cos\theta = \int_{-\theta_0/2}^{\theta_0/2} \frac{q\cos\theta\,d\theta}{4\pi\varepsilon_0 a^2 \theta_0} = \frac{q}{2\pi\varepsilon_0 a^2 \theta_0} \sin\frac{\theta_0}{2}$$

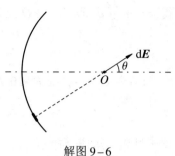

解图 9-6

9-7 在一水平放置的均匀长直带电直线的正下方 1.20 cm 的位置, 悬有一个电子. 求直线的线电荷密度.

解 不难由高斯定理求得无限长带电直线周围的电场强度的大小为

$$E = \frac{\lambda}{2\pi\varepsilon_0 r}$$

电子悬于空中不动, 说明它受电场力与重力平衡, 即 $eE = mg$, 因此

$$\lambda = \frac{2\pi\varepsilon_0 rmg}{e} \approx 3.7 \times 10^{-23}\ \mathrm{C}\cdot\mathrm{m}^{-1}$$

9-8 两个均匀带电的同轴无限长圆柱面, 里边的圆柱面截面半径为 R_1, 面电荷密度为 $+\sigma$, 外面的圆柱面截面半径为 R_2, 面电荷密度为 $-\sigma$, 求空间的场强分布.

解 取半径为 r, 高为 h 的同轴圆柱面为高斯面, 如解图 9-8 所示.

$r < R_1$ 时, $\oint \boldsymbol{E} \cdot d\boldsymbol{S} = \dfrac{\sum q}{\varepsilon_0} = 0$, 因此 $E = 0$.

$R_1 < r < R_2$ 时, 由高斯定理,

$$\oint \boldsymbol{E} \cdot d\boldsymbol{S} = 2\pi rhE = \frac{2\pi R_1 h\sigma}{\varepsilon_0}$$

由上式可得

$$E = \frac{\sigma R_1}{\varepsilon_0 r}$$

$r > R_2$ 时, 根据高斯定理, 有

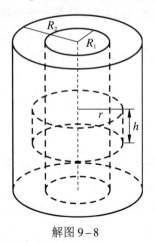

解图 9-8

于是有

综上所述,

$$2\pi rhE = \frac{2\pi R_1 \sigma h - 2\pi R_2 \sigma h}{\varepsilon_0}$$

$$E = \frac{\sigma(R_1 - R_2)}{\varepsilon_0 r}$$

$$\boldsymbol{E} = \begin{cases} 0, & r < R_1 \\[2mm] \dfrac{\sigma R_1}{\varepsilon_0 r^2}\,\boldsymbol{r}, & R_1 < r < R_2 \\[2mm] \dfrac{\sigma(R_1 - R_2)}{\varepsilon_0 r^2}\,\boldsymbol{r}, & r > R_2 \end{cases}$$

9–9 设气体放电形成的等离子体在圆柱内的电荷分布可用下式表示:

$$\rho(r) = \frac{\rho_0}{\left[1 + \left(\dfrac{r}{a}\right)^2\right]^2}$$

式中 r 是到圆柱轴线的距离, ρ_0 是轴线处的电荷体密度, a 是常量. 试计算其场强分布.

解 取高为 h 的同轴圆柱面为高斯面, 由对称性, 电场强度的方向垂直于圆柱体的轴线. 由高斯定理,

$$\oint \boldsymbol{E} \cdot \mathrm{d}\boldsymbol{S} = \frac{1}{\varepsilon_0} \int_0^r \rho(r) 2\pi r h \, \mathrm{d}r$$

$$2\pi r h E = \frac{1}{\varepsilon_0} \frac{a^2 \rho_0 \pi h r^2}{a^2 + r^2}$$

$$E = \frac{a^2 \rho_0 r}{2(a^2 + r^2)\varepsilon_0}$$

用矢量表示为

$$\boldsymbol{E} = \frac{a^2 \rho_0}{2(a^2 + r^2)\varepsilon_0} \boldsymbol{r}$$

9–10 一厚度为 d 的无限大平板, 平板内均匀带电, 体电荷密度为 ρ, 求板内外的场强分布.

解 取高斯面为高 $2|x|$, 底面积为 ΔS 的柱面, 如解图 9–10 所示.

在平板内, $|x| < d/2$, 由高斯定理,

$$\oint \boldsymbol{E} \cdot \mathrm{d}\boldsymbol{S} = 2E\Delta S = \frac{2|x|\Delta S \rho}{\varepsilon_0}$$

因此, $E = \dfrac{\rho|x|}{\varepsilon_0}$.

平板外侧, $|x| > d/2$, 高斯定理写作

$$2E\Delta S = \frac{\rho \Delta S d}{\varepsilon_0}$$

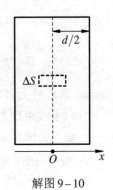

解图 9–10

场强为

$$E = \frac{\rho d}{2\varepsilon_0}$$

用矢量表示为

$$\boldsymbol{E} = \begin{cases} \dfrac{\rho x}{\varepsilon_0} \boldsymbol{i}, & |x| < d/2 \\[2mm] \dfrac{\rho d}{2\varepsilon_0} \dfrac{x}{|x|} \boldsymbol{i}, & |x| \geqslant d/2 \end{cases}$$

9–11 根据量子理论, 氢原子中心是一个带正电 q_0 的原子核 (可看成是点电荷), 外面是带负电的电子云, 在正常状态 (核外电子处在 s 态) 下, 电子云的电荷密度分布是球对称的

$$\rho(r) = -\frac{q_0}{\pi a_0^3} \mathrm{e}^{-2r/a_0}$$

式中 a_0 为常量 (玻尔半径). 求原子的场强分布.

解　选以原子核为球心, 半径为 r 的球面为高斯面. 此球面内的总电荷为

$$q = q_0 + \int_0^r \rho 4\pi r^2 \, \mathrm{d}r = q_0 + 4\pi \int_0^r \left(-\frac{q_0}{\pi a_0^3} \mathrm{e}^{-2r/a_0} \right) r^2 \, \mathrm{d}r$$

$$= \frac{1}{a_0^2} \left(a_0^2 + 2 r a_0 + 2 r^2 \right) q_0 \, \mathrm{e}^{-2r/a_0}$$

由高斯定理有

$$\oint \boldsymbol{E} \cdot \mathrm{d}\boldsymbol{S} = 4\pi r^2 E = \frac{q}{\varepsilon_0}$$

因此

$$E = \frac{q_0}{4\pi \varepsilon_0 a_0^2} \left(\frac{a_0^2}{r^2} + \frac{2a_0}{r} + 2 \right) \mathrm{e}^{-2r/a_0}$$

9–12　四个点电荷两两相距 1.0 m 排列在一条直线段上, 其中两个电荷的电量为 1.0 μC, 另外两个电荷的电量为 –1.0 μC.

(1) 要使线段中心的电势最低, 四个电荷应该按什么顺序排列? 求出线段中心的电势;

(2) 需要做多少功才能将处于线段端点的电荷移至无限远处?

解　(1) 四个点电荷按 "+", "–", "–", "+" 的次序排列. 按电势叠加原理, 线段中心的电势为

$$U = \sum_{i=0}^4 \frac{q_i}{4\pi \varepsilon_0 r_i} = \frac{q}{4\pi \varepsilon_0} \left(\frac{-2}{0.5} + \frac{2}{1.5} \right) = -24 \text{ kV}.$$

(2) 将处于线段端点的电荷移至无限远处, 电场力的功为

$$A = qU' = \frac{q^2}{4\pi \varepsilon_0} \left(\frac{1}{3} - \frac{1}{2} - 1 \right) = \frac{-7q^2}{24\pi \varepsilon_0} = -1.05 \times 10^{-2} \text{ J}$$

因此, 需要外力做功 1.05×10^{-2} J.

9–13　求均匀带电细圆环轴线上的电势和场强分布. 设圆环半径为 R, 带电量为 Q.

解　如解图 9–13 所示, 以轴线为 x 轴, 圆心为原点, 在轴线上任取一点 P, 其坐标为 x. P 点到圆环的距离为 r, 且

$$r = \sqrt{R^2 + x^2}$$

根据电势的叠加原理, P 点的电势为

$$U(x) = \int \frac{\mathrm{d}q}{4\pi \varepsilon_0 r} = \frac{q}{4\pi \varepsilon_0 r} \int \mathrm{d}q = \frac{Q}{4\pi \varepsilon_0 \sqrt{R^2 + x^2}}$$

由电势分布求场强分布

$$\boldsymbol{E} = -\frac{\mathrm{d}U}{\mathrm{d}x} \boldsymbol{i} = \frac{Qx}{4\pi \varepsilon_0 (R^2 + x^2)^{3/2}} \boldsymbol{i}$$

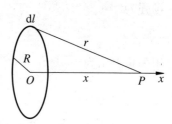

解图 9–13

9–14　电荷 q 均匀分布在半径为 R 的球体内, 求空间电势分布.

解　空间任意一点到球心的连线都可看成该系统的一条对称轴, 由轴对称性和电场强度的叠加原理可知, 电场强度只有径向分量. 再根据球对称性, 到球心距离相等的点, 其场

强大小必然相等. 因此, 选与带电球体同心的半径为 r 的球面为闭合曲面, 根据高斯定理 $\oint \boldsymbol{E} \cdot \mathrm{d}\boldsymbol{S} = \int \rho\,\mathrm{d}V/\varepsilon_0$, 有

$$4\pi r^2 E = \begin{cases} \dfrac{qr^3}{\varepsilon_0 R^3}, & r < R \\[2mm] \dfrac{q}{\varepsilon_0}, & r > R \end{cases}$$

于是, 空间电场强度分布为

$$\boldsymbol{E} = \begin{cases} \dfrac{q\boldsymbol{r}}{4\pi\varepsilon_0 R^3}, & r < R \\[2mm] \dfrac{q\boldsymbol{r}}{4\pi\varepsilon_0 r^3}, & r > R \end{cases}$$

空间电势分布为

$$U = \int_r^\infty \boldsymbol{E} \cdot \mathrm{d}\boldsymbol{r}$$

$$= \begin{cases} \displaystyle\int_r^R \dfrac{qr}{4\pi\varepsilon_0 R^3}\,\mathrm{d}r + \int_R^\infty \dfrac{q}{4\pi\varepsilon_0 r^2}\,\mathrm{d}r = \dfrac{q(3R^2 - r^2)}{8\pi\varepsilon_0 R^3}, & r < R \\[3mm] \displaystyle\int_r^\infty \dfrac{q}{4\pi\varepsilon_0 r^2}\,\mathrm{d}r = \dfrac{q}{4\pi\varepsilon_0 r}, & r > R \end{cases}$$

9-15 如习题 9-15 图所示, $AB = 2R$, $\overset{\frown}{CDE}$ 是以 B 为中心、R 为半径的圆弧, A 点放置正点电荷 q, B 点放置负电荷 $-q$.

(1) 把单位正电荷从 C 点沿 $\overset{\frown}{CDE}$ 移到 D 点, 电场力对它做了多少功?

(2) 把单位负电荷从 E 点沿 AB 的延长线移到无穷远处, 电场力对它做了多少功?

解 (1) 设无限远处为零电势参考位置, 则有 $U_C = 0$. 根据静电场力做功与路径无关的特点, 有

$$A_{CD} = U_{CD} = -U_D = -\frac{1}{4\pi\varepsilon_0}\left(\frac{q}{\sqrt{5}R} + \frac{-q}{R}\right)$$

$$= \frac{\sqrt{5}-1}{\sqrt{5}}\,\frac{q}{4\pi\varepsilon_0 R}$$

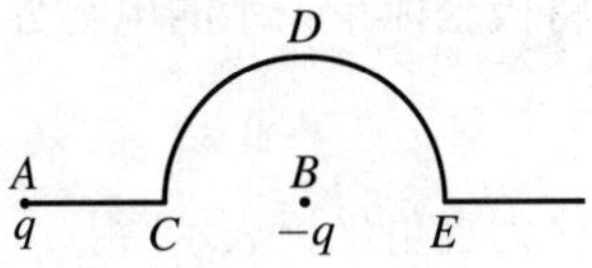

(2) 把单位负电荷从 E 点沿 AB 的延长线移到无穷远处, 电场力的功

$$A_E = -U_E = -\frac{1}{4\pi\varepsilon_0}\left(\frac{q}{3R} + \frac{-q}{R}\right) = \frac{q}{6\pi\varepsilon_0 R}$$

习题 9-15 图

9-16 如习题 9-16 图所示, 电荷 q 均匀分布在长为 $2l$ 的线段上, 线段与 x 轴重合且其中心与原点重合.

(1) 求线段延长线上任一点 $(|x| > l)$ 的电势, 并用梯度法求电场强度 $E(x, 0)$;

(2) 求线段中垂面上任一点 $(|y| > 0)$ 的电势, 并用梯度法求电场强度 $E(0, y)$.

解 (1) 线电荷密度为 $\lambda = q/(2l)$. 在线段上任取线元 $\mathrm{d}\xi$, 则元电荷为 $\mathrm{d}q = \lambda\,\mathrm{d}\xi$. 设无限远处的电势为零, 该元电荷在线段延长线上坐标为 $(x, 0)$ $(|x| > l)$ 的电势为

$$\mathrm{d}U(x, 0) = \frac{\lambda\,\mathrm{d}\xi}{4\pi\varepsilon_0 |x - \xi|}$$

由电势叠加原理, 线段延长线上任意点($|x| > l$)的电势为

$$U(x, 0) = \int_{-l}^{l} \frac{\lambda \, \mathrm{d}\xi}{4\pi\varepsilon_0 |x - \xi|} = \begin{cases} \dfrac{q}{8\pi\varepsilon_0 l} \ln \dfrac{x + l}{x - l}, & x > l \\[3mm] \dfrac{q}{8\pi\varepsilon_0 l} \ln \dfrac{x - l}{x + l}, & x < -l \end{cases}$$

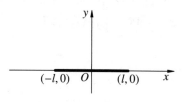

习题 9 – 16 图

由 $\boldsymbol{E} = -\boldsymbol{\nabla} U$, 得

$$E(x, 0) = -\frac{\mathrm{d}U(x, 0)}{\mathrm{d}x} = \begin{cases} \dfrac{q}{4\pi\varepsilon_0 (x^2 - l^2)}, & x > l \\[3mm] -\dfrac{q}{4\pi\varepsilon_0 (x^2 - l^2)}, & x < -l \end{cases}$$

(2) 同理, 元电荷在中垂面上坐标为 $(0, y \neq 0)$ 处的电势为

$$\mathrm{d}U(0, y) = \frac{\lambda \, \mathrm{d}\xi}{4\pi\varepsilon_0 \sqrt{\xi^2 + y^2}}$$

$$U(0, y) = \int_{-l}^{l} \frac{\lambda \, \mathrm{d}\xi}{4\pi\varepsilon_0 \sqrt{\xi^2 + y^2}} = \frac{q}{8\pi\varepsilon_0 l} \ln \frac{\sqrt{y^2 + l^2} + l}{\sqrt{y^2 + l^2} - l}$$

场强为

$$E(0, y) = -\frac{\mathrm{d}U(0, y)}{\mathrm{d}y} = \frac{q}{4\pi\varepsilon_0 y \sqrt{y^2 + l^2}}$$

9 – 17 利用电偶极子电势公式 $U = \dfrac{1}{4\pi\varepsilon_0} \dfrac{p\cos\theta}{r^2}$, 求其场强分布.

解 利用

$$r = \sqrt{x^2 + y^2}, \quad \cos\theta = \frac{x}{\sqrt{x^2 + y^2}}$$

将极坐标系表示的电势分布

$$U = \frac{p\cos\theta}{4\pi\varepsilon_0 r^2}$$

化为直角坐标表示, 得

$$U(x, y) = \frac{px}{4\pi\varepsilon_0 (x^2 + y^2)^{3/2}}$$

由电势与场强的关系, 得

$$E_x = -\frac{\partial U}{\partial x} = -\frac{p}{4\pi\varepsilon_0} \left[\frac{1}{(x^2 + y^2)^{3/2}} - \frac{3x^2}{(x^2 + y^2)^{5/2}} \right]$$

$$E_y = -\frac{\partial U}{\partial y} = \frac{3p_e x y}{4\pi\varepsilon_0 (x^2 + y^2)^{5/2}}$$

$$E = \left(E_x^2 + E_y^2 \right)^{1/2} = \frac{p(4x^2 + y^2)^{1/2}}{4\pi\varepsilon_0 (x^2 + y^2)^2}$$

将 $r^2 = x^2 + y^2$, $x = r\cos\theta$, $y = r\sin\theta$ 代入上式, 得

$$E = \frac{p}{4\pi\varepsilon_0 r^3} \sqrt{1 + 3\cos^2\theta}$$

当 $\theta = 0$ 或 $\theta = \pi$ 时, 即在电偶极子的延长线上, 有 $E = \dfrac{p}{2\pi\varepsilon_0 x^3}$; 当 $\theta = \pm\dfrac{\pi}{2}$ 时, 即在电偶极子的中垂面上, 有 $E = \dfrac{p}{4\pi\varepsilon_0 y^3}$.

9–18 试证明球形电容器两极板之间的半径差很小 (即 $R_2 - R_1 \ll R_1$)时, 它的电容公式趋于平行板电容公式.

解 球形电容器的电容可表示为

$$C = \frac{4\pi\varepsilon_0 R_1 R_2}{R_2 - R_1}$$

当 $R_2 - R_1$ 很小时, 可设两板间距为 $d = R_2 - R_1$, $R_1 R_2$ 可用两个半径的几何均值的平方近似表示, 即 $R_1 R_2 \approx R^2$, 于是

$$C \approx \frac{4\pi\varepsilon_0 R^2}{d} = \frac{\varepsilon_0 S}{d}$$

式中 $S = 4\pi R^2$ 为极板的近似面积.

9–19 细胞膜的表面积为 1.1×10^{-7} m^2, 相对介电常数为 5.2, 厚度为 7.2 nm. 若细胞膜两侧的电势差为 70 mV, 求:

(1) 细胞膜两侧表面的电荷;

(2) 细胞膜两侧表面上各带有多少离子? 假设离子都带有单一电荷 ($|q| = e$).

解 (1) 将细胞膜看作平板电容器, 则

$$q = CU = \frac{\varepsilon_0 \varepsilon_{\mathrm{r}} S}{d} \Delta U = 4.92 \times 10^{-11} \text{ C}$$

(2) 离子个数为 $q/e = 3.08 \times 10^8$.

9–20 两块无限大带电平板导体如习题 9–20 图排列, 证明:

(1) 在相向的两面上 (习题 9–20 图中的 2 和 3), 其电荷面密度总是大小相等而符号相反, 在相背的两面上 (习题 9–20 图中的 1 和 4), 其电荷面密度总是大小相等且符号相同;

(2) 如果两块平板带有等量异号电荷, 则它们都分布在相向的两个面上, 而相背的两面不带电.

解 (1) 设静电平衡状态下各面上的电荷面密度分别为 σ_1, σ_2, σ_3 和 σ_4, 取向下的方向为场强正向. 根据导体的静电平衡条件, 对于上边导体内任一点, 有

$$\frac{\sigma_1}{2\varepsilon_0} - \frac{\sigma_2}{2\varepsilon_0} - \frac{\sigma_3}{2\varepsilon_0} - \frac{\sigma_4}{2\varepsilon_0} = 0 \qquad (1)$$

同理, 对下边导体内任一点, 有

$$\frac{\sigma_1}{2\varepsilon_0} + \frac{\sigma_2}{2\varepsilon_0} + \frac{\sigma_3}{2\varepsilon_0} - \frac{\sigma_4}{2\varepsilon_0} = 0 \qquad (2)$$

式 (1) 与式 (2) 相加, 得

$$\sigma_1 = \sigma_4$$

习题 9–20 图

式 (1) 减去式 (2), 得

$$\sigma_3 = -\sigma_2$$

(2) 设习题 9–20 图中上、下两块平板分别带有 q 和 $-q$ 的电荷, 则有

$$q = (\sigma_1 + \sigma_2)S \tag{3}$$

$$-q = (\sigma_3 + \sigma_4)S \tag{4}$$

联立式 (1)、式 (2)、式 (3) 和式 (4) 可得

$$\sigma_1 = 0, \quad \sigma_2 = \frac{q}{S}, \quad \sigma_3 = -\frac{q}{S}, \quad \sigma_4 = 0$$

9–21　如习题 9–21 图所示, 平行板电容器的两个极板均为长 a, 宽 b 的矩形, 间距为 d. 将一厚度为 δ, 宽为 b 的导体平板沿与电容器极板平行的方向插入电容器之间. 略去边缘效应, 求插入导体平板后的电容与插入深度 x 之间的函数关系式.

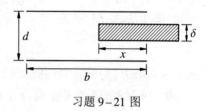

习题 9–21 图

解　插入的部分为两个真空电容器串联的结果, 电容为

$$C_1 = \frac{\varepsilon_0 a x}{d - \delta}$$

未插入的部分电容为

$$C_2 = \frac{\varepsilon_0 a (b - x)}{d}$$

总电容是 C_1 与 C_2 并联的结果,

$$C = C_1 + C_2 = \varepsilon_0 a \left(\frac{b - x}{d} + \frac{x}{d - \delta} \right)$$

9–22　一个半径为 R_1 的金属球 A, 它的外面套一个内、外半径分别为 R_2 和 R_3 的同心金属球壳 B. 二者带电后电势分别为 U_A 和 U_B. 求此系统的电荷及电场分布. 如果用导线将球和壳连接起来, 结果又将如何?

解　金属球和金属球壳所带净电荷一定分布于它们的表面上. 设半径为 R_1, R_2 和 R_3 的金属球面上所带电荷分别为 q_1, q_2 和 q_3, 见解图 9–22 .

作半径为 r 的与金属球同心的球面为高斯面, 由高斯定理可求出电场强度分布为

$$\boldsymbol{E} = \begin{cases} 0, & r < R_1 \\[2mm] \dfrac{q_1}{4\pi\varepsilon_0 r^3}\boldsymbol{r}, & R_1 < r < R_2 \\[2mm] \dfrac{q_1 + q_2}{4\pi\varepsilon_0 r^3}\boldsymbol{r}, & R_2 < r < R_3 \\[2mm] \dfrac{q_1 + q_2 + q_3}{4\pi\varepsilon_0 r^3}\boldsymbol{r}, & r > R_3 \end{cases}$$

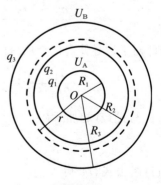

解图 9–22

根据导体的静电平衡条件, 在 $R_2 < r < R_3$ 区域内场强处处为零, 故 $q_2 = -q_1$. 于是场强分布为

$$
\boldsymbol{E} = \begin{cases}
0, & r < R_1 \\[2mm]
\dfrac{q_1}{4\pi\varepsilon_0 r^3}\boldsymbol{r}, & R_1 < r < R_2 \\[2mm]
0, & R_2 < r < R_3 \\[2mm]
\dfrac{q_3}{4\pi\varepsilon_0 r^3}\boldsymbol{r}, & r > R_3
\end{cases}
$$

据此计算 A 球的电势

$$
U_A = \int_{R_1}^{R_2} \frac{q_1}{4\pi\varepsilon_0 r^3}\boldsymbol{r} \cdot \mathrm{d}\boldsymbol{r} + \int_{R_3}^{\infty} \frac{q_3}{4\pi\varepsilon_0 r^3}\boldsymbol{r} \cdot \mathrm{d}\boldsymbol{r}
$$

$$
= \frac{1}{4\pi\varepsilon_0}\left(\frac{q_1}{R_1} - \frac{q_1}{R_2} + \frac{q_3}{R_3}\right)
$$

同理, 可得 B 球的电势

$$
U_B = \frac{1}{4\pi\varepsilon_0}\frac{q_3}{R_3}
$$

以上二式联立求解, 可得

$$
q_1 = \frac{4\pi\varepsilon_0 R_1 R_2}{R_2 - R_1}(U_A - U_B)
$$

$$
q_2 = -\frac{4\pi\varepsilon_0 R_1 R_2}{R_2 - R_1}(U_A - U_B)
$$

$$
q_3 = 4\pi\varepsilon_0 R_3 U_B
$$

将以上结果代入场强分布式中, 可得用电势表示的电场强度分布

$$
\boldsymbol{E} = \begin{cases}
0, & r < R_1 \\[2mm]
\dfrac{R_1 R_2 (U_A - U_B)}{(R_2 - R_1) r^3}\boldsymbol{r}, & R_1 < r < R_2 \\[2mm]
0, & R_2 < r < R_3 \\[2mm]
\dfrac{R_3 U_B}{r^3}\boldsymbol{r}, & r > R_3
\end{cases}
$$

如果用导线将金属球与金属球壳连接起来, 则二者成为等势体, 球壳内部场强变为零, 外部场强与电势分布不变.

9–23 半径为 R 的导体球带有电荷 q, 球外有一均匀电介质同心球壳, 球壳的内外半径分别为 a 和 b, 相对介电常数为 ε_r. 求空间电位移矢量、电场强度和电势分布.

解 题给情况如解图 9–23 所示. 利用有介质情况下的高斯定理 $\oint \boldsymbol{D} \cdot \mathrm{d}\boldsymbol{S} = \sum q$, 可得电位移矢量 $\boldsymbol{D}$ 的分布为

$$
\boldsymbol{D} = \begin{cases}
0, & r < R \\[2mm]
\dfrac{q}{4\pi r^3}\boldsymbol{r}, & r > R
\end{cases}
$$

由关系式 $\boldsymbol{D} = \varepsilon_0\varepsilon_r\boldsymbol{E}$, 可得电场强度分布为

$$
\boldsymbol{E} = \begin{cases}
0, & r < R \\[2mm]
\dfrac{q}{4\pi\varepsilon_0 r^3}\boldsymbol{r}, & R < r < a \\[2mm]
\dfrac{q}{4\pi\varepsilon_0\varepsilon_r r^3}\boldsymbol{r}, & a < r < b \\[2mm]
\dfrac{q}{4\pi\varepsilon_0 r^3}\boldsymbol{r}, & r > b
\end{cases}
$$

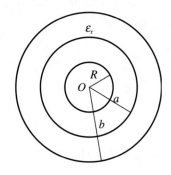

解图 9-23

$r < R$:

$$
\begin{aligned}
U(r) &= \int_R^a \boldsymbol{E} \cdot \mathrm{d}\boldsymbol{r} + \int_a^b \boldsymbol{E} \cdot \mathrm{d}\boldsymbol{r} + \int_b^\infty \boldsymbol{E} \cdot \mathrm{d}\boldsymbol{r} \\
&= \int_R^a \frac{q}{4\pi\varepsilon_0 r^2}\,\mathrm{d}r + \int_a^b \frac{q}{4\pi\varepsilon_0\varepsilon_r r^2}\,\mathrm{d}r + \int_b^\infty \frac{q}{4\pi\varepsilon_0 r^2}\,\mathrm{d}r \\
&= \frac{q}{4\pi\varepsilon_0}\left[\frac{1}{R} - \frac{1}{a} + \frac{1}{\varepsilon_r}\left(\frac{1}{a} - \frac{1}{b}\right) + \frac{1}{b}\right]
\end{aligned}
$$

$R < r < a$:

$$
\begin{aligned}
U(r) &= \int_r^a \boldsymbol{E} \cdot \mathrm{d}\boldsymbol{r} + \int_a^b \boldsymbol{E} \cdot \mathrm{d}\boldsymbol{r} + \int_b^\infty \boldsymbol{E} \cdot \mathrm{d}\boldsymbol{r} \\
&= \int_r^a \frac{q}{4\pi\varepsilon_0 r^2}\,\mathrm{d}r + \int_a^b \frac{q}{4\pi\varepsilon_0\varepsilon_r r^2}\,\mathrm{d}r + \int_b^\infty \frac{q}{4\pi\varepsilon_0 r^2}\,\mathrm{d}r \\
&= \frac{q}{4\pi\varepsilon_0}\left[\frac{1}{r} - \frac{1}{a} + \frac{1}{\varepsilon_r}\left(\frac{1}{a} - \frac{1}{b}\right) + \frac{1}{b}\right]
\end{aligned}
$$

$a < r < b$:

$$
\begin{aligned}
U(r) &= \int_r^b \boldsymbol{E} \cdot \mathrm{d}\boldsymbol{r} + \int_b^\infty \boldsymbol{E} \cdot \mathrm{d}\boldsymbol{r} \\
&= \int_r^b \frac{q}{4\pi\varepsilon_0\varepsilon_r r^2}\,\mathrm{d}r + \int_b^\infty \frac{q}{4\pi\varepsilon_0 r^2}\,\mathrm{d}r \\
&= \frac{q}{4\pi\varepsilon_0}\left[\frac{1}{\varepsilon_r}\left(\frac{1}{r} - \frac{1}{b}\right) + \frac{1}{b}\right]
\end{aligned}
$$

$r > b$:

$$
U(r) = \int_r^\infty \boldsymbol{E} \cdot \mathrm{d}\boldsymbol{r} = \frac{q}{4\pi\varepsilon_0 r}
$$

9-24 在两板相距为 d 的平行板电容器中, 插入一块厚 $d/2$ 的金属大平板 (此板与两极板平行). (1) 其电容变为原来的多少倍? (2) 如果插入的是相对介电常数为 ε_r 的大平板, 则又如何?

解 原来电容为 $C_0 = \varepsilon_0 S/d$.

(1) 如解图 9-24 所示, 插入导体板后, 由于导体内电场强度为零, 故其电容可视为两个电容为

$$
C_1 = \frac{\varepsilon_0 S}{x}, \quad C_2 = \frac{\varepsilon_0 S}{d/2 - x}
$$

的平行板电容器的串联. 由电容串联的等效公式, 有

$$
\frac{1}{C} = \frac{1}{C_1} + \frac{1}{C_2} = \frac{x + d/2 - x}{\varepsilon_0 S} = \frac{d}{2\varepsilon_0 S}
$$

即电容变为原来的 2 倍.

(2) 设面电荷密度为 σ, 两极板间的电势差为

$$\Delta U = \int_0^d E\,\mathrm{d}x = E_1\frac{d}{2} + E_2\frac{d}{2} = \left(\frac{\sigma}{\varepsilon_0} + \frac{\sigma}{\varepsilon_0\varepsilon_r}\right)\frac{d}{2} = \frac{\sigma d}{2\varepsilon_0}\left(1 + \frac{1}{\varepsilon_r}\right)$$

根据电容的定义式,

$$C = \frac{\sigma S}{\Delta U} = \frac{2\varepsilon_0\varepsilon_r S}{(1+\varepsilon_r)d}$$

因此

$$\frac{C}{C_0} = \frac{2\varepsilon_r}{1+\varepsilon_r}$$

解图 9–24

9–25 三个导体球, 相互离得很远, 半径分别为 2 cm, 3 cm, 4 cm, 电势分别为 1800 V, 1200 V, 900 V. 现用一细导线将它们连接起来, 求:

(1) 三个球的总电荷;

(2) 连接后的电势;

(3) 总电容.

解 (1) 三个球的总电荷

$$Q = 4\pi\varepsilon_0(R_1 U_1 + R_2 U_2 + R_3 U_3) = 1.2 \times 10^{-8}\,\mathrm{C}$$

(2) 连接后三个球的电势相等, 电荷在它们之间重新分配. 设重新分配后三个球的电荷分别为 q_1, q_2, q_3, 则有

$$\begin{cases} \dfrac{q_1}{R_1} = \dfrac{q_2}{R_2} = \dfrac{q_3}{R_3} = k \\ q_1 + q_2 + q_3 = Q \end{cases}$$

解得 $k = Q/(R_1 + R_2 + R_3)$. 于是连接后的电势

$$U = \frac{k}{4\pi\varepsilon_0} = \frac{Q}{4\pi\varepsilon_0(R_1 + R_2 + R_3)} = 1200\,\mathrm{V}$$

(3) 总电容为

$$C = \frac{Q}{U} = 4\pi\varepsilon_0(R_1 + R_2 + R_3) = 1 \times 10^{-11}\,\mathrm{F}$$

9–26 在内极板半径为 a, 外极板半径为 b 的圆柱形电容器内, 装入一层相对介电常数为 ε_r 的同心圆柱形壳体 (内半径为 r_1、外半径为 r_2, 且有 $r_1 > a, r_2 < b$), 其电容变为原来的多少倍?

解 题给情况如解图 9–26 所示. 设圆柱电容器的长度为 l, 内外极板带有电荷 $\pm q$. 由高斯定理可以求出两极板之间的电场强度为

$$\boldsymbol{E} = \frac{q}{2\pi\varepsilon_0 l r^2}\boldsymbol{r}, \quad a < r < b$$

极板之间的电势差为

$$\Delta U = \int_a^b \boldsymbol{E} \cdot \mathrm{d}\boldsymbol{r} = \int_a^b \frac{q}{2\pi\varepsilon_0 l}\frac{\mathrm{d}r}{r} = \frac{q}{2\pi\varepsilon_0 l}\ln\frac{b}{a}$$

由电容器电容的定义, 有

$$C_0 = \frac{q}{\Delta U} = \frac{2\pi\varepsilon_0 l}{\ln\dfrac{b}{a}}$$

装入一层介质以后, 极板之间的电场强度分布为

$$E = \begin{cases} \dfrac{q}{2\pi\varepsilon_0 l r^2} r & \text{（真空中）} \\[3mm] \dfrac{q}{2\pi\varepsilon_0\varepsilon_r l r^2} r & \text{（介质中）} \end{cases}$$

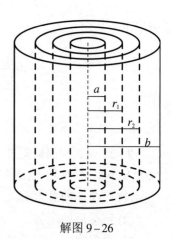

解图 9–26

两极板之间的电势差为

$$\begin{aligned} \Delta U &= \int_a^b E \cdot \mathrm{d}r \\ &= \int_a^{r_1} \frac{q}{2\pi\varepsilon_0 l} \frac{\mathrm{d}r}{r} + \int_{r_1}^{r_2} \frac{q}{2\pi\varepsilon_0\varepsilon_r l} \frac{\mathrm{d}r}{r} + \int_{r_2}^b \frac{q}{2\pi\varepsilon_0 l} \frac{\mathrm{d}r}{r} \\ &= \frac{q}{2\pi\varepsilon_0 l} \left(\ln\frac{b r_1}{a r_2} + \frac{1}{\varepsilon_r} \ln\frac{r_2}{r_1} \right) \end{aligned}$$

由电容的定义, 有

$$C = \frac{q}{\Delta U} = \frac{2\pi\varepsilon_0 l}{\ln\dfrac{b r_1}{a r_2} + \dfrac{1}{\varepsilon_r} \ln\dfrac{r_2}{r_1}}$$

从而

$$\frac{C}{C_0} = \frac{\ln\dfrac{b}{a}}{\ln\dfrac{b r_1}{a r_2} + \dfrac{1}{\varepsilon_r} \ln\dfrac{r_2}{r_1}}$$

若极板之间充满介质, 即 $r_1 = a$, $r_2 = b$, 则有 $C/C_0 = \varepsilon_r$.

9–27 氢原子由位于中心的一个质子和距离质子约为 0.0529 nm 的一个电子构成.

(1) 求其电势能;

(2) 电势能是万有引力势能的多少倍?

解 (1) 电势能

$$W_e = -\frac{e^2}{4\pi\varepsilon_0 r} = -4.35 \times 10^{-18} \text{ J}$$

(2) 万有引力势能为

$$W_g = -\frac{G m_e m_p}{r} = -1.92 \times 10^{-57} \text{ J}$$

因此, $W_e/W_g = 2.27 \times 10^{39}$, 正因为这个比值如此之大, 我们研究氢原子的力学问题时, 总是不计电子与质子之间的万有引力.

9–28 利用例题 9–11 的结果证明, 场强为 E 的匀强电场中电偶极子受到力矩的大小为

$$M = -\frac{\mathrm{d}W}{\mathrm{d}\theta}$$

其中 θ 为电偶极矩与电场强度之间的夹角, W 为电偶极子的电势能.

解 匀强电场中电偶极子受到的力矩的大小为

$$M = |\boldsymbol{p}_e \times \boldsymbol{E}| = p_e E \sin \theta$$

由例题 9–11 的结果, $W = -\boldsymbol{p}_e \cdot \boldsymbol{E} = -p_e E \cos \theta$, 所以有

$$-\frac{\mathrm{d}W}{\mathrm{d}\theta} = p_e E \sin \theta = M$$

9–29 根据习题 9–1 图给出的氢键模型, 估算要破坏一个氢键需要的能量.

解 氢键右侧的两个电荷在电荷"1"处的电势为

$$U_1 = \frac{(0.35e)}{4\pi\varepsilon_0}\left(-\frac{1}{r_{13}} + \frac{1}{r_{14}}\right)$$

在电荷"2"处的电势为

$$U_2 = \frac{(0.35e)}{4\pi\varepsilon_0}\left(-\frac{1}{r_{23}} + \frac{1}{r_{24}}\right)$$

所以氢键两侧的电荷之间的相互作用势能为

$$W = (-0.35e)U_1 + 0.35eU_2 = \frac{(0.35e)^2}{4\pi\varepsilon_0}\left(\frac{1}{r_{13}} - \frac{1}{r_{14}} - \frac{1}{r_{23}} + \frac{1}{r_{24}}\right) = -3.3 \times 10^{-20}\,\mathrm{J}$$

因此破坏此氢键需要 3.3×10^{-20} J 的能量.

9–30 一平行板电容器的两极板间有两层均匀电介质, 一层电介质 $\varepsilon_r = 4.0$, 厚度 $d_1 = 2.0\,\mathrm{mm}$, 另一层电介质的 $\varepsilon_r = 2.0$, 厚度为 $d_2 = 3.0\,\mathrm{mm}$. 极板面积 $S = 50\,\mathrm{cm}^2$, 两极板间电压为 200 V. 求:

(1) 每层介质中的电场能量密度;

(2) 每层介质中总的静电能;

(3) 用公式 $qU/2$ 计算电容器的总静电能.

解 (1) 设两极板上的面电荷密度为 $\pm\sigma$, 由高斯定理可求得 $D_1 = D_2 = \sigma$, 因而, 在两层介质中的电场强度分别为

$$E_1 = \frac{\sigma}{\varepsilon_0\varepsilon_{r1}}, \quad E_2 = \frac{\sigma}{\varepsilon_0\varepsilon_{r2}}$$

极板间的电势差为

$$\Delta U = E_1 d_1 + E_2 d_2 = \frac{\sigma}{\varepsilon_0}\left(\frac{d_1}{\varepsilon_{r1}} + \frac{d_2}{\varepsilon_{r2}}\right)$$

由上式可得

$$\sigma = \frac{\varepsilon_0 \Delta U}{\dfrac{d_1}{\varepsilon_{r1}} + \dfrac{d_2}{\varepsilon_{r2}}}$$

(1)

解图 9–30

于是介质 1 中的电场能量密度为

$$w_1 = \frac{1}{2}D_1 E_1 = \frac{\sigma^2}{2\varepsilon_0\varepsilon_{r1}} = \frac{1}{2}\frac{\varepsilon_0}{\varepsilon_{r1}}\frac{\Delta U^2}{\left(\dfrac{d_1}{\varepsilon_{r1}} + \dfrac{d_2}{\varepsilon_{r2}}\right)^2} = 1.1 \times 10^{-2}\,\mathrm{J\cdot m^{-3}}$$

同理, 介质 2 中的电场能量密度为

$$w_2 = \frac{1}{2} \frac{\varepsilon_0}{\varepsilon_{r2}} \frac{\Delta U^2}{\left(\dfrac{d_1}{\varepsilon_{r1}} + \dfrac{d_2}{\varepsilon_{r2}}\right)^2} = 2.2 \times 10^{-2} \text{ J} \cdot \text{m}^{-3}$$

(2) 两层介质中的总电场能量分别为

$$W_1 = w_1 S d_1 = 1.1 \times 10^{-7} \text{ J}$$

$$W_2 = w_2 S d_2 = 3.3 \times 10^{-7} \text{ J}$$

(3) 将式 (1) 代入 $W = \dfrac{q\Delta U}{2} = \dfrac{\sigma S \Delta U}{2}$ 中, 得

$$W = \frac{1}{2} \frac{\varepsilon_0 \Delta U^2}{\dfrac{d_1}{\varepsilon_{r1}} + \dfrac{d_2}{\varepsilon_{r2}}} = 4.4 \times 10^{-7} \text{ J}$$

9-31 两个同轴圆柱面, 长度均为 l, 半径分别为 a 和 b, 两圆柱面之间充有介电常量为 ε 的均匀电介质. 当这两个圆柱面带有等量异号电荷 $\pm q$ 时,

(1) 求半径为 $r(a < r < b)$ 处电场的能量密度以及介质中的总电场能量;

(2) 由电场能量计算圆柱电容器的电容.

解 (1) 忽略边缘效应, 容易用高斯定理求出两圆柱面间的电场

$$D = \frac{q}{2\pi l r}, \quad E = \frac{q}{2\pi \varepsilon l r}$$

电场的能量密度为

$$w = \frac{1}{2} DE = \frac{q^2}{8\pi^2 \varepsilon l^2 r^2}$$

$$\mathrm{d}W = w 2\pi r l \, \mathrm{d}r = \frac{q^2 \, \mathrm{d}r}{4\pi \varepsilon l r}$$

介质中的总电场能量为

$$W = \int \mathrm{d}W = \int_a^b \frac{q^2 \, \mathrm{d}r}{4\pi \varepsilon l r} = \frac{q^2}{4\pi \varepsilon l} \ln \frac{b}{a}$$

(2) 由电容器储能公式 $W = \dfrac{q^2}{2C}$, 可导出电容为

$$C = \frac{q^2}{2W} = \frac{2\pi \varepsilon l}{\ln b - \ln a}$$

第 10 章　恒定磁场

10.1　要点归纳

1. 恒定电流

(1) 引入单位垂直截面上的电流, 对任意面元 $\mathrm{d}S$ 满足 $\mathrm{d}I = \boldsymbol{j} \cdot \mathrm{d}\boldsymbol{S}$, 则式中的 $\boldsymbol{j}$ 定义为电流密度矢量.

(2) 电流恒定的条件是对任意闭合曲面满足 $\oint \boldsymbol{j} \cdot \mathrm{d}\boldsymbol{S} = 0$.

(3) 欧姆定律的微分形式 $\boldsymbol{j} = \sigma \boldsymbol{E}$.

(4) 电动势 $\mathscr{E} = \oint \boldsymbol{E}_{\mathrm{k}} \cdot \mathrm{d}\boldsymbol{l}$.

2. 磁感应强度

(1) 运动的电荷在磁场中受力 $\boldsymbol{F} = q\boldsymbol{v} \times \boldsymbol{B}$, 式中 $\boldsymbol{B}$ 定义为磁感应强度矢量.

(2) 毕奥 – 萨伐尔定律: 电流元 $I\,\mathrm{d}\boldsymbol{l}$ 的磁感应强度为

$$\mathrm{d}\boldsymbol{B} = \frac{\mu_0}{4\pi} \frac{I\,\mathrm{d}\boldsymbol{l} \times \boldsymbol{r}}{r^3}$$

(3) 典型磁感应强度分布

运动电荷的磁场 $\boldsymbol{B} = \dfrac{\mu_0}{4\pi} \dfrac{q\boldsymbol{v} \times \boldsymbol{r}}{r^3}$.

有限长载流导线的磁场 $B = \dfrac{\mu_0 I}{4\pi a}(\cos\theta_1 - \cos\theta_2)$.

无限长载流直导线的磁场 $B = \dfrac{\mu_0 I}{2\pi r}$.

半径为 a 载流圆环圆心处的磁场 $B = \dfrac{\mu_0 I}{2a}$.

半径为 a 载流圆环在轴线上的磁场 $B = \dfrac{\mu_0 I a^2}{2(z^2 + a^2)^{3/2}}$.

通电长直螺线管内的磁场 $B = \mu_0 n I$.

3. 恒定磁场的性质

(1) 无源性

$$\oint_S \boldsymbol{B} \cdot \mathrm{d}\boldsymbol{S} = 0$$

(2) 有旋性 (安培环路定理)

$$\oint_L \boldsymbol{H} \cdot \mathrm{d}\boldsymbol{l} = \sum_i I_i$$

在各向同性的线性介质中磁感应强度与磁场强度的关系为 $\boldsymbol{B} = \mu_0 \mu_{\mathrm{r}} \boldsymbol{H} = \mu \boldsymbol{H}$.

4. 磁场对电流或运动电荷的作用

(1) 运动电荷在电磁场中受力 $\boldsymbol{F} = q\boldsymbol{E} + q\boldsymbol{v} \times \boldsymbol{B}$.

(2) 通电导线所受的安培力

$$\mathrm{d}\boldsymbol{F} = I\,\mathrm{d}\boldsymbol{l} \times \boldsymbol{B}, \quad F = \int I\,\mathrm{d}\boldsymbol{l} \times \boldsymbol{B}$$

(3) 磁力矩 $\boldsymbol{M} = \boldsymbol{p}_\mathrm{m} \times \boldsymbol{B}$，式中 $\boldsymbol{p}_\mathrm{m} = IS\boldsymbol{e}_\mathrm{n}$.

5. 磁介质

(1) 磁介质有顺磁质、抗磁质和铁磁质，铁磁质的磁化具有高磁导率、非线性和磁滞的特性.

(2) 磁介质的磁化除了产生附加磁场，还会产生磁化电流和宏观磁矩.

(3) 铁磁质的磁化可用磁畴理论解释.

10.2 习题解答

10-1 将同样粗细的碳棒和铁棒串联起来，适当地选取两棒的长度可使总电阻不随温度变化，问此时碳棒与铁棒的长度之比是多大？已知碳和铁在 $0\ ^\circ\mathrm{C}$ 的电阻率分别为 ρ_{10} 和 ρ_{20}，电阻率的温度系数分别为 α_1 和 α_2.

解 串联后的总电阻为

$$\begin{aligned}
R &= \frac{\rho_1 l_1}{S} + \frac{\rho_2 l_2}{S} \\
&= \frac{\rho_{10}(1 + \alpha_1 t)l_1 + \rho_{20}(1 + \alpha_2 t)l_2}{S} \\
&= \frac{\rho_{10}l_1 + \rho_{20}l_2 + (\rho_{10}\alpha_1 l_1 + \rho_{20}\alpha_2 l_2)t}{S}
\end{aligned}$$

欲使电阻 R 与温度 t 无关，须

$$\rho_{10}\alpha_1 l_1 + \rho_{20}\alpha_2 l_2 = 0$$

因此，碳棒与铁棒的长度比

$$\frac{l_1}{l_2} = -\frac{\rho_{20}\alpha_2}{\rho_{10}\alpha_1}$$

10-2 直径为 $2\ \mathrm{mm}$ 的导线，通有 $10\ \mathrm{A}$ 的电流. 已知导线的电阻率为 $1.57 \times 10^{-8}\ \Omega \cdot \mathrm{m}$，电流密度均匀分布，求导线内的电场强度.

解 由微分形式的欧姆定律，有

$$E = j\rho = \frac{I\rho}{\pi(D/2)^2} = \frac{4I\rho}{\pi D^2} = 0.05\ \mathrm{V} \cdot \mathrm{m}^{-1}$$

10-3 球形电容器的两个极板之间充满电阻率为 ρ 的均匀介质，设内外极板的半径分别为 R_1 和 R_2，求该电容器的漏电电阻.

解 对于半径 r 处厚度为 $\mathrm{d}r$ 的一层球壳，电阻为 $\mathrm{d}R = \dfrac{\rho\,\mathrm{d}r}{4\pi r^2}$，因此，电容器的漏电电阻为

$$R = \int_{R_1}^{R_2} \frac{\rho\,\mathrm{d}r}{4\pi r^2} = \frac{\rho}{4\pi}\left(\frac{1}{R_1} - \frac{1}{R_2}\right)$$

10-4 一个电阻形状为圆台, 电阻率为 ρ, 底面半径分别为 a 和 b, 高为 h. 求该电阻的阻值.

解 以半径为 a 的底面圆心为原点, 建立两个底面圆心连线方向的坐标轴 x, 如解图 10-4 所示, 取坐标为 x, 长为 $\mathrm{d}x$ 一段电阻, 截面半径为

$$r = \frac{b-a}{h}x + a$$

其阻值为 $\mathrm{d}R = \rho\dfrac{\mathrm{d}x}{\pi r^2}$, 所以总阻值为

$$R = \int_0^h \rho \frac{\mathrm{d}x}{\pi\left(\dfrac{b-a}{h}x + a\right)^2} = \frac{\rho h}{\pi ab}$$

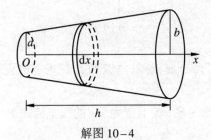

解图 10-4

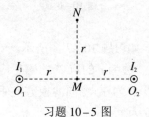

习题 10-5 图

10-5 两根长直导线互相平行地放置, 相距为 $2r$ (见习题 10-5 图), 导线内通以流向相同、大小为 $I_1 = I_2 = 10$ A 的电流, 在垂直于导线的平面 (纸面) 上有 M 和 N 两点, M 点为 O_1O_2 连线的中点, N 点在 O_1O_2 的垂直平分线上, 且与 M 点相距为 r. 设 $r = 2$ cm, 求 M 和 N 两点处的磁感应强度 B 的大小和方向.

解 无限长载流直导线在距其 r 处的磁感应强度公式为

$$B = \frac{\mu_0 I}{2\pi r}$$

由叠加原理可知, M 点的磁感应强度为 $\boldsymbol{B}_M = \boldsymbol{B}_{1M} + \boldsymbol{B}_{2M} = 0$. N 点的磁感应强度为 $\boldsymbol{B}_N = \boldsymbol{B}_{1N} + \boldsymbol{B}_{2N}$, 方向水平向左, 大小为

$$B_N = 2B_{1N}\cos\frac{\pi}{4} = 2\frac{\mu_0 I_1}{2\pi\sqrt{2}r}\frac{\sqrt{2}}{2} = \frac{\mu_0 I_1}{2\pi r} = 1.0\times 10^{-4}\ \mathrm{T}$$

10-6 两根长直导线沿半径方向引到铁环上 M 和 N 两点, 并与很远的电源相连, 如习题 10-6 图所示. 求环中心的磁感应强度.

解 由于电源距 O 点很远, 所以电源附近导线中的电流在 O 点的磁感应强度可以忽略. 另外, O 点位于与圆环连接的两根直导线的延长线上, 根据毕奥-萨伐尔定律, 这两段导线中的电流在 O 点的磁感应强度为零. 因此, 只有圆弧中的电流对 O 点的磁场有贡献. 设两段圆弧的长度分别为 l_1, l_2, 产生的磁感应强度为 B_1, B_2, 方向相反. 由于两段圆弧为并联, 故有 $I_1 l_1 = I_2 l_2$. 由毕奥-萨伐尔定律, 两段圆弧在 O 点产生的磁感应强度分别为

$$B_1 = \frac{\mu_0}{4\pi}\frac{I_1 l_1}{r^2}$$

$$B_2 = \frac{\mu_0}{4\pi}\frac{I_2 l_2}{r^2}$$

所以圆心 O 处的磁感应强度为

$$B = B_1 - B_2 = 0$$

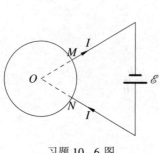

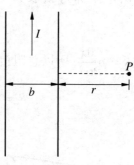

<table>
<tr><td>习题 10-6 图</td><td>习题 10-7 图</td></tr>
</table>

10-7　如习题 10-7 图所示, 一宽为 b 的无限长薄金属板, 其电流为 I. 试求在薄板平面上, 距板的一边为 r 的点 P 的磁感应强度.

解　以 P 为原点, 向薄板方向垂直于板的长边作 x 轴. 板上宽为 $\mathrm{d}x$ 的线电流在 P 点的磁感应强度为

$$\mathrm{d}B = \frac{\mu_0 \mathrm{d}I}{2\pi x} = \frac{\mu_0 I \mathrm{d}x}{2\pi x b}$$

积分可得 P 点的磁感应强度为

$$B = \int_r^{b+r} \frac{\mu_0 I \mathrm{d}x}{2\pi x b} = \frac{\mu_0 I}{2\pi b} \ln \frac{r+b}{r}$$

方向垂直于纸面向里.

10-8　如习题 10-8 图所示, 一个半径为 R 的无限长半圆柱面导体, 沿长度方向的电流 I 在柱面上均匀分布. 求半圆柱面轴线 OO' 的磁感应强度.

解　在圆柱面上取 $R\mathrm{d}\theta$ 的细电流(见解图 10-8), 该电流在轴线上一点的磁感应强度为

$$\mathrm{d}B = \frac{\mu_0 I \mathrm{d}\theta/\pi}{2\pi R} = \frac{\mu_0 I \mathrm{d}\theta}{2\pi^2 R}$$

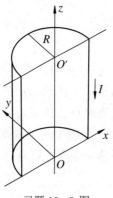

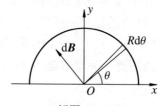

<table>
<tr><td>习题 10-8 图</td><td>解图 10-8</td></tr>
</table>

于是整个半圆柱面在轴线上的磁感应强度分量为

$$B_x = -\int dB \sin\theta = -\int_0^\pi \frac{\mu_0 I\, d\theta}{2\pi^2 R}\sin\theta = -\frac{\mu_0 I}{\pi^2 R}$$

$$B_y = \int dB \cos\theta = 0$$

轴线上的磁感应强度矢量式为

$$\boldsymbol{B} = -\frac{\mu_0 I}{\pi^2 R}\,\boldsymbol{i}$$

10-9 正方形载流线圈的边长为 $2a$、电流为 I. 求:

(1) 正方形中心和轴线上距中心为 x 处的磁感应强度;

(2) $a = 1.0\,\mathrm{cm}$, $I = 5.0\,\mathrm{A}$ 时在 $x = 0$ 和 $x = 10\,\mathrm{cm}$ 处的磁感应强度.

解 (1) 如解图 10-9 所示, AB 段电流在 P 点产生的磁感应强度为

$$B_1 = \frac{\mu_0 I}{4\pi r}(\cos\theta_1 - \cos\theta_2)$$

式中

$$r = \sqrt{x^2 + a^2}, \quad \cos\theta_1 = -\cos\theta_2 = \frac{a}{\sqrt{x^2 + 2a^2}}$$

于是有

$$B_1 = \frac{\mu_0 I 2a}{4\pi\sqrt{x^2 + a^2}\sqrt{x^2 + 2a^2}}$$

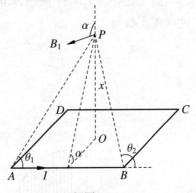

解图 10-9

AB 段、CD 段和 BC 段、DA 段电流在 P 点产生的磁场,在水平方向上相互抵消,而在竖直方向的大小为

$$B = 4B_1 \cos\alpha = 4B_1 \frac{a}{\sqrt{x^2 + a^2}} = \frac{2\mu_0 I a^2}{\pi(x^2 + a^2)\sqrt{x^2 + 2a^2}}$$

当 $x = 0$ 时, 有 $B_0 = \dfrac{\sqrt{2}\mu_0 I}{\pi a}$.

(2) 若 $a = 1.0\,\mathrm{cm}$, $I = 5.0\,\mathrm{A}$, 则当 $x = 0$ 时, 有

$$B = \frac{\sqrt{2}\mu_0 I}{\pi a} = 2.82 \times 10^{-4}\,\mathrm{T}$$

当 $x = 10\,\mathrm{cm}$ 时, 有

$$B = \frac{2\mu_0 I a^2}{\pi(x^2 + a^2)\sqrt{x^2 + 2a^2}} = 3.92 \times 10^{-7}\,\mathrm{T}$$

10-10 半径为 R 的圆片上均匀带电, 电荷密度为 σ, 以匀角速度 ω 绕它的轴旋转. 求轴线上距圆片中心为 x 处的磁感应强度.

解 在圆片上取一半径为 r、宽度为 dr 的圆环, 如解图 10-10 所示, 当圆片以角速度 ω 旋转时, 圆环上的电流为

$$dI = \frac{\sigma 2\pi r\, dr}{2\pi/\omega} = \sigma\omega r\, dr$$

根据圆形线圈在轴线上的磁感应强度公式

$$dB = \frac{\mu_0 \, dI r^2}{2(r^2 + x^2)^{3/2}} = \frac{\mu_0 \sigma \omega r^3 \, dr}{2(r^2 + x^2)^{3/2}}$$

整个圆盘在 P 点产生的磁感应强度为

$$B = \int dB = \int_0^R \frac{\mu_0 \sigma \omega r^3 \, dr}{2(r^2 + x^2)^{3/2}} = \frac{1}{2} \mu_0 \omega \sigma \left(\frac{R^2 + 2x^2}{\sqrt{R^2 + x^2}} - 2x \right)$$

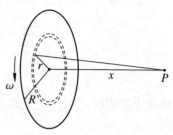

磁场方向与圆盘轴线平行. 在圆盘中心处, $x = 0$, $B = \frac{1}{2} \mu_0 \sigma \omega R$.　　　　解图 10–10

10–11　如习题 10–11 图所示, 半径为 R 的木球上绕有密集的细导线, 线圈平面彼此平行, 且以单层线圈覆盖住半个球面, 设线圈的总匝数为 N, 通过线圈的电流为 I, 求球心 O 处的磁感应强度.

解　如解图 10–11 所示建立坐标系, 取距离球心 x 处的线元 $I \, dl = R \, d\theta$, 该圆弧上绕过的线圈匝数为

$$dN = \frac{N}{\pi R/2} R \, d\theta = \frac{2N}{\pi} \, d\theta$$

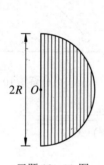

习题 10–11 图

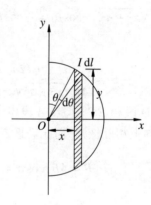

解图 10–11

通过此部分线圈的电流为

$$dI = I \, dN = \frac{2NI}{\pi} \, d\theta$$

由此在球心处产生的磁感应强度为

$$dB = \frac{\mu_0 y^2 \, dI}{2(x^2 + y^2)^{3/2}} = \frac{\mu_0 N I y^2}{\pi (x^2 + y^2)^{3/2}} \, d\theta$$

从解图 10–11 中可以看出, $x = R \sin \theta$, $y = R \cos \theta$, 代入上式得

$$dB = \frac{\mu_0 N I}{\pi R} \cos^2 \theta \, d\theta$$

对上式积分可得, 圆心处的磁感应强度的大小为

$$B = \int_0^{\pi/2} \frac{\mu_0 N I}{\pi R} \cos^2 \theta \, d\theta = \frac{\mu_0 N I}{4R}$$

10-12 一边长为 0.15 m 的立方体如习题 10-12 图所示放置, 有一均匀磁场 $\boldsymbol{B} = (6\boldsymbol{i} + 3\boldsymbol{j} + 1.5\boldsymbol{k})$ T 通过立方体所在区域, 计算:

(1) 通过立方体上阴影面积的磁通量;

(2) 通过立方体六面的总磁通量.

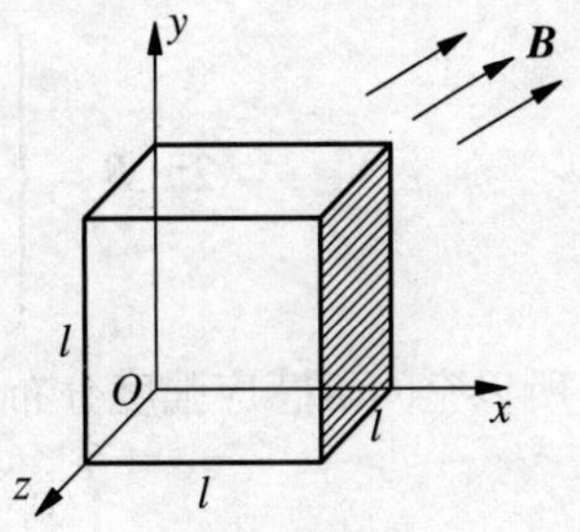

解 (1) $\boldsymbol{B} \cdot \mathrm{d}\boldsymbol{S} = (6\boldsymbol{i} + 3\boldsymbol{j} + 1.5\boldsymbol{k}) \cdot \boldsymbol{i} \, \mathrm{d}y \, \mathrm{d}z = 6\mathrm{d}y \, \mathrm{d}z$, 因此通过阴影部分的磁通量为

$$\Phi_\mathrm{m} = 6 \int_0^l \mathrm{d}y \int_0^l \mathrm{d}z = 0.135 \text{ Wb}$$

(2) 对于闭合曲面, $\Phi_\mathrm{m} = 0$.

习题 10-12 图

10-13 沿轴线从 $-\infty \sim \infty$ 作载流圆环轴线上磁感应强度的线积分, 证明它满足

$$\int_{-\infty}^{\infty} \boldsymbol{B} \cdot \mathrm{d}\boldsymbol{l} = \mu_0 I$$

其中 I 为载流圆环的电流.

解 半径为 R 的载流圆环轴线上距离圆心 x 处的磁感应强度为

$$B = \frac{\mu_0 I R^2}{2(R^2 + x^2)^{3/2}}$$

上式沿整个 x 轴的线积分为

$$\begin{aligned}
\int_{-\infty}^{\infty} \boldsymbol{B} \cdot \mathrm{d}\boldsymbol{l} &= \int_{-\infty}^{\infty} \frac{\mu_0 I R^2}{2(R^2 + x^2)^{3/2}} \mathrm{d}x \\
&= \frac{\mu_0 I}{2} \int_{-\infty}^{\infty} \frac{(R^2 + x^2) - x^2}{(R^2 + x^2)^{3/2}} \mathrm{d}x \\
&= \frac{\mu_0 I}{2} \int_{-\infty}^{\infty} \left(\frac{1}{(R^2 + x^2)^{1/2}} - \frac{x^2}{(R^2 + x^2)^{3/2}} \right) \mathrm{d}x \\
&= \frac{\mu_0 I}{2} \int_{-\infty}^{\infty} \mathrm{d}\frac{x}{(R^2 + x^2)^{1/2}} \\
&= \frac{\mu_0 I}{2} \frac{x}{(R^2 + x^2)^{1/2}} \Big|_{-\infty}^{\infty} \\
&= \mu_0 I
\end{aligned}$$

于是, 原题得证.

10-14 一无限长载流直圆管, 内半径为 a, 外半径为 b, 电流强度为 I, 电流沿轴线方向流动并且均匀分布在管的横截面上. 求空间的磁感应强度分布.

解 作以圆管轴线为轴以 r 为半径的圆的安培环路, 如解图 10-14 所示. 磁感应强度 $\boldsymbol{B}$ 绕此环路的环量为

$$\oint \boldsymbol{B} \cdot \mathrm{d}\boldsymbol{l} = 2\pi r B$$

由安培环路定理 $\oint \boldsymbol{B} \cdot \mathrm{d}\boldsymbol{l} = \mu_0 \sum I$, 得

$$2\pi rB = \begin{cases} 0, & r < a \\ \mu_0 \dfrac{r^2 - a^2}{b^2 - a^2} I, & a < r < b \\ \mu_0 I, & r > b \end{cases}$$

所以空间磁感应强度分布为

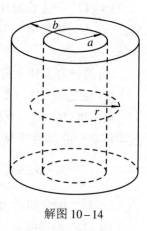

$$B = \begin{cases} 0, & r < a \\ \mu_0 \dfrac{r^2 - a^2}{b^2 - a^2} \dfrac{I}{2\pi r}, & a < r < b \\ \dfrac{\mu_0 I}{2\pi r}, & r > b \end{cases}$$

解图 10-14

10-15　电流 I 均匀流过半径为 R 的圆形长直导线, 试计算单位长度导线通过习题 10-15 图中所示剖面的磁通量.

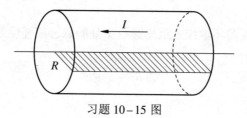

习题 10-15 图

解　在导线内部作半径为 r 的同轴圆周. 由安培环路定理,

$$\oint \boldsymbol{B} \cdot \mathrm{d}\boldsymbol{l} = 2\pi rB = \frac{\mu_0 Ir^2}{R^2}$$

因此, 导线内的磁感应强度分布为

$$B = \frac{\mu_0 Ir}{2\pi R^2}$$

通过单位长度剖面的磁通量为

$$\Phi_{\mathrm{m}} = \int_0^R \frac{\mu_0 Ir}{2\pi R^2} \, \mathrm{d}r = \frac{\mu_0 I}{4\pi}$$

10-16　一细导线弯成半径为 4.0 cm 的圆环, 置于不均匀的外磁场中, 磁场方向对称于圆心并都与圆平面的法线成 60°, 如习题 10-16 图所示. 导线所在处 B 的大小是 0.1 T. 计算当 $I = 15.8$ A 时线圈所受的合力.

解　分析可得线圈所受合力的水平分力抵消, 只有竖直分力

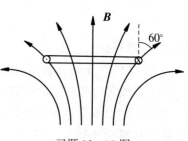

习题 10-16 图

$$F = \oint IB \, \mathrm{d}l \sin 60° = \frac{\sqrt{3}}{2} IB \oint \mathrm{d}l = \sqrt{3}\pi rIB = 0.34 \text{ N}$$

方向竖直向下.

10-17 一无限长直导线载有电流 $I_1 = 2.0$ A, 旁边有一段与它垂直且共面的导线, 长度为 40 cm, 载有电流 $I_2 = 3.0$ A, 靠近 I_1 的一端到 I_1 的距离 $d = 40$ cm(习题 10-17 图). 求 I_2 受到的作用力.

解 在 L_2 上取电流元 $I_2\,\mathrm{d}l$, 它受到的安培力为

$$\mathrm{d}\boldsymbol{F} = I_2\,\mathrm{d}\boldsymbol{l} \times \boldsymbol{B}_1$$

其中 $\boldsymbol{B}_1 = \dfrac{\mu_0 I_1}{2\pi r}$ 表示导线 L_1 在 $I_2\,\mathrm{d}l$ 处产生的磁感应强度.

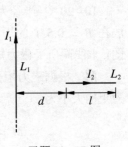

习题 10-17 图

因两导线共面放置, 所以磁场方向与电流元方向垂直, 故

$$\mathrm{d}F = I_2 B_1\,\mathrm{d}r = \frac{\mu_0 I_1 I_2}{2\pi r}\,\mathrm{d}r$$

$$F = \int \mathrm{d}F = \int_d^{d+l} \frac{\mu_0 I_1 I_2}{2\pi r}\,\mathrm{d}r = \frac{\mu_0 I_1 I_2}{2\pi} \ln \frac{d+l}{d}$$

代入已知数据, 可得 $F = 8.32 \times 10^{-7}$ N, 方向竖直向上.

10-18 电动机中的转子由 100 匝、半径为 2.0 cm 的线圈构成, 电动机中的磁铁提供磁感应强度为 0.20 T 的磁场. 当通过线圈的电流为 50.0 mA 时, 电动机能够提供的最大力矩是多少?

解 由磁力矩公式 $\boldsymbol{M} = \boldsymbol{p}_\mathrm{m} \times \boldsymbol{B}$, 最大力矩为

$$M_{\max} = p_\mathrm{m}B = NI\pi R^2 B = 1.26 \times 10^{-3} \text{ N} \cdot \text{m}$$

10-19 载有电流 I_1 的长直导线旁有一正三角形回路, 边长为 a, 载有电流 I_2, 一边与直导线平行且离直导线的距离为 b, 直导线与回路处于同一平面内. 求三角形回路受到的安培力.

解 由安培力公式, AB 边受力

$$F_1 = \frac{\mu_0 I_1 I_2}{2\pi b}$$

方向向左, 垂直指向长直导线.

BC 边受力

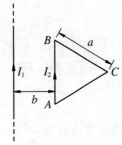

习题 10-19 图

$$F_2 = \int_0^a \frac{\mu_0 I_1 I_2\,\mathrm{d}l}{2\pi(b + l\cos 30°)} = \frac{\mu_0 I_1 I_2}{\sqrt{3}\pi} \ln \frac{\sqrt{3}a + 2b}{2b}$$

方向垂直于 BC 指向右上方. 同理, CA 边受力

$$F_3 = \frac{\mu_0 I_1 I_2}{\sqrt{3}\pi} \ln \frac{\sqrt{3}a + 2b}{2b}$$

方向垂直于 CA 边指向右下方. 由对称性分析, 三角形所受合力垂直于 AB 边向左, 大小为

$$F = F_1 - F_2 \sin 30° - F_3 \sin 30° = \frac{\mu_0 I_1 I_2}{2\pi} \left(\frac{a}{b} - \frac{2}{\sqrt{3}} \ln \frac{\sqrt{3}a + 2b}{2b} \right)$$

10-20　一半径为 $R = 0.10$ m 的半圆形闭合线圈, 载有电流 $I = 10$ A, 放在 $B = 0.5$ T 的均匀磁场中, 磁场的方向与线圈平面平行(习题 10-20 图), 求线圈所受磁力矩的大小和方向.

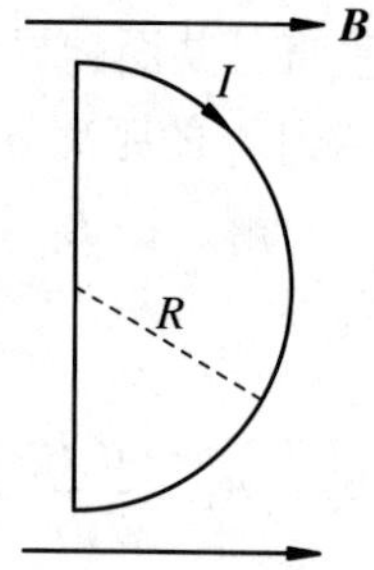

　　解　根据磁力矩公式 $\boldsymbol{M} = \boldsymbol{p}_{\mathrm{m}} \times \boldsymbol{B}$, 式中 $\boldsymbol{p}_{\mathrm{m}} = IS$ 为线圈的磁矩, 可得力矩的大小为

$$M = p_{\mathrm{m}}B = IB\frac{\pi R^2}{2} = 7.85 \times 10^{-2}\ \mathrm{N \cdot m}$$

磁矩的方向垂直于纸面向里, 力矩的方向竖直向下.

习题 10-20 图

10-21　设电子质量为 m, 电荷为 e, 以角速度 ω 绕带正电的质子作圆周运动, 当加上外磁场 $\boldsymbol{B}$ ($\boldsymbol{B}$ 的方向与电子轨道平面垂直) 时, 设电子轨道半径不变, 而角速度则变为 ω'. 证明: $\Delta\omega = \omega' - \omega \approx \pm\dfrac{1}{2}\dfrac{e}{m_{\mathrm{e}}}B$ (电子角速度的近似变化值).

　　解　电子受质子的库仑引力而绕质子作半径为 r 的圆周运动时, 有

$$F_E = m_{\mathrm{e}}a_{\mathrm{n}} = m_{\mathrm{e}}\omega^2 r$$

加入与轨道平面垂直的磁场后, 磁力的方向与库仑力的方向相同或相反, 其大小为 $F_B = evB = e\omega'rB$, 故

$$m_{\mathrm{e}}\omega^2 r \pm e\omega'rB = m_{\mathrm{e}}\omega'^2 r$$

即

$$\omega'^2 \mp \frac{eB}{m_{\mathrm{e}}}\omega' - \omega^2 = 0$$

一般情况下 $F_E \gg F_B$, 因此 ω 与 ω' 相差很小, $\Delta\omega \ll \omega$, 将 $\omega' = \omega + \Delta\omega$ 代入上式, 并略去 $\Delta\omega$ 的平方项, 可得

$$2\omega\Delta\omega = \pm\frac{eB}{m_{\mathrm{e}}}(\omega + \Delta\omega)$$

略去式中右端 $\dfrac{eB}{m_{\mathrm{e}}}\Delta\omega$ 项, 得

$$\Delta\omega = \pm\frac{eB}{2m_{\mathrm{e}}}$$

原题得证.

10-22　在某一地区存在方向垂直的电场和磁场. 磁感应强度为 0.65 T, 竖直向下. 电场强度为 2.5×10^6 V·m^{-1}, 水平向东. 一个电子水平向北行进, 受到两个场的合力为零因而继续沿直线运动. 电子的速率多大?

　　解　电子受电场的力向西, 受磁场的力向东, 由题意, 两个力大小相等, 即

$$-e(E - vB) = 0$$

因此, 电子的速率为 $v = \dfrac{E}{B} = 3.8 \times 10^6$ m·s^{-1}.

10-23　天然碳包含两种同位素, 最丰富的同位素的原子质量为 12.0 u. 天然碳离子经相同的电势差加速后, 垂直进入匀强磁场中, 经感光板成像发现, 较丰富的同位素在半径为

15 cm 的圆上运动, 而稀有的同位素在半径为 15.6 cm 的圆上运动. 稀有同位素的原子质量是多少(1 u=1.66×10^{-27} kg)?

解　同位素离子具有相同的电荷 q, 加速后的动能为

$$\frac{1}{2}mv^2 = \frac{1}{2}m'v'^2 = qU$$

式中 U 为加速电势差, m, m' 分别是丰富的和稀有的碳同位素的质量, v, v' 分别是它们被加速后的速率. 解得

$$v = \sqrt{\frac{2qU}{m}}, \quad v' = \sqrt{\frac{2qU}{m'}} \tag{1}$$

根据牛顿第二定律, 有

$$qvB = \frac{mv^2}{R} \tag{2}$$

$$qv'B = \frac{m'v'^2}{R'} \tag{3}$$

式中 R 和 R' 分别是两种同位素离子在磁场中圆周运动的轨道半径. 式 (3) 除以式 (2), 并将式 (1) 代入, 得

$$m' = \left(\frac{R'}{R}\right)^2 m = 13\text{ u} = 2.15 \times 10^{-26}\text{ kg}$$

10−24　一电子在 $B = 2.0 \times 10^{-3}$ T 的磁场里沿半径 $R = 0.02$ m 的螺旋线运动, 螺距 $h = 0.05$ m, 见习题 10−24 图. 已知电子的荷质比 $e/m = 1.76 \times 10^{11}$ C·kg^{-1}. 求这电子速度的大小.

解　设电子与磁场平行与垂直的速度分别为 v_t 和 v_n, 由

$$ev_n B = m\frac{v_n^2}{R}$$

可得

$$v_n = \frac{e}{m}RB$$

螺距为

$$h = v_t T = v_t \frac{2\pi R}{v_n} = \frac{2\pi m v_t}{eB}$$

习题 10−24 图

故

$$v_t = \frac{e}{m}\frac{hB}{2\pi}$$

$$v = \sqrt{v_n^2 + v_t^2} = \frac{e}{m}B\sqrt{\left(\frac{h}{2\pi}\right)^2 + R^2} = 7.6 \times 10^6\text{ m·s}^{-1}$$

10−25　如习题 10−25 图所示, 在磁感应强度为 **B** 的匀强磁场(垂直纸面向外)中放入厚度为 d 的薄容器, 容器左右两端插入两根铅直管子, 注入密度为 ρ 的能导电的液体. 在容器上、下两面装有铂制电极 A(+) 和 K(−), 经外接电源保持两极间的电势差 U. 若测得两根竖管中液面的高度差为 h, 求流过容器中液体的电流 I.

解　设两极间距为 l, 则液体受到的总磁力为 $F = IlB$, 在液体中产生的侧向压强为

$$p = \frac{F}{ld} = \frac{IB}{d}$$

液柱高度差带来的压强为 $p' = \rho g h$. 平衡时, $p = p'$, 于是有 $I = \rho g h d / B$.

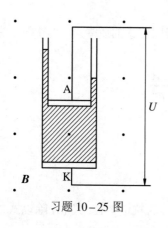

习题 10-25 图

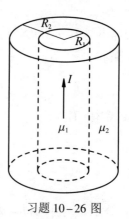

习题 10-26 图

10-26　如习题 10-26 图所示, 磁导率为 μ_1 的无限长磁介质圆柱体, 半径为 R_1, 其中通以电流 I, 且电流沿横截面均匀分布. 在它的外面有半径为 R_2 的无限长同轴圆柱面, 圆柱面与柱体之间充满着磁导率为 μ_2 的磁介质, 圆柱面外为真空. 求磁感应强度分布.

解　取半径为 r 的同轴圆作为安培环路. 根据安培环路定理求解.

当 $r < R_1$ 时, 有

$$\oint \boldsymbol{H} \cdot \mathrm{d}\boldsymbol{l} = 2\pi r H = \frac{r^2}{R_1^2} I$$

解得

$$H = \frac{Ir}{2\pi R_1^2}$$

$r > R_1$ 时, 有

$$\oint \boldsymbol{H} \cdot \mathrm{d}\boldsymbol{l} = 2\pi r H = I$$

解得

$$H = \frac{I}{2\pi r}$$

磁感应强度分布为

$$B = \begin{cases} \dfrac{\mu_1 Ir}{2\pi R_1^2}, & r < R_1 \\[3mm] \dfrac{\mu_2 I}{2\pi r}, & R_1 < r < R_2 \\[3mm] \dfrac{\mu_0 I}{2\pi r}, & r > R_2 \end{cases}$$

10-27　一铁环中心线的周长为 30 cm, 横截面积为 1.0 cm², 在环上密绕线圈 300 匝. 当导线中通有电流 32 mA 时, 通过环的磁通量为 2.0×10^{-6} Wb. 试求:

(1) 铁环内部磁感应强度 B 的大小;

(2) 铁环内部磁场强度 H 的大小;

(3) 铁环的磁导率 μ;

(4) 铁环的磁化强度 M 的大小.

解   (1) $B = \dfrac{\Phi_{\mathrm{m}}}{S} = 0.02$ T.

(2) 由安培环路定理 $\oint \boldsymbol{H} \cdot \mathrm{d}\boldsymbol{l} = \sum I$, 得 $Hl = NI$, 所以磁场强度 $H = NI/l = 32$ A·m^{-1}.

(3) $\mu = \dfrac{B}{H} = 6.25 \times 10^{-4}$ Wb·A^{-1}·m^{-1}.

(4) $M = \dfrac{B}{\mu_0} - H = 1.59 \times 10^4$ A·m^{-1}.

第 11 章　电磁感应与电磁场

11.1　要点归纳

1. 电磁感应

(1) 法拉第电磁感应定律

$$\mathcal{E}_i = -\frac{\mathrm{d}\varPhi_m}{\mathrm{d}t} \quad (\text{单匝}), \qquad \mathcal{E}_i = -\frac{\mathrm{d}\varPsi_m}{\mathrm{d}t} \quad (\text{多匝})$$

(2) 动生电动势 $\mathcal{E}_i = \int (\boldsymbol{v} \times \boldsymbol{B}) \cdot \mathrm{d}\boldsymbol{l}$.

(3) 感生电动势 $\mathcal{E}_i = -\int \dfrac{\partial \boldsymbol{B}}{\partial t} \cdot \mathrm{d}\boldsymbol{S}$.

(4) 感生电场 $\boldsymbol{E}_i$ 满足的方程 $\oint \boldsymbol{E}_i \cdot \mathrm{d}\boldsymbol{l} = -\int \dfrac{\partial \boldsymbol{B}}{\partial t} \cdot \mathrm{d}\boldsymbol{S}$.

(5) 感生电场具有无源、有旋的性质.

2. 自感和互感

(1) 由于回路中的电流改变产生的磁通量变化而在自己回路中激起感生电动势的现象, 称为自感现象, 相应的电动势称为自感电动势. 由于一个导体回路中的电流发生变化, 在邻近导体回路内产生感应电动势的现象, 称为互感现象. 相应的感应电动势称为互感电动势.

(2) 自感系数 $L = \dfrac{\varPsi}{I}$.

(3) 自感电动势 $\mathcal{E} = -L\dfrac{\mathrm{d}I}{\mathrm{d}t}$.

(4) 互感系数 $M = \dfrac{\varPsi_{21}}{I_1} = \dfrac{\varPsi_{12}}{I_2}$.

(5) 互感电动势 $\mathcal{E}_1 = -M\dfrac{\mathrm{d}I_2}{\mathrm{d}t}, \mathcal{E}_2 = -M\dfrac{\mathrm{d}I_1}{\mathrm{d}t}$.

3. 磁场能量

(1) 磁场的能量密度 $w_m = \dfrac{1}{2}\boldsymbol{B} \cdot \boldsymbol{H}$.

(2) 空间磁能 $W_m = \dfrac{1}{2}\int \boldsymbol{B} \cdot \boldsymbol{H}\, \mathrm{d}V$.

(3) 线圈的磁能 $W_m = \dfrac{1}{2}LI^2$.

4. 电磁场

(1) 位移电流

位移电流密度 $\boldsymbol{j}_d = \dfrac{\partial \boldsymbol{D}}{\partial t}$, 位移电流 $I_d = \int_S \dfrac{\partial \boldsymbol{D}}{\partial t} \cdot \mathrm{d}\boldsymbol{S}$.

(2) 全电流

全电流密度 $\boldsymbol{j}_全 = \dfrac{\partial \boldsymbol{D}}{\partial t} + \boldsymbol{j}$, 全电流的连续性方程 $\oint \left(\dfrac{\partial \boldsymbol{D}}{\partial t} + \boldsymbol{j} \right) \cdot \mathrm{d}\boldsymbol{S} = 0$.

(3) 麦克斯韦方程组的积分形式

$$\oint \boldsymbol{D} \cdot \mathrm{d}\boldsymbol{S} = \sum_i q_i$$

$$\oint \boldsymbol{E} \cdot \mathrm{d}\boldsymbol{l} = -\int \frac{\partial \boldsymbol{B}}{\partial t} \cdot \mathrm{d}\boldsymbol{S}$$

$$\oint \boldsymbol{B} \cdot \mathrm{d}\boldsymbol{S} = 0$$

$$\oint \boldsymbol{H} \cdot \mathrm{d}\boldsymbol{l} = \int \left(\boldsymbol{j} + \frac{\partial \boldsymbol{D}}{\partial t} \right) \cdot \mathrm{d}\boldsymbol{S}$$

11.2 习题解答

11-1 试探线圈可用来测量某区域内的磁场. 将匝数为 N, 面积为 S 的小试探线圈放到待测磁场中, 起初其轴线与磁场方向平行, 然后将线圈的轴线转过 180°, 与磁场方向反平行. 线圈与一冲击电流计相连, 冲击电流计是一种能测出流过其自身的总电荷 ΔQ 的仪器. 试证明待测磁感应强度的大小为

$$B = \frac{R \Delta Q}{2NS}$$

式中 R 是电路的电阻. 假设试探线圈足够小, 其所在区域的磁场可认为是均匀的.

解 试探线圈转动时, 磁通量发生变化, 其感应电动势为

$$|\mathscr{E}_i| = N \frac{\mathrm{d}\Phi_m}{\mathrm{d}t}$$

流经回路的电流为

$$I = \frac{|\mathscr{E}_i|}{R} = \frac{N}{R} \frac{\mathrm{d}\Phi_m}{\mathrm{d}t}$$

流过冲击电流计的电荷为

$$\Delta Q = \int I \, \mathrm{d}t = \int \frac{N}{R} \mathrm{d}\Phi_m = \frac{2NBS}{R}$$

于是有

$$B = \frac{R \Delta Q}{2NS}$$

11-2 250 匝的线圈中每一匝的面积为 $S = 9.0 \times 10^{-2} \ \mathrm{m}^2$.

(1) 如果线圈中的感应电动势为 7.5 V, 穿过线圈各匝的磁通量的变化率多大?

(2) 如果磁通量是由与线圈轴线成 45° 的一均匀磁场产生的, 感应出线圈中所具有的电动势必须具有多大的磁场变化率?

解 (1) 因 $\mathscr{E}_i = N \left| \dfrac{\mathrm{d}\Phi_m}{\mathrm{d}t} \right|$, 故

$$\left| \frac{\mathrm{d}\Phi_m}{\mathrm{d}t} \right| = \frac{\mathscr{E}_i}{N} = 0.03 \ \mathrm{Wb} \cdot \mathrm{s}^{-1}$$

(2) 根据题设, $\Phi_m = BS \cos 45° = \dfrac{\sqrt{2}}{2} BS$,

$$\left| \frac{\mathrm{d}\Phi_m}{\mathrm{d}t} \right| = \frac{\sqrt{2}}{2} S \left| \frac{\mathrm{d}B}{\mathrm{d}t} \right|$$

由上式可得

$$\left|\frac{\mathrm{d}B}{\mathrm{d}t}\right| = \frac{\sqrt{2}}{S}\left|\frac{\mathrm{d}\Phi_{\mathrm{m}}}{\mathrm{d}t}\right| = 0.47 \text{ T} \cdot \text{s}^{-1}$$

11-3 一平面线圈由两个正方形构成, 如习题 11-3 图所示. 已知两个正方形的边长分别为 a 和 b, 有随时间按 $B = B_0 \sin\omega t$ 变化的磁场与线圈平面垂直, 线圈单位长度的电阻为 R_0. 求线圈中感应电流的最大值.

解 从习题 11-3 图中可以看出, 两个正方形中电流的绕行方向总是相反的, 因此它们的平面法向也要选取相反的方向, 所以通过整个线圈的磁通量为

$$\Phi_{\mathrm{m}} = B(a^2 - b^2) = B_0(a^2 - b^2)\sin\omega t$$

根据法拉第电磁感应定律, 线圈中的感应电动势为

$$\mathscr{E}_{\mathrm{i}} = -\frac{\mathrm{d}\Phi_{\mathrm{m}}}{\mathrm{d}t} = -\omega B_0(a^2 - b^2)\cos\omega t$$

线圈的总电阻为 $R = 4(a + b)R_0$, 故线圈中的感应电流为

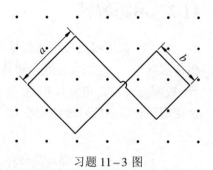

习题 11-3 图

$$I_{\mathrm{i}} = \frac{\mathscr{E}_{\mathrm{i}}}{R} = -\frac{\omega B_0(a - b)\cos\omega t}{4R_0}$$

感应电流的最大值为 $\dfrac{\omega B_0(a - b)}{4R_0}$.

11-4 如习题 11-4 图所示, 一无限长直导线通有交变电流 $i(t) = I_0\sin\omega t$, 它旁边有一与它共面的矩形线圈 $ABCD$, AB 和 CD 与导线平行, 矩形线圈长为 l, AB 边和 CD 边到直导线的距离分别为 a 和 b. 求:

(1) 通过矩形线圈所围面积的磁通量;

(2) 矩形线圈中的感应电动势.

解 (1) 在矩形线圈上取长为 l 宽为 $\mathrm{d}r$ 的面元 $\mathrm{d}S = l\,\mathrm{d}r$. 通过该面元的磁通量为

$$\mathrm{d}\Phi_{\mathrm{m}} = B\,\mathrm{d}S = Bl\,\mathrm{d}r = \frac{\mu_0 i}{2\pi r}\,l\,\mathrm{d}r$$

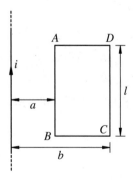

习题 11-4 图

于是通过矩形线圈的磁通量为

$$\Phi_{\mathrm{m}} = \int \mathrm{d}\Phi_{\mathrm{m}} = \int_a^b \frac{\mu_0 i}{2\pi r}\,l\,\mathrm{d}r = \frac{\mu_0 I_0 l}{2\pi}\,\sin\omega t \ln\frac{b}{a}$$

(2) 根据法拉第电磁感应定律, 有

$$\mathscr{E}_{\mathrm{i}} = -\frac{\mathrm{d}\Phi_{\mathrm{m}}}{\mathrm{d}t} = -\frac{\mu_0 l}{2\pi}\ln\frac{b}{a}\frac{\mathrm{d}i}{\mathrm{d}t} = -\frac{\mu_0\omega I_0 l\cos\omega t}{2\pi}\ln\frac{b}{a}$$

由于磁通量表示磁感应强度垂直于纸面向里穿过矩形线圈产生的, 所以上式中感应电动势以顺时针方向为正, 式中的负号表示若电流随时间增大, 则感应电动势沿矩形线圈逆时针方向.

11-5 如习题 11-5 图所示, 长直载流导线载有电流 I, 一导线框与它处在同一平面内, 导线 ab 可以在线框上滑动. 使 ab 向右以匀速度 v 运动, 求线框中感应电动势.

解 距离直导线 r 处的磁感应强度为 $B = \dfrac{\mu_0 I}{2\pi r}$.

解1 按动生电动势求解

$$d\mathcal{E}_i = (\boldsymbol{v} \times \boldsymbol{B}) \cdot d\boldsymbol{r} = -vB\,dr = -\frac{\mu_0 Iv}{2\pi r}\,dr$$

积分可得

$$\mathcal{E}_i = -\int_{l_0}^{l_0+l} \frac{\mu_0 Iv}{2\pi r}\,dr = -\frac{\mu_0 Iv}{2\pi}\ln\frac{l_0+l}{l_0}$$

解2 按感生电动势求解

$$\Phi_m = \int \boldsymbol{B} \cdot d\boldsymbol{S} = \int_{l_0}^{l_0+l} \frac{\mu_0 I}{2\pi r}(\delta + vt)\,dr$$

式中 δ 为初始时刻导线 ab 到左端的距离.

$$\mathcal{E}_i = -\frac{d\Phi_m}{dt} = -\int_{l_0}^{l_0+l} \frac{\mu_0 I}{2\pi r}\frac{\partial}{\partial t}(\delta + vt)\,dr = -\frac{\mu_0 Iv}{2\pi}\ln\frac{l_0+l}{l_0}$$

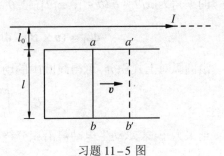

习题 11-5 图

11-6 如习题 11-6 图所示, 两平行导轨上放置一导体杆 ab, 长为 l, 电阻为 R. 均匀磁场垂直通过导轨所在平面, 已知导轨两端的电阻分别为 R_1 和 R_2. 忽略导轨的电阻, 求当导体杆以恒定速率 v 运动时杆中通过的电流 I (不计摩擦及回路的自感).

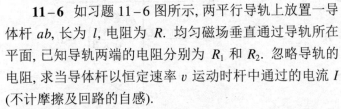

习题 11-6 图

解 导体杆运动过程产生感应电动势 vBl, 回路的总电阻为杆 ab 的电阻与 R_1, R_2 并联电阻之和, 因此, 回路中的电流为

$$I = \frac{vBl}{R + \dfrac{R_1 R_2}{R_1 + R_2}}$$

11-7 如习题 11-7 图所示, 长为 l 的导体棒 OP, 处于均匀磁场中, 并绕 OO' 轴以角速度 ω 旋转, 棒与转轴间夹角恒为 θ, 磁感应强度 $\boldsymbol{B}$ 与转轴平行. 求 OP 棒在图示位置处的电动势.

解 所求电动势来源于导体棒运动过程中的动生电动势. 在棒上任取线元 dl, 其动生电动势为

$$d\mathcal{E}_i = (\boldsymbol{v} \times \boldsymbol{B}) \cdot d\boldsymbol{l} = \omega Bl\sin\theta\,dl\cos(\pi/2 - \theta)$$

上式积分, 有

$$\mathcal{E}_i = \int_0^l \omega Bl\sin^2\theta\,dl = \frac{1}{2}\omega Bl^2\sin^2\theta$$

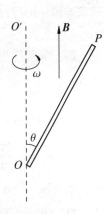

结果显示, 棒中的感应电动势相当于棒在垂直于磁场方向的分量以相同角速度旋转时产生的感应电动势.

习题 11-7 图

11-8 半径为 a 的半圆形线圈, 置于磁感应强度为 $\boldsymbol{B}$ 的均匀磁场中. 线圈绕垂直于磁场方向的直径 OO' 以匀角速度 ω 转动, 当线圈平面转至与 $\boldsymbol{B}$ 平行时 (习题 11-8 图所示位置), 求线圈中的动生电动势.

解 如解图 11–8 所示, 线圈上直径 OO' 速度为零, 故直径部分的动生电动势为零, 总动生电动势由圆弧部分所产生. 为了计算圆弧部分的动生电动势, 在圆弧上任取线元 $\mathrm{d}l$ (长为 $a\,\mathrm{d}\theta$), 速度 $\boldsymbol{v}$ 的方向垂直于纸面向里, 大小为 $v = \omega a \sin\theta$. $\boldsymbol{v} \times \boldsymbol{B}$ 的方向竖直向下, 与 $\mathrm{d}l$ 的夹角为 $\pi/2 - \theta$ ($\theta \in [0, \pi/2]$) 或 $\theta - \pi/2$ ($\theta \in [\pi/2, \pi]$). 线元 $\mathrm{d}l$ 的动生电动势为

$$\mathrm{d}\mathscr{E}_\mathrm{i} = (\boldsymbol{v} \times \boldsymbol{B}) \cdot \mathrm{d}l = vB\,\mathrm{d}l \cos\left(\frac{\pi}{2} - \theta\right) = \omega a^2 B \sin^2\theta\,\mathrm{d}\theta$$

沿圆弧对上式积分, 可得线圈中的动生电动势

$$\mathscr{E}_\mathrm{i} = \int_0^\pi \omega a^2 B \sin^2\theta\,\mathrm{d}\theta = \frac{1}{2}\pi\omega a^2 B$$

结果为正, 表示动生电动势沿积分绕行方向, 即解图 11–8 中的顺时针方向.

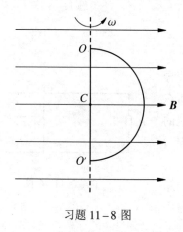

习题 11–8 图   解图 11–8

11–9 如习题 11–9 图所示, 均匀磁场 $\boldsymbol{B}$ 被限制在半径 $R = 0.10\text{ m}$ 的无限长圆柱空间内, 方向垂直纸面向外, 设磁场以 $\dfrac{\mathrm{d}B}{\mathrm{d}t} = 100\text{ T}\cdot\text{s}^{-1}$ 的匀速率增加, 已知 $\theta = \dfrac{\pi}{3}$, $Oa = Ob = 0.04\text{ m}$, 试求等腰梯形导线框 $abcd$ 的感应电动势, 并判断感应电流的方向.

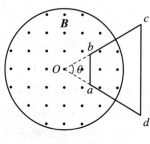

解 等腰梯形落入圆柱形空间的面积为

$$S = \frac{1}{2}(\theta R^2 - Oa^2 \sin\theta)$$

习题 11–9 图

由于磁场均匀分布, 所以梯形导线框中的磁通量为 $\Phi_\mathrm{m} = BS$, 根据法拉第电磁感应定律, 有

$$\mathscr{E}_\mathrm{i} = -\frac{\mathrm{d}\Phi_\mathrm{m}}{\mathrm{d}t} = -S\frac{\mathrm{d}B}{\mathrm{d}t} = -\frac{1}{2}(\theta R^2 - Oa^2 \sin\theta)\frac{\mathrm{d}B}{\mathrm{d}t} = -\left(\frac{50\pi}{3} - 4\sqrt{3}\right) \times 10^{-2}\text{ V}$$

方向沿习题 11–9 图中顺时针方向.

11–10 如习题 11–10 图所示, 边长为 20 cm 的正方形导体回路, 放置在圆柱形空间的均匀磁场中, 已知磁感应强度的方向垂直于导体回路所围平面 (如习题 11–10 图所示), 若磁场以 $0.1\text{ T}\cdot\text{s}^{-1}$ 的变化率减小, AC 边沿圆柱体直径, B 点在磁场的中心.

(1) 用矢量表示出习题 11–10 图中 A, B, C, D, E, F, G 各点处感生电场 $\boldsymbol{E}_\mathrm{i}$ 的方向和大小;

(2) AC 边内的感生电动势有多大?

(3) 如果回路的电阻为 2 Ω, 回路中的感应电流多大?

解 (1) 因 $\mathrm{d}B/\mathrm{d}t < 0$, 所以感生电场的方向与磁场方向成右手关系, 大小正比于圆心到场点的距离. 解图 11-10 示出了各点的感应电场的大小和方向.

(2) 因为 AC 边过圆心, 故 $\mathscr{E}_{iAC} = 0$.

(3) 根据法拉第电磁感应定律, 回路内的感应电动势

$$\mathscr{E}_i = -\frac{\mathrm{d}\Phi_\mathrm{m}}{\mathrm{d}t} = -a^2 \frac{\mathrm{d}B}{\mathrm{d}t} = 4 \times 10^{-3} \text{ V}$$

感应电流

$$I = \frac{\mathscr{E}_i}{R} = 2 \times 10^{-3} \text{ A}$$

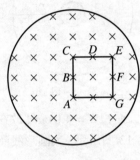

习题 11-10 图

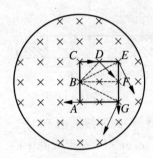

解图 11-10

11-11 在长为 60 cm, 直径为 5.0 cm 的空心纸筒上绕多少匝导线, 才能得到自感系数为 6.0×10^{-3} H 的螺线管?

解 设所需绕的匝数为 N, 导线中通以电流 I 时, 磁感应强度 $B = \mu_0 \frac{N}{l} I$. 磁链为

$$\Psi = NBS = N\mu_0 \frac{N}{l} I \frac{\pi d^2}{4}$$

由自感系数的定义, 有

$$L = \frac{\Psi}{I} = \frac{\mu_0 N^2 \pi d^2}{4l}$$

由上式可得

$$N = \sqrt{\frac{4Ll}{\mu_0 \pi d^2}} = 1209$$

11-12 一截面为长方形的螺线管, 其尺寸如习题 11-12 图所示, 共有 N 匝, 求此螺线管的自感.

解 设螺线管通有电流 I, 由安培环路定理,

$$\oint_L \boldsymbol{H} \cdot \mathrm{d}\boldsymbol{l} = 2\pi r H = NI$$

可得距离轴线为 r 处,

$$H = \frac{NI}{2\pi r}, \quad B = \mu_0 H = \frac{\mu_0 NI}{2\pi r}$$

通过某一匝的磁通量为

$$\Phi_{\mathrm{m}} = \int \boldsymbol{B} \cdot \mathrm{d}\boldsymbol{S} = \int_{R_1}^{R_2} \frac{\mu_0 NI}{2\pi r} h \, \mathrm{d}r = \frac{\mu_0 NIh}{2\pi} \ln \frac{R_2}{R_1}$$

螺线管的磁匝链为 $\Psi = N\Phi_{\mathrm{m}}$. 根据自感系数的定义, 得

$$L = \frac{N\Phi_{\mathrm{m}}}{I} = \frac{\mu_0 N^2 h}{2\pi} \ln \frac{R_2}{R_1}$$

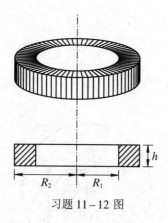

习题 11-12 图

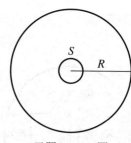

习题 11-13 图

11-13　一圆形线圈由 50 匝表面绝缘的细导线绕成, 圆面积 $S = 4.0 \text{ cm}^2$, 放在另一个半径为 $R = 20 \text{ cm}$ 的大圆形线圈中心, 两者同轴, 如习题 11-13 图所示. 大圆形线圈由 100 匝表面绝缘的导线绕成. 求:

(1) 两线圈间的互感系数;

(2) 当大线圈导线中电流每秒减少 50 A 时, 小线圈中的感生电动势为多少?

解　(1) 比较两个线圈的大小, 可以发现小线圈的面积远小于大线圈的面积, 因此可以认为大线圈在小线圈内的磁场是均匀的, 其大小为

$$B = \frac{N_1 \mu_0 I}{2R}$$

通过小线圈的磁匝链为

$$\Psi = N_2 BS = \frac{N_1 N_2 \mu_0 SI}{2R}$$

由互感系数的定义, 可得

$$M = \frac{\Psi}{I} = \frac{N_1 N_2 \mu_0 S}{2R} = 6.28 \times 10^{-6} \text{ H}$$

(2) 当大线圈导线中电流每秒减少 50 A 时, 小线圈中的感生电动势为

$$\mathscr{E}_M = -M \frac{\mathrm{d}I}{\mathrm{d}t} = 3.14 \times 10^{-4} \text{ V}$$

11-14　两个螺线管, 单位长度的匝数分别为 n_1 和 n_2, 横截面积分别为 S_1 和 S_2, 且 $S_1 < S_2$, 长度分别为 l_1 和 l_2, $l_1 < l_2$. 将螺线管 1 同轴地放入螺线管 2 内部, 求它们之间的互感系数.

解　给螺线管 2 通以电流 I, 其磁感应强度为

$$B_2 = \mu_0 n_2 I$$

螺线管 1 中的总磁通量为

$$\Psi_1 = n_1 l_1 B_2 S_1 = \mu_0 n_1 n_2 l_1 I S_1$$

由互感的定义得

$$M = \frac{\Psi_1}{I} = \mu_0 n_1 n_2 l_1 S_1$$

11–15 有两根相距为 d 的无限长平行直导线, 它们通以大小相等流向相反的电流, 且电流均以 dI/dt 的变化率增长. 若有一边长为 d 的正方形线圈与两导线处于同一平面内, 如习题 11–15 图所示. 求:

(1) 双导线与线圈之间的互感系数;

(2) 线圈中的感应电动势.

解 (1) 线圈中的磁通量

$$\Phi_{\mathrm{m}} = \int_0^d \left(\frac{\mu_0 I}{2\pi(d+x)} - \frac{\mu_0 I}{2\pi(2d+x)} \right) d\,\mathrm{d}x = \frac{\mu_0 I d}{2\pi} \ln \frac{4}{3}$$

互感系数为

$$M = \frac{\Phi_{\mathrm{m}}}{I} = \frac{\mu_0 d}{2\pi} \ln \frac{4}{3}$$

(2) 方线圈中的感应电动势

$$\mathscr{E}_{\mathrm{i}} = -M \frac{\mathrm{d}I}{\mathrm{d}t} = -\frac{\mu_0 d}{2\pi} \frac{\mathrm{d}I}{\mathrm{d}t} \ln \frac{4}{3}$$

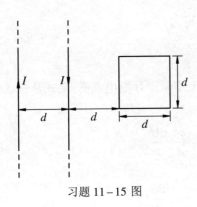

习题 11–15 图

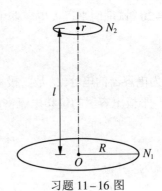

习题 11–16 图

11–16 如习题 11–16 图所示, 两个共轴线圈, 半径分别为 R 和 r, 且 $R \gg r$, 匝数分别为 N_1 和 N_2, 相距为 l. 求两线圈的互感系数.

解 由于 $R \gg r$, 所以可以近似认为大线圈中的电流在小线圈处产生的磁场是均匀的, 其值为

$$B = N_1 \frac{\mu_0 I R^2}{2(R^2 + l^2)^{3/2}}$$

于是通过小线圈的磁匝链为

$$\Psi = N_2 B \pi r^2 = N_1 N_2 \frac{\mu_0 I R^2}{2(R^2 + l^2)^{3/2}} \pi r^2$$

根据互感系数的定义, 得

$$M = \frac{\Psi}{I} = \frac{\mu_0 N_1 N_2 \pi r^2 R^2}{2(R^2 + l^2)^{3/2}}$$

11-17　一个 40 mH 的螺线管在不发生过热现象的条件下, 允许流过的最大电流为 6.0 A. 问螺线管中储存的最大能量是多少? 电流多大时, 储能是最大值的一半?

解　最大储能对应于螺线管中通以最大允许的电流.

$$W_{max} = \frac{1}{2}LI_{max}^2 = 0.72 \text{ J}$$

储能最大值一半时的电流值为 $I_{max}/\sqrt{2} = 4.2$ A.

11-18　需要多大的能量才能在 1.0 m³ 的空间中建立起大小为 1.0 T 的均匀磁场?

解　由磁能密度公式 $w_m = \frac{B^2}{2\mu_0}$, 可得建立所需磁场需要的能量为

$$W_m = w_m V = \frac{B^2}{2\mu_0} V = 4.0 \times 10^5 \text{ J}$$

11-19　在真空中, 若一均匀电场中的电场能量密度与一 0.50 T 的均匀磁场中的磁场能量密度相等, 该电场的电场强度为多少?

解　由题意

$$\frac{1}{2}\varepsilon_0 E^2 = \frac{B^2}{2\mu_0}$$

因此, 有

$$E = \frac{B}{\sqrt{\varepsilon_0 \mu_0}} = 1.5 \times 10^8 \text{ V} \cdot \text{m}^{-1}$$

11-20　试证明平行板电容器中的位移电流可写为

$$I_d = C\frac{dU}{dt}$$

式中 C 为电容器的电容, U 是两极板的电势差. 如果不是平行板电容器, 上式是否成立?

解　平板电容器的位移电流密度为

$$j_d = \frac{\partial D}{\partial t} = \varepsilon_0 \frac{dE}{dt} = \frac{\varepsilon_0}{d}\frac{dU}{dt}$$

位移电流为

$$I_d = j_d S = \frac{\varepsilon_0 S}{d}\frac{dU}{dt} = C\frac{dU}{dt}$$

若不是平行板电容器, 可以用一闭合曲面 S 包围电容器的正极板, 则

$$I_d = \oint_S \frac{\partial \boldsymbol{D}}{\partial t} \cdot d\boldsymbol{S} = \frac{d}{dt}\oint_S \boldsymbol{D} \cdot d\boldsymbol{S} = \frac{dq}{dt} = C\frac{dU}{dt}$$

第 12 章 波 动

12.1 要点归纳

1. 平面简谐波

(1) 表达式 $y(x,t) = A\cos(\omega t \pm kx + \phi)$, "+" 号对应于沿 x 轴反方向传播, "−" 对应于沿 x 轴正方向传播.

(2) 描述平面简谐波的基本物理量: 振幅 A、角频率 ω、初相位 ϕ、角波数 $k = \dfrac{2\pi}{\lambda} = \dfrac{\omega}{v}$.

2. 波的叠加

(1) 波的叠加原理: 在多列波相互交叠的区域, 任意点的振动等于每列波在该点单独引起的振动的矢量和.

(2) 波的干涉: 参与叠加的两列波具有相同的频率, 恒定的初相位差及相互平行的振动分量. 当两个振动方向平行时, 有

$$A^2 = A_1^2 + A_2^2 + 2A_1 A_2 \cos(\phi_2 - \phi_1)$$

当 $\phi_2 - \phi_1 = 2n\pi$ 时, $A = A_1 + A_2$, 相干加强; 当 $\phi_2 - \phi_1 = (2n+1)\pi$ 时, $A = |A_1 - A_2|$, 相干相消, $n \in \mathbb{Z}$.

(3) 两端固定弦线上的驻波

$$y(x,t) = 2A\sin\frac{m\pi x}{l}\cos\left(\omega t + \frac{\pi}{2}\right)$$

弦线上振幅最大的点称为波腹, 振动为零的点称为波节. 形成稳定驻波的条件是弦线长度等于半波长的整数倍.

3. 波的衍射: 波的传播过程中, 遇到障碍物发生的波线弥散性偏折, 绕过障碍物的现象.

4. 惠更斯原理: 行进中的波面上的所有点都可看成发射球面次波的点波源, 而此后的任一时刻这些次波的包络面就是新的波前.

5. 多普勒效应

(1) 当波源或观察者相对于波介质运动时, 观察者测得的频率与波源的振动频率不相等的现象称为多普勒效应.

(2) 多普勒频移 $\nu' = \dfrac{v + u_o}{v - u_s}\nu$.

6. 平面电磁波的性质

(1) 平面电磁波是横波, 沿 $\boldsymbol{E} \times \boldsymbol{H}$ 的方向传播.

(2) 电磁波的电场强度 E 与磁场强度 H 同相位, 振幅关系为 $\sqrt{\varepsilon}E_0 = \sqrt{\mu}H_0$.

(3) 电磁波在真空中的传播速度 $c = \dfrac{1}{\sqrt{\varepsilon_0 \mu_0}}$, 在介质中的传播速度 $v = \dfrac{c}{\sqrt{\varepsilon_r \mu_r}}$.

7. 电磁波的能量密度和能流密度

(1) 能量密度 $w = \dfrac{1}{2}(\boldsymbol{D} \cdot \boldsymbol{E} + \boldsymbol{B} \cdot \boldsymbol{H})$.

(2) 能流密度 $S = E \times H$.

(3) 平面电磁波的强度 $I = \dfrac{1}{2}\sqrt{\dfrac{\varepsilon}{\mu}}E_0^2$.

8. 电磁波的吸收和色散

(1) 朗伯 – 比尔定律 $I = I_0\,\mathrm{e}^{-\alpha l} = I_0\,\mathrm{e}^{-(\alpha_a + \alpha_s)l}$.

(2) 正常色散的经验公式 $n = A + \dfrac{B}{\lambda^2} + \dfrac{C}{\lambda^4}$.

12.2 习题解答

12–1 在波线上相距 2.5 cm 的 A, B 两点, 已知点 B 的振动相位比点 A 落后 30°, 振动周期为 2 s, 求波速和波长.

解 根据题意, $2\pi\Delta x/\lambda = \pi/6$. 所以波长 $\lambda = 12\Delta x = 0.3$ m. 波速为 $v = \lambda T = 0.6\,\mathrm{m}\cdot\mathrm{s}^{-1}$.

12–2 一横波沿一根弦线传播时的波函数为 $y = 0.02\cos(50\pi t - 4\pi x)$, 式中 x, y 的单位为 m, t 的单位为 s. 求该波的振幅、波长、频率、周期和波速.

解 从波函数可以读出, 振幅 $A = 0.02$ m, 角频率 $\omega = 50\pi$ rad, 波数 $k = 4\pi$ rad $\cdot\mathrm{m}^{-1}$.

容易计算出频率 $\nu = \omega/(2\pi) = 25$ Hz, 周期 $T = 1/\nu = 0.04$ s, 波长 $\lambda = 2\pi/k = 0.5$ m, 波速 $v = \omega/k = 12.5\,\mathrm{m}\cdot\mathrm{s}^{-1}$.

12–3 某机械波按 $y = 0.01\cos(5x - 200t - 0.5)\pi$ 传播, 式中各量均采用 SI 制.

(1) 求简谐波的振幅、角频率、初相位、波长和传播速度;

(2) 求 $x = 1$ m 处的质元在 $t = 1$ s 时的运动速度.

解 (1) 将波函数改写为 $y = 0.01\cos(200t - 5x + 0.5)\pi$, 容易看出, 振幅 $A = 0.01$ m, 角频率 $\omega = 200\pi$ rad $\cdot\mathrm{s}^{-1}$, 初相位 $\phi = 0.5\pi$ rad, 波数 $k = 5\pi$ rad $\cdot\mathrm{m}^{-1}$. 而波长和波速分别为 $\lambda = 2\pi/k = 0.4$ m, $v = \omega/k = 40\,\mathrm{m}\cdot\mathrm{s}^{-1}$.

(2) 任意时刻和坐标处质元的运动速度为

$$v_y = \frac{\mathrm{d}y}{\mathrm{d}t} = -2\pi\sin(200t - 5x + 0.5)\pi\;(\mathrm{m}\cdot\mathrm{s}^{-1})$$

将 $x = 1$ m, $t = 1$ s 代入上式, 得 $v_y = 2\pi\,\mathrm{m}\cdot\mathrm{s}^{-1}$.

12–4 一平面简谐波沿 x 轴正方向传播, 已知振幅为 A, 周期为 T, 波长为 λ. 在 $t = 0$ s 时坐标原点处的质点位于平衡位置沿 y 轴正方向运动, 求该简谐波的表达式.

解 设初相位为 ϕ, 则波的表达式为

$$y(x, t) = A\cos\left(\frac{2\pi}{T}t - \frac{2\pi}{\lambda}x + \phi\right)$$

根据题意, 当 $x = 0, t = 0$ 时, $y = 0$ 且 $\dfrac{\partial y}{\partial t} > 0$ 可得 $\cos\phi = 0$ 且 $\sin\phi < 0$. 因此, $\phi = -\pi/2$, 于是波的表达式为

$$y(x, t) = A\cos\left(\frac{2\pi}{T}t - \frac{2\pi}{\lambda}x - \frac{\pi}{2}\right)$$

12–5 如习题 12–5 图所示, 两平面简谐波源 S_1 和 S_2 均位于 x 轴上, 相距 20 m, 作同方向、同频率 ($\nu = 100$ Hz) 的简谐振动, 振幅均为 $A = 0.05$ m, 点 S_1 为波峰时, 点 S_2 恰为波谷, 波速均为 $u = 300\,\mathrm{m}\cdot\mathrm{s}^{-1}$. 若两列波相向传播,

(1) 写出两波源的振动表达式;

(2) 以 S_1 为坐标原点写出两列波的表达式;

(3) 求两个波源连线上因波的叠加而静止的各点的位置.

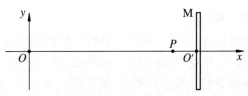

$S_1 \rightsquigarrow\!\!\rightarrow \quad \leftarrow\!\!\rightsquigarrow S_2$

O — 20 m — x

习题 12–5 图

解 (1) 由题意, 两波源的振动初相位相反. 不妨设 S_1 的初相位为 ϕ, 则 S_2 的初相位可以写成 $\phi + \pi$. 角频率 $\omega = 2\pi\nu = 200\pi \ \text{rad} \cdot \text{s}^{-1}$. 因此, 两波源的振动分别可以表示为

$$y_1(t) = 0.05 \cos(200\pi t + \phi) \ \text{m}$$

$$y_2(t) = 0.05 \cos(200\pi t + \phi + \pi) \ \text{m}$$

(2) $k = \omega/u = 2\pi/3 \ \text{rad} \cdot \text{m}^{-1}$. 以 S_1 为坐标原点, 源于 S_1 的波向右传播到坐标为 x 处的相位延迟为 kx, 源于 S_2 的波向左传播到坐标为 x 处的相位延迟为 $k(20 - x)$, 所以两列波的表达式分别为

$$y_1(x, t) = 0.05 \cos\left(200\pi t - \frac{2\pi}{3}x + \phi\right) \ \text{m}$$

$$y_2(x, t) = 0.05 \cos\left[200\pi t - \frac{2\pi}{3}(20 - x) + \phi + \pi\right] \ \text{m}$$

(3) 两波源连线上因波的叠加而静止的点的坐标满足的条件是

$$200\pi t - \frac{2\pi}{3}(20 - x) + \phi + \pi - \left(200\pi t - \frac{2\pi}{3}x + \phi\right) = \frac{4\pi}{3}(x - 10) + \pi = (2n + 1)\pi$$

式中 $n \in \mathbb{Z}$. 由此解出位于区间 $0 \sim 20$ m 的解为 $x = (1.5n + 10)$ m, $n = 0, \pm 1, \pm 2, \cdots, \pm 6$. 静止点的坐标为 $x = 1$ m, 2.5 m, 4 m, 5.5 m, $\cdots$, 19 m.

12–6 如习题 12–6 图所示, 一角频率为 ω, 振幅为 A 的平面简谐波沿 x 轴正方向传播. 设在 $t = 0$ 时刻该波在原点 O 处引起的振动使介质元由平衡位置向 y 轴的负方向运动. M 是垂直于 x 轴的波密介质反射面. 已知 $OO' = 7\lambda/4$, $PO' = \lambda/4$ (λ 为该波波长). 设反射波不衰减, 求:

(1) 入射波与反射波的表达式;

(2) P 点的振动表达式.

y

O — P — O' — M — x

习题 12–6 图

解 (1) 由题意知 O 点振动的初相位为 $\dfrac{\pi}{2}$, 于是 O 点的振动表达式为

$$y(0, t) = A\cos\left(\omega t + \frac{\pi}{2}\right)$$

入射波的表达式为

$$y(x,t) = A\cos\left(\omega t - \frac{2\pi}{\lambda}x + \frac{\pi}{2}\right)$$

入射波在点 O' 引起的振动为

$$y(7\lambda/4, t) = A\cos\left(\omega t - \frac{2\pi}{\lambda}\frac{7\lambda}{4} + \frac{\pi}{2}\right) = A\cos(\omega t - \pi)$$

考虑反射时的相位突变, 反射波表示为

$$y'(x,t) = A\cos\left[\omega t - \frac{2\pi}{\lambda}\left(\frac{7\lambda}{4} - x\right)\right] = A\cos\left(\omega t + \frac{2\pi}{\lambda}x + \frac{\pi}{2}\right)$$

(2) 入射波与反射波叠加后, 形成的驻波为

$$y(x,t) + y'(x,t) = 2A\cos\frac{2\pi x}{2}\cos\left(\omega t + \frac{\pi}{2}\right)$$

将 P 点坐标 $x = \dfrac{3\lambda}{2}$ 代入上式, 得 P 点的振动表达式

$$y_P(t) = -2A\cos\left(\omega t + \frac{\pi}{2}\right)$$

12-7 一弹性波在媒质中传播的速度为 $v = 10^3 \text{ m} \cdot \text{s}^{-1}$, 振幅 $A = 1.0 \times 10^{-4} \text{ m}$, 频率 $\nu = 10^3 \text{ Hz}$. 若媒质的密度为 $\rho = 800 \text{ kg} \cdot \text{m}^{-3}$, 求:

(1) 该波的平均能流密度;

(2) 1 min 内垂直通过面积 $S = 4 \times 10^{-4} \text{ m}^2$ 的总能量.

解　(1) 平均能流密度为

$$\bar{I} = \frac{1}{2}\rho\omega^2 A^2 v = 2\pi^2\nu^2\rho A^2 v = 1.58 \times 10^5 \text{ W} \cdot \text{m}^{-2}$$

(2) 1 min 内垂直通过面积 S 的总能量为 $E = \bar{I}St = 3.79 \times 10^3 \text{ J}$.

12-8 一平面简谐波的频率 $\nu = 400 \text{ Hz}$, 在空气中传播速率为 $v = 340 \text{ m} \cdot \text{s}^{-1}$. 已知空气的密度为 $\rho = 1.21 \text{ kg} \cdot \text{m}^{-3}$, 此波到达人耳的振幅 $A = 10^{-7} \text{ m}$. 试求耳中声波的平均能量密度和声强.

解　角频率 $\omega = 2\pi\nu = 800\pi \text{ rad} \cdot \text{s}^{-1}$. 平均能量密度

$$w = \frac{1}{2}\rho\omega^2 A^2 = 3.82 \times 10^{-8} \text{ J} \cdot \text{m}^{-3}$$

声强为 $I = wv = 1.30 \times 10^{-5} \text{ W} \cdot \text{m}^{-2}$.

12-9 P, Q 为两个振动方向相同、频率相等的同相波源, 它们相距 $3\lambda/2$, R 为 PQ 连线上 Q 外侧的任意一点, 求自 P, Q 两波源发出的两列波在 R 点处引起的振动的相位差.

解　由于两波源的角频率和初相位都相等, 故它们在 R 处的相位差完全由它们到 R 的距离决定.

$$\Delta\phi = \frac{2\pi}{\lambda}(PR - QR) = \frac{2\pi}{\lambda}PQ = 3\pi$$

12-10 一驻波波函数为 $y = 0.02\cos 20x \cos 750t$ (SI). 求:

(1) 两行波的振幅和波速;

(2) 相邻两波节间的距离.

解 (1) 利用三角公式可将波函数化为

$$y = 0.01 \cos\left[20(x + 37.5t)\right] \text{ (SI)} + 0.01 \cos\left[20(x - 37.5t)\right] \text{ (SI)}$$

显然, 两行波的振幅为 0.01 m, 波速为 37.5 m·s^{-1}.

(2) 波节间距为半个行波波长, 即 $\Delta x = \lambda/2 = \pi/20 \approx 0.157$ m.

12–11 一驻波波函数为 $y = 0.02 \cos 20x \cos 750t$ (SI).

(1) 形成此驻波的两行波的振幅和波速;

(2) 相邻两波节间的距离;

(3) $t = 2.0 \times 10^{-3}$ s 时, $x = 5.0 \times 10^{-2}$ m 处质点振动的速度.

解 (1) 驻波函数可以化为

$$y = 0.01 \cos(750t + 20x) + 0.01 \cos(750t - 20x)$$

可以看出, 振幅 $A = 0.01$ m, 波速 $u = \omega/k = 37.5$ m·s^{-1}.

(2) 波长 $\lambda = \pi/k = 0.314$ m. 相邻波节的间距为 $\Delta x = \lambda/2 = 0.157$ m.

(3) 所求振动速度为

$$v = \frac{\mathrm{d}y}{\mathrm{d}t} = -15 \cos 20x \sin 750t = -8.08 \text{ m·s}^{-1}$$

12–12 火车以 20 m·s^{-1} 的速度鸣笛向站台驶来, 笛声频率为 275 Hz.

(1) 静止在站台上的旅客听到的频率是多少?

(2) 当火车鸣笛驶去时站台上的人听到的频率又是多少 (设常温下空气中声速为 340 m·s^{-1})?

解 (1) 波源的速率为 $v_s = 20$ m·s^{-1}, 频率为 $\nu = 275$ Hz, 波速为 $v = 340$ m·s^{-1}. 根据多普勒效应, 站台上的旅客听到的频率为

$$\nu' = \frac{v}{v - v_s}\nu = 292 \text{ Hz}$$

(2) 此时, $v_s = -20$ m·s^{-1},

$$\nu' = \frac{v}{v - v_s}\nu = 260 \text{ Hz}$$

12–13 一物体以速率 v 背离静止的波源作直线运动, 波源向运动的物体发射频率为 $\nu_0 = 25$ kHz 的超声波, 在波源处, 接收器测得波源发射波与运动物体反射波合成的拍频为 $\nu_b = 200$ Hz, 已知声速为 $u = 340$ m·s^{-1}, 求物体的运动速率 v.

解 根据多普勒效应的频率公式, 运动物体接收到的超声波频率为

$$\nu_1 = \frac{u - v}{u}\nu_0$$

运动物体作为新的波源, 以接收到的频率反射超声波, 而原来的波源作为接收器, 收到反射波的频率为

$$\nu_2 = \frac{u}{u + v}\nu_1 = \nu_1 = \frac{u - v}{u + v}\nu_0$$

根据题意,

$$\nu_b = \nu_2 - \nu_0 = \left(1 - \frac{u - v}{u_v}\right)\nu_0$$

由上式可以解得

$$v = \frac{u\nu_b}{2\nu_0 - \nu_b} = 1.37 \text{ m} \cdot \text{s}^{-1}$$

12−14　真空中一列电磁波的电场为 $\boldsymbol{E} = -E_0 \cos(kx + \omega t)\boldsymbol{j}$. 已知 $k = 4.0 \text{ m}^{-1}$, $E_0 = 60 \text{ V} \cdot \text{m}^{-1}$.

(1) 电磁波沿什么方向传播?

(2) 求 ω 的值;

(3) 写出磁场的波函数.

解　(1) 综合以下三点: ① 电场沿 y 轴振动; ② 同一时刻电场的值取决于坐标 x; ③ k 与 ω 前同为 "$+$" 号. 这说明电磁波沿 $-x$ 方向传播.

(2) $\omega = kc = 1.2 \times 10^9 \text{ rad} \cdot \text{s}^{-1}$.

(3) 因为电磁波沿 $\boldsymbol{E} \times \boldsymbol{H}$ 的方向传播, $t = 0$ 时, 原点处的电场沿 $-y$ 方向, 所以磁场沿 $+z$ 方向. 由平面电磁波的性质

$$\sqrt{\varepsilon_0}E_0 = \sqrt{\mu_0}H_0$$

可得磁场强度的振幅为

$$H_0 = \sqrt{\frac{\varepsilon_0}{\mu_0}}E_0 = 0.16 \text{ A} \cdot \text{m}^{-1}$$

又因为电场与磁场的波动相位相等, 所以磁场的波函数为

$$\boldsymbol{H} = 0.16 \text{ A} \cdot \text{m}^{-1} \cos\left[\left(4.0 \text{ m}^{-1}\right)x + \left(1.2 \times 10^9 \text{ s}^{-1}\right)t\right]\boldsymbol{k}$$

12−15　50 Hz 交流电的辐射波长是多少? 频率为 100 MHz 的调频无线电波的波长又是多少?

解　因 $c = \lambda\nu$, 故 $\lambda = \dfrac{c}{\nu}$, 将已知数值代入, 得 50 Hz 交流电的辐射波长为 $6.0 \times 10^6 \text{ m}$, 100 MHz 的调频无线波的波长为 3.0 m.

12−16　一支 2.0 mW 的激光笔发出的光束直径为 1.5 mm. 当它意外地指向一个人的眼睛时, 光束被聚焦成视网膜上直径为 20.0 μm 的一个光斑并且视网膜被照射 80 μs. 求:

(1) 激光束的强度;

(2) 入射到视网膜上的光强;

(3) 射到视网膜上的总能量.

解　(1) 由题设, 辐射功率为 $P = 2.0 \text{ mW}$, 记 $D = 1.5 \text{ mm}$, $d = 20.0 \text{ μm}$. 则激光束的强度为

$$I_1 = \frac{P}{\pi D^2/4} = 1.13 \times 10^3 \text{ W} \cdot \text{m}^{-2}$$

(2) 入射到视网膜上的光强为

$$I_2 = \frac{P}{\pi d^2/4} = 6.37 \times 10^6 \text{ W} \cdot \text{m}^{-2}$$

(3) 射到视网膜上的总能量为 $Pt = 1.60 \times 10^{-4} \text{ J}$.

12–17 有一平均辐射功率为 50 kW 的广播电台, 假定天线辐射的能流密度各方向相同. 试求在离电台天线 100 km 远处的平均能流密度 $\overline{S}$, 电场强度振幅 E_0 和磁场强度振幅 H_0.

解 平均能量密度就是单位面积的平均辐射功率, 因此,

$$\overline{S} = \frac{\overline{P}}{4\pi R^2} = 3.98 \times 10^{-7} \text{ W} \cdot \text{m}^{-2}$$

由 $\overline{S} = \frac{1}{2} \sqrt{\frac{\varepsilon_0}{\mu_0}} E_0^2$, 得

$$E_0 = \sqrt{2\overline{S} \sqrt{\frac{\mu_0}{\varepsilon_0}}} = 1.73 \times 10^{-2} \text{ V} \cdot \text{m}^{-1}$$

再由 $\sqrt{\varepsilon_0} E_0 = \sqrt{\mu_0} H$, 可得

$$H_0 = \sqrt{\frac{\varepsilon_0}{\mu_0}} E_0 = 4.6 \times 10^{-5} \text{ A} \cdot \text{m}^{-1}$$

12–18 有一圆柱形导体, 半径为 a, 电阻率为 ρ, 载有电流 I.

(1) 求在导体内距轴线为 r 处某点的电场强度的大小和方向;

(2) 求该点磁场强度的大小和方向;

(3) 求该点能流密度矢量的大小和方向;

(4) 试将 (3) 的结果与长度为 l, 半径为 r 的导体单位时间消耗的能量作比较.

解 (1) 根据微分形式的欧姆定律, 有 $\boldsymbol{E} = \rho \boldsymbol{j} = \dfrac{\rho I}{\pi R^2} \boldsymbol{e}_z$, $\boldsymbol{e}_z$ 表示沿圆柱轴线电流密度方向的单位矢量.

(2) 选以圆柱轴线为轴, 半径为 r 的圆周作为闭合回路, 由安培环路定理, 有

$$\oint \boldsymbol{H} \cdot \mathrm{d}\boldsymbol{l} = 2\pi r H = \frac{Ir^2}{a^2}$$

因此, 磁场强度的大小为

$$H = \frac{Ir}{2\pi a^2}$$

方向沿圆周的切线方向, 且与电流成右手螺旋关系.

(3) $\boldsymbol{S} = \boldsymbol{E} \times \boldsymbol{H}$, 方向指向半径为 r 的圆周的中心, 大小为

$$S = EH = \frac{\rho I^2 r}{2\pi^2 a^4}$$

(4) 长度为 l, 半径为 r 的这一部分导体的电阻为

$$R = \rho \frac{l}{\pi r^2}$$

其消耗的能量来源于焦耳热能, 功率为

$$P = \left(\frac{Ir^2}{a^2}\right)^2 \rho \frac{l}{\pi r^2} = \frac{\rho I^2 l r^2}{\pi a^4}$$

能流密度的通量为

$$\Phi_S = 2\pi r l S = \frac{\rho I^2 l r^2}{\pi a^4}$$

上式表示单位时间通过该部分导体的侧表面流入导体内部的电磁场的能量. 显见 $P = \Phi_S$, 即单位时间这一部分圆柱导体的焦耳热能等于通过其侧面流入的电磁场的能量.

12-19 真空中正弦电磁波具有 $E_0 = 64.0 \text{ mV} \cdot \text{m}^{-1}$ 的电场振幅. 求:

(1) 电场强度的方均根值;

(2) 磁感应强度的方均根值;

(3) 电磁波的强度.

解 (1) 不妨设电场强度的波函数为

$$E = E_0 \sin(\omega t - kz)$$

则电场强度的方均根值为

$$\sqrt{\overline{E^2}} = \sqrt{E_0^2 \sin^2(\omega t - kz)} = \frac{\sqrt{2}}{2} E_0 = 45.3 \text{ mV} \cdot \text{m}^{-1}$$

(2) 磁感应强度的振幅

$$B_0 = \frac{E_0}{c} = 2.13 \times 10^{-10} \text{ T}$$

方均值为 $\sqrt{\overline{B}} = \dfrac{\sqrt{2}}{2} B_0 = 1.51 \times 10^{-10} \text{ T}$.

(3) 电磁波强度

$$I = \frac{1}{2} \sqrt{\frac{\varepsilon_0}{\mu_0}} E_0^2 = 5.43 \times 10^{-6} \text{ W} \cdot \text{m}^{-2}$$

12-20 某种介质的吸收系数为 $\alpha_a = 0.32 \text{ cm}^{-1}$, 求透射光强为入射光强的 0.1, 0.2, 0.5, 0.8 倍时, 该介质的厚度为多少?

解 由 $I = I_0 e^{-\alpha l}$, 得

$$l = -\frac{1}{\alpha} \ln \frac{I}{I_0}$$

对应于 $I/I_0 = 0.1, 0.2, 0.5, 0.8$, 由上式可分别计算出 $l = 7.2 \text{ cm}, 5.0 \text{ cm}, 2.2 \text{ cm}$ 和 0.7 cm.

12-21 一个长为 30 cm 的玻璃管中有含烟的空气, 它能透过约 60% 的光. 若将烟粒完全去除后, 则 92% 的光能透过. 如果烟粒对光只有散射而无吸收, 试计算吸收系数和散射系数.

解 同时存在吸收和散射时, 透射光强与入射光强之比 $I/I_0 = 60 \%$, 去除烟尘后, 仅有吸收, 此时 $I'/I_0 = 92 \%$. 由题意, 有

$$\begin{cases} e^{-(\alpha_a + \alpha_s)l} = \dfrac{I}{I_0} \\ e^{-\alpha_a l} = \dfrac{I'}{I_0} \end{cases}$$

解此方程组, 得

$$\alpha_a = -\frac{1}{l} \ln \frac{I'}{I_0} = 2.78 \times 10^{-3} \text{ cm}^{-1}$$

$$\alpha_s = -\frac{1}{l} \ln \frac{I/I_0}{I'/I_0} = 1.42 \times 10^{-2} \text{ cm}^{-1}$$

第13章 光 波

13.1 要点归纳

1. 光的干涉

(1) 产生相干光的方法有波振面分割法和振幅分割法.

(2) 根据产生相干光的方法, 将光的干涉分为分波前干涉和分振幅干涉两类.

(3) 杨氏双缝干涉

设双缝间距为 d, 屏缝间距为 D, 单色光的波长为 λ, 则

光程差 $\Delta = \dfrac{xd}{D}$.

光强分布 $I = 4I_0 \cos^2 \dfrac{\pi xd}{\lambda D}$.

明纹中心坐标 $x = m\dfrac{\lambda D}{d}, \quad m \in \mathbb{Z}$.

暗纹中心坐标 $x = \dfrac{2m+1}{2}\dfrac{\lambda D}{d}, \quad m \in \mathbb{Z}$.

条纹间距 $\Delta x = \dfrac{\lambda D}{d}$.

(4) 薄膜干涉

光程差公式 $\Delta = 2nh\cos r \left(+\dfrac{\lambda}{2}\right)$.

当 $\Delta = m\lambda$ 时对应明纹中心, 当 $\Delta = \dfrac{2m+1}{2}\lambda$ 时对应暗纹中心, $m = 0, 1, 2, \cdots$.

等倾圆环特点: 明暗相间, 内疏外密, 中央级次最高.

劈尖干涉的条纹间距 $b = \dfrac{\lambda}{2n\theta}$.

牛顿环的特点: 明暗相间, 内疏外密, 边缘级次较高, 中心为暗斑. 第 m 级牛顿环暗纹半径为 $r_m = \sqrt{mR\lambda}$.

2. 光的衍射

(1) 光的衍射分为夫琅禾费衍射和菲涅尔衍射两类.

(2) 单缝夫琅禾费衍射

光强分布 $I = I_0 \left(\dfrac{\sin\alpha}{\alpha}\right)^2, \ \alpha = \dfrac{\pi a \sin\theta}{\lambda}$.

暗纹角位置满足 $\sin\theta = m\dfrac{\lambda}{a}, \ m = \pm 1, \pm 2, \cdots$.

主极大的角位置 $\theta = 0$, 次极大的角位置满足 $\sin\theta = \pm 1.43\dfrac{\lambda}{a}, \pm 2.46\dfrac{\lambda}{a}, \cdots$.

(3) 圆孔夫琅禾费衍射

艾里斑的角半径 $\theta = 1.22\dfrac{\lambda}{D}$.

透镜的最小分辨角 $\theta_0 = 1.22\dfrac{\lambda}{D}$.

3. 平面透射光栅的衍射

(1) 光强分布

$$I = I_0 \left(\frac{\sin\alpha}{\alpha}\right)^2 \left(\frac{\sin N\beta}{\sin\beta}\right)^2, \quad \alpha = \frac{\pi a \sin\theta}{\lambda}, \ \beta = \frac{\pi d \sin\theta}{\lambda}$$

(2) 光栅方程 $d\sin\theta = m\lambda, m \in \mathbb{Z}, |m| < d/\lambda$.

(3) 光栅的分辨本领 $R = \dfrac{\lambda}{\Delta\lambda} = mN$.

(4) 缺级

当多缝干涉因子主极大的角位置与单缝衍射因子零点的角位置重合时, 由光栅方程确定的光栅衍射的极大将消失, 缺级的条件是

$$\begin{cases} d\sin\theta = m\lambda, & m \in \mathbb{Z}; \\ a\sin\theta = m'\lambda, & m' \in \mathbb{Z}. \end{cases}$$

(5) 光栅的色散率

$$\frac{\mathrm{d}\theta}{\mathrm{d}\lambda} = \frac{m}{d\cos\theta} = \frac{m}{\sqrt{d^2 - (m\lambda)^2}}$$

4. X 光的晶体衍射

X 射线的掠射角满足布拉格公式

$$2d\sin\theta = m\lambda, \quad m = 1, 2, 3, \cdots$$

时出现衍射极大.

5. 光的偏振

(1) 光的偏振态

自然光, 线偏振光(平面偏振光), 部分偏振光, 圆偏振光, 椭圆偏振光.

(2) 晶体的二向色性: 晶体对不同振动方向的光振动具有不同的吸收比的特性.

(3) 马吕斯定律

$$I_2 = I_1 \cos^2\theta$$

(4) 反射和折射光的偏振态

一般情况下, 反射光为垂直于入射面振动居多的部分偏振光, 折射光为平行于入射面振动居多的部分偏振光.

布儒斯特定律: 当自然光以入射角 i_B 从折射率为 n_1 的介质入射到折射率为 n_2 的介质的界面上时, 反射光为线偏振光. i_B 满足

$$\tan i_B = \frac{n_2}{n_1}$$

此时折射光仍为部分偏振光, 且反射光与折射光相互垂直.

13.2 习题解答

13–1 一单色光照射到相距为 0.2 mm 的双缝上, 双缝与屏幕的垂直距离为 1 m.

(1) 从第一级明纹到同侧的第四级明纹的距离为 7.5 mm, 求单色光的波长;

(2) 若入射光的波长为 600 nm, 求相邻两明纹间的距离.

解 (1) 第 m 级明纹坐标由 $x_m = D\lambda/d$ 给出. 所以有

$$x_4 - x_1 = \frac{(4-1)D}{d}\lambda = 7.5 \text{ mm}$$

从上式解得 $\lambda = 5 \times 10^{-7}$ m $= 500$ nm.

(2) 条纹间距 $\Delta x = D\lambda/d = 3.0$ mm.

13–2 在杨氏双缝干涉实验装置中, 入射光的波长为 550 nm, 用一片厚度为 8.53×10^3 nm 的薄云母片覆盖双缝中的一条狭缝, 这时屏幕上的第 9 级明纹恰好移到屏幕中央原零级明纹的位置, 问该云母片的折射率为多少?

解 设云母片的厚度为 h, 用云母片覆盖后与覆盖前光程差的改变量为 $nh - h = (n-1)h$. 由题意,

$$(n-1)h = m\lambda$$

所以

$$n = \frac{m\lambda}{h} + 1 = 1.58$$

13–3 在照相机镜头(折射率为 1.56)上有一层折射率为 $n = 1.38$ 的氟化镁膜, 要使人眼和照相底片最敏感的黄绿光(550 nm)反射率最低, 求膜的最小厚度.

解 实际问题中光接近垂直入射在镜头上, 由于光在氟化镁膜两界面反射时都有半波损失, 所以对于反射, 光程差

$$\Delta = 2nh = \left(m + \frac{1}{2}\right)\lambda$$

最小厚度对应于 $m = 0$, 所以

$$h_{\min} = \frac{\lambda}{4n} = 99.6 \text{ nm}$$

13–4 在折射率为 1.5 的玻璃表面上镀一层折射率为 2.5 的透明介质膜可增强反射. 若在镀膜过程中用波长为 $\lambda = 600$ nm 的单色光垂直照射到介质膜上, 并用仪器测量透射光的强度. 当介质膜的厚度逐渐增大时, 透射光的强度发生时强时弱的变化. 试计算当观察到透射光的强度第三次出现最弱时, 介质膜有多厚?

解 记 $n = 2.5$. 透射光强度第三次出现最弱时, 对应于反射光强度第三次最强, 此时膜厚 h 满足

$$2nh + \frac{\lambda}{2} = 3\lambda$$

于是

$$h = \frac{5\lambda}{4n} = 300 \text{ nm}$$

13-5 如习题 13-5 图所示, 已知玻璃的折射率 $n_2 = 1.5$, 氧化膜折射率 $n_1 = 2.21$, 膜的厚度为 δ. 用 $\lambda = 632.8$ nm 的激光垂直照射, 从 A 到 B 出现 11 条暗纹, 且 A 处恰为一暗纹. 求膜的厚度 δ.

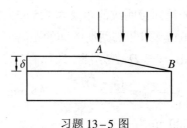

习题 13-5 图

解 受半波损失的影响, 暗纹对应的光程差满足

$$2nh_m + \frac{\lambda}{2} = \left(m + \frac{1}{2}\right)\lambda$$

A 处对应于 $m = 0$, B 处对应于 $m = 10$, 所以

$$\delta = h_{10} = \frac{10\lambda}{2n} = 1.43 \ \mu m$$

13-6 在牛顿环实验中, 用紫光照射, 测得第 m 级明环的半径 $r_m = 3.0 \times 10^{-3}$ m, 第 $m + 16$ 级明环半径 $r_{m+16} = 5.0 \times 10^{-3}$ m, 平凸透镜的曲率半径 $R = 2.50$ m. 求紫光的波长.

解 在牛顿环干涉中, 第 m 级和第 $m + 16$ 级明环半径分别满足

$$r_m = \sqrt{\left(m - \frac{1}{2}\right)R\lambda}$$

$$r_{m+16} = \sqrt{\left(m + 16 - \frac{1}{2}\right)R\lambda}$$

将上面二式平方再相减, 得 $r_{m+16}^2 - r_m^2 = 16R\lambda$, 故有

$$\lambda = \frac{r_{m+16}^2 - r_m^2}{16R} = 400 \ nm$$

13-7 一平面单色光波垂直照射在厚度均匀的薄油膜上, 油膜覆盖在玻璃板上. 油的折射率为 1.30, 玻璃的折射率为 1.50, 若单色光的波长可由光源连续调节, 只观察到 500 nm 和 700 nm 这两个波长的单色光在反射中强度减至最小. 试求油膜层的厚度.

解 反射光相干相消的条件是

$$2nh = \left(m + \frac{1}{2}\right)\lambda_1$$

$$2nh = \left(m + 1 + \frac{1}{2}\right)\lambda_2$$

由以上二式解得

$$m = \frac{\lambda_1 - 3\lambda_2}{2(\lambda_2 - \lambda_1)}, \quad h = \frac{\lambda_1\lambda_2}{2n(\lambda_1 - \lambda_2)}$$

将 $\lambda_1 = 700$ nm, $\lambda_2 = 500$ nm 和 $n = 1.30$ 代入上式可得

$$m = 2, \quad h = 673 \text{ nm}$$

即油膜厚 673 nm.

13−8 迈克耳孙干涉仪中的反射镜 M_2 移动 0.235 mm, 测得干涉条纹移动 798 条. 试计算光的波长.

解 根据迈克耳孙干涉仪的工作原理, 反射镜每移动半个波长, 可使干涉条纹移动一条, 所以 $d = N\lambda/2$, 从而

$$\lambda = \frac{2d}{N} = 589$$

从结果可知, 当 M_2 移动一个微小距离, 干涉条纹将有相当大的变化, 因此迈克耳孙干涉仪是一台精密度极高的光学仪器.

13−9 在迈克耳孙干涉仪的一臂放入一个长 100 cm 的玻璃管, 并充入空气, 使压强达到 1 atm. 用波长 $\lambda = 585$ nm 的光做干涉实验. 在将玻璃管逐渐抽成真空的过程中, 观察到 $N = 100$ 个干涉条纹的移动, 试计算空气的折射率.

解 将充气的玻璃管放入光路中, 两相干光的光程差发生变化. 设空气折射率为 n, 将玻璃管抽空前后的光程差为

$$(n - 1)l = \frac{N\lambda}{2}$$

由上式得

$$n = 1 + N\frac{\lambda}{2l} = 1.000\,293$$

13−10 一单缝, 宽为 $a = 0.1$ mm, 缝后放有一焦距为 50 cm 的会聚透镜, 用波长 $\lambda = 546.1$ nm 的平行光垂直照射单缝, 试求位于透镜焦平面处的屏幕上中央明条纹的宽度和中央明条纹两侧相邻暗纹中心之间的距离. 如将单缝位置作上下小距离移动, 屏上衍射条纹有何变化?

解 中央明条纹的宽度为

$$\Delta x_0 \approx \frac{2\lambda f}{a} = 5.46 \text{ nm}$$

其他任意两相邻暗纹中心之间的距离为

$$\Delta x \approx \frac{\lambda f}{a} = 2.73 \text{ nm}$$

如果将单缝位置上下作少许移动, 由于平行光垂直照射到会聚透镜上时, 总是会聚在透镜焦平面的中央, 而透镜的上下位置没有变化, 故屏上衍射条纹位置和形状均无改变.

13−11 一单色光垂直入射一单缝, 其衍射第三级暗纹位置恰与波长为 660 nm 的单色光垂直入射该缝时衍射的第二级暗纹位置相重合, 试求该单色光波长.

解 暗纹位置由 $a\sin\theta = m\lambda$ 决定. 依题意有

$$3\lambda_1 = 2\lambda_2$$

$\lambda_1 = 2\lambda_2/3 = 440$ nm.

13–12 平行可见光束垂直入射到单缝上, 已知缝宽 $a = 0.6$ mm, 焦距 $f = 0.4$ m, 屏上距离中央明纹中心 $x = 1.4$ mm 处的 P 点位于某次级明纹的中心位置. 求: 入射光波长和点 P 处的条纹级次.

解 设级次为 m, 则由题意, 有

$$
\begin{cases}
x = f \tan \theta \\
a \sin \theta = \left(m + \dfrac{1}{2} \right) \lambda
\end{cases}
$$

从已知数据可以看出, $x \ll f$, 故 $\tan \theta \approx \sin \theta \approx \theta$. 借此, 可从方程组中解出可见光范围内的波长以及对应的条纹级次

$$
\lambda = \frac{ax}{(m + 1/2)\lambda} =
\begin{cases}
600 \text{ nm}, & m = 3 \\
467 \text{ nm}, & m = 4
\end{cases}
$$

13–13 人眼的瞳孔直径约为 3 mm, 对于视觉感受最灵敏的波长为 550 nm 的光, 问:

(1) 人眼最小分辨角是多少?

(2) 在教室的黑板上画一等号, 其两横线相距 2 mm, 坐在离黑板 10 m 远处的同学能否分辨这两条横线?

解 (1) 对于波长为 550 nm 的光而言, 人眼的最小分辨角为

$$
\theta_0 = 1.22 \frac{\lambda}{D} \approx 2.24 \times 10^{-4} \text{ rad}
$$

(2) 能够分辨的最短距离为 $d_{\min} = \Delta x / \theta_0 = 8.94$ m < 10 m, 因此不能分辨.

13–14 取波长为 550 nm, 试计算物镜直径为 5.0 cm 的普通望远镜和直径为 6.0 m 的反射式天文望远镜的最小分辨角. 设人眼的最小分辨角为 2.9×10^{-4} rad, 这两个望远镜的角放大率各为多少为宜?

解 记 $D = 5.0$ cm, $D' = 6.0$ m, $\theta_e = 2.9 \times 10^{-4}$ rad. 普通望远镜与天文望远镜的最小分辨角分别为

$$
\theta_0 = 1.22 \frac{\lambda}{D} = 1.34 \times 10^{-5} \text{ rad}, \qquad \theta_0' = 1.22 \frac{\lambda}{D'} = 1.12 \times 10^{-7} \text{ rad}
$$

两个望远镜的角放大率分别为

$$
\gamma = \frac{\theta_0}{\theta_e} = 21.6, \qquad \gamma' = \frac{\theta_0'}{\theta_e} = 2.59 \times 10^3
$$

13–15 每厘米含 4000 条刻线的光栅在白光垂直照射下, 可产生多少完整的光谱? 问哪一级光谱中的哪个波长的光开始与其他级次的光谱重叠? 设可见光的波长范围为 400 ~ 760 nm.

解 记可见光波段两端的波长分别为 $\lambda = 400$ nm, $\lambda' = 760$ nm. 要使光谱无重叠, 须满足 m 级光谱的红端位于 $m + 1$ 级光谱紫端的内侧. 根据光栅方程, 有

$$
\begin{cases}
d \sin \theta' = m\lambda' \\
d \sin \theta_{m+1} = (m + 1)\lambda \\
|\theta_m'| < |\theta_{m+1}| < \dfrac{\pi}{2}
\end{cases}
$$

可以解出 $-1.1 < |m| < 1.1$. 考虑到 $m = 0$ 时光栅无色散, 不形成光谱, 而且 m 必须为整数, 有意义的解为 $m = \pm1$, 即只有 ±1 级光谱才是完整的.

设第 2 级光谱中波长为 λ'' 的光与第三级光谱开始重叠, 即与第三级中的紫光开始重叠, 则有 $3\lambda = 2\lambda''$, $\lambda'' = 3\lambda/2 = 600\ \text{nm}$.

13–16 波长 $\lambda = 600\ \text{nm}$ 的单色光垂直入射到一光栅上, 测得第二级主级大的衍射角为 30° 且第三级缺级. 求:

(1) 光栅常量 d;

(2) 透光狭缝可能的最小宽度 a;

(3) 在选定了上述 d 和 a 之后, 屏幕上可能呈现的全部主极大的级次.

解 (1) 已知 $m = 2$, $\theta = 30°$. 根据光栅方程 $d\sin\theta = m\lambda$ 可得光栅常量 $d = 4\lambda = 2.4 \times 10^{-6}\ \text{m} = 2.4\ \mu\text{m}$.

(2) 缺级的条件是

$$\frac{d}{a} = \frac{m}{n}, \quad m \text{ 和 } n \text{ 均为正整数, 且 } m > n$$

本题中 $m = 3$. 当 $n = 1$ 时 a 取最小值, 故 $a = d/3 = 0.8\ \mu\text{m}$.

(3) 因为衍射角 $|\theta| < \pi/2$, 所以根据光栅方程有 $|\sin\theta| = |m|\lambda/d < 1$. 这意味着 $|m| < d/\lambda = 4$. 又因 m 只能取整数, 所以屏上可呈现的全部主极大的级次有 $m = 0, \pm1, \pm2$.

13–17 以波长 $400 \sim 760\ \text{nm}$ 的白光照射光栅, 在衍射光谱中, 第二级和第三级发生重叠, 试求第二级光谱被重叠的波长范围.

解 记 $\lambda_p = 400\ \text{nm}$, 设第二级光谱被重叠的最短波长为 $\lambda_{\min}$, 则由光栅方程可得

$$d\sin\theta = 2\lambda_{\min} = 3\lambda_p$$

$$\lambda_{\min} = \frac{3}{2}\lambda_p = 600\ \text{nm}$$

故第二级光谱被重叠的波长范围为 $600 \sim 760\ \text{nm}$.

13–18 一光栅宽为 6.0 cm, 每厘米有 6000 条刻线, 问在第三级光谱中, 对波长 $\lambda = 500\ \text{nm}$ 附近的光, 可分辨的最小波长间隔是多少?

解 此光栅的刻线数 $N = 36\,000$, 因为光栅的分辨本领

$$R = \frac{\lambda}{\Delta\lambda} = mN$$

所以

$$\Delta\lambda = \frac{\lambda}{mN} = 4.63 \times 10^{-3}\ \text{nm}$$

13–19 已知钠黄光 $\lambda = 589.3\ \text{nm}$ 实际上是由两条谱线 $\lambda_1 = 589.0\ \text{nm}$ 和 $\lambda_2 = 589.6\ \text{nm}$ 组成的, 若用光栅的第二级光谱观测钠黄光, 光栅缝数至少为多少才能分辨这两条谱线?

解 根据光栅的分辨本领公式

$$R = \frac{\overline{\lambda}}{\lambda_2 - \lambda_1} = mN$$

可得恰能分辨时,

$$N = \frac{\lambda_1 + \lambda_2}{2(\lambda_2 - \lambda_1)m} = 491.1$$

因此要分辨这两条谱线, 至少需要 492 条缝.

13-20　以铜作为阳极靶材料的 X 射线管发出的 X 射线主要是波长 $\lambda = 0.15$ nm 的特征谱线. 当它以掠射角 $\theta_1 = 11°15'$ 照射某一组晶面时, 在反射方向上测得一级衍射极大, 求该组晶面的间距. 若用以钨为阳极靶材料做成的 X 射线管所发出的波长连续的 X 射线照射该组晶面, 在 $\theta_2 = 36°$ 的方向上可测得什么波长的 X 射线的一级衍射极大?

解　由布拉格公式, 对于第一级衍射极大, 有 $2d\sin\theta_1 = \lambda$, 由此可得晶面间距

$$d = \frac{\lambda}{2\sin\theta_1} = 0.383 \text{ nm}$$

若以连续波长的 X 射线入射, 当波长满足 $2d\sin\theta_2 = \lambda'$ 时产生衍射极大, 此时, $\lambda' = 0.45$ nm.

13-21　试证明强度为 I_0 的自然光通过偏振片后的透射光强为 $I_0/2$.

解　将自然光看成相位相互独立的、各振动方向均匀分布且振幅相等的线偏振光的混合体. 透射光强为各方向振动的线偏振光透过偏振片后光强的平均值. 根据马吕斯定律, 有

$$I = \frac{1}{\pi}\int_0^\pi I_0\cos^2\theta\,\mathrm{d}\theta = \frac{1}{2}I_0$$

13-22　自然光通过两个偏振化方向成 60° 的偏振片, 透射光强为 I_1. 若在这两个偏振片之间再插入另一个偏振片, 它的偏振化方向与前两个偏振片的偏振化方向均成 30°, 则透射光强为多少?

解　设入射自然光的强度为 I_0, 则插入另一偏振片前

$$I_1 = \frac{1}{2}I_0\cos^2 60° \tag{1}$$

插入另一偏振片之后, 有

$$I_2 = \frac{1}{2}I_0\cos^2 30°\cos^2 30° \tag{2}$$

比较式 (1) 与式 (2), 得

$$I_2 = \frac{\cos^4 30°}{\cos^2 60°}I_1 = \frac{9}{4}I_1$$

13-23　一束光是自然光和线偏振光的混合光, 当它垂直通过一偏振片后, 随着偏振片的透振轴取向的不同, 出射光强度的最大值是最小值的 5 倍. 问入射光中自然光与线偏振光的强度占入射光强度的比例各为多少?

解　设入射光强为 I_0, 自然光所占比例为 p, 则线偏振光的比例为 $1 - p$. 根据马吕斯定律, 出射光强为

$$I = \frac{1}{2}I_0 p + I_0(1 - p)\cos^2\theta$$

式中 θ 为线偏振光与偏振片透振轴之间的夹角. 从上式可看出, 最大出射光强为 $\frac{1}{2}I_0 p + I_0(1 - p)$, 最小出射光强为 $\frac{1}{2}I_0 p$, 由题意, 有

$$\frac{\frac{1}{2}I_0 p + I_0(1 - p)}{\frac{1}{2}I_0 p} = 5$$

从上式解得 $p = 1/3$. 即自然光占 1/3, 线偏振光占 2/3.

13-24 平行平面玻璃板放置在空气中, 空气折射率近似为 1, 玻璃折射率为1.5. 试计算当自然光以布儒斯特角入射到玻璃板的上表面时, 折射角是多少? 当折射光在下表面反射时, 其反射光是不是线偏振光?

解 根据布儒斯特定律, $\tan i_B = n = 1.5$, 于是

$$i_B = \arctan 1.5 = 0.983 \text{ rad} = 56.3°$$

因为此时反射光和折射光相互垂直, 所以折射角为 33.7°. 玻璃下表面的起偏角为

$$i_B' = \arctan \frac{1}{n} = 0.588 \text{ rad} = 33.7°$$

玻璃板内的折射光恰好以该角入射到玻璃板的下表面, 所以其反射光是线偏振光.

第 14 章　量子物理学初步

14.1　要点归纳

1. 波粒二象性

(1) 黑体辐射

能够全部吸收投射到它上面的电磁辐射的物体称为黑体.

物体温度为 T 时, 单位时间从物体单位表面积上所发出的在 λ 附近单位波长间隔内的辐射能量称为单色辐出度, 用 $M_\lambda(T)$ 表示. 单位时间从物体单位面积上所发出的各种波长的辐射能量的总和称为辐出度, 用 $M(T)$ 表示.

斯特潘 – 玻耳兹曼定律: $M(T) = \sigma T^4$.

维恩位移定律: $\lambda_{\mathrm{m}} T = b$.

普朗克公式: $M_\lambda(T)\,\mathrm{d}\lambda = \dfrac{2\pi hc^2}{\lambda^5}\dfrac{\mathrm{d}\lambda}{\mathrm{e}^{hc/\lambda kT} - 1}$.

(2) 光电效应

金属表面受到光照后有电子逸出的现象称为光电效应, 逸出的电子称为光电子.

爱因斯坦方程 $h\nu = A + \dfrac{1}{2}mv_{\mathrm{m}}^2$.

红限频率 $\nu_0 = \dfrac{h}{A}$.

遏止电势差 $U_a = \dfrac{mv_{\mathrm{m}}^2}{2e}$.

光子 $\varepsilon = h\nu$, $p = \dfrac{h}{\lambda}$.

(3) 康普顿效应

入射光被物质散射后波长变长的现象称为康普顿效应.

散射光的波长偏移量为

$$\Delta\lambda = \lambda - \lambda_0 = \frac{2h}{m_0 c}\sin^2\frac{\phi}{2}$$

(4) 德布罗意假设 $\nu = \dfrac{E}{h}$, $\lambda = \dfrac{h}{p}$.

(5) 不确定关系式 $\Delta p_x \Delta x \geqslant \dfrac{\hbar}{2}$, $\Delta p_y \Delta y \geqslant \dfrac{\hbar}{2}$, $\Delta p_z \Delta z \geqslant \dfrac{\hbar}{2}$, $\Delta E \Delta t \geqslant \dfrac{\hbar}{2}$.

2. 波函数和薛定谔方程

(1) 粒子的状态由波函数描述, 其物理意义是:

$$|\Psi(x, y, z, t)|^2\,\mathrm{d}x\,\mathrm{d}y\,\mathrm{d}z$$

表示 t 时刻在 (x, y, z) 处的体积元 $\mathrm{d}x\,\mathrm{d}y\,\mathrm{d}z$ 中找到粒子的概率.

(2) 波函数的标准条件是单值、有限、连续.

(3) 薛定谔方程

$$i\hbar\frac{\partial\Psi(\boldsymbol{r},t)}{\partial t} = -\frac{\hbar^2}{2m}\frac{\partial^2\Psi(\boldsymbol{r},t)}{\partial x^2} + V(\boldsymbol{r},t)\Psi(\boldsymbol{r},t)$$

(4) 定态薛定谔方程

$$-\frac{\hbar^2}{2m}\nabla^2\psi(\boldsymbol{r}) + V(\boldsymbol{r})\psi(\boldsymbol{r}) = E\psi(\boldsymbol{r})$$

3. 一维定态问题

(1) 一维无限深势阱

处于一维无限深势阱中的粒子的能级

$$E_n = \frac{n^2\pi^2\hbar^2}{2ma^2}, \quad n = 1, 2, 3, \cdots$$

定态波函数

$$\psi(x) = \begin{cases} \sqrt{\dfrac{2}{a}}\sin\dfrac{n\pi x}{a}, & 0 \leqslant x \leqslant a, \\ 0, & x < 0, x > a. \end{cases}$$

(2) 一维谐振子的能级 $E_n = \left(n + \dfrac{1}{2}\right)\hbar\omega, n = 0, 1, 2, \cdots$.

4. 氢原子

(1) 能级

$$E_n = -\left(\frac{e^2}{4\pi\varepsilon_0}\right)^2\frac{m}{2n^2\hbar^2} = -\frac{13.6\,\text{eV}}{n^2}$$

(2) 光谱系列

$$E_n - E_{n'} = \frac{hc}{\lambda} = h\nu, n > n'$$

$n' = 1, 2, 3, 4, 5$ 分别对应于氢原子的莱曼系、巴耳末系、帕邢系、布拉开系和普丰德系.

(3) 空间波函数

$$\psi(r,\theta,\phi) = R_{n,l}(r)\,\Theta_{l,m_l}(\theta)\,\Phi_m(\phi)$$

其中 $l = 0, 1, 2, \cdots, n-1$, $m_l = 0, \pm 1, \pm 2, \cdots, \pm l$.

(4) 角动量

$$L = \sqrt{l(l+1)}\hbar, \quad L_z = m_l\hbar, \quad S = \frac{\sqrt{3}}{2}\hbar, \quad S_z = \pm\frac{\hbar}{2}$$

(5) 状态量子数 n, l, m_l, m_s. 泡利不相容原理: 在同一原子中, 不可能有两个或两个以上的电子处于同一状态, 换言之, 原子中不可能有两个或两个以上的电子具有完全相同的四个量子数.

14.2 习题解答

14–1 太阳辐射到地球大气层外表面单位面积的辐射功率为 I_0, 称为太阳常量, 实际测得其值为 $I_0 = 1.35\,\text{kW}\cdot\text{m}^{-2}$, 太阳平均半径 $R = 6.96 \times 10^8$ m, 日地相距 $r = 1.50 \times 10^{11}$ m, 把太阳近似视为黑体, 试由太阳常量估计太阳表面的温度.

解 由斯特藩 – 玻耳兹曼定律可以求出太阳的总辐射功率为 $4\pi R^2 \sigma T^4$, 辐射到地球表面单位面积上的功率为

$$I_0 = \sigma T^4 \frac{4\pi R^2}{4\pi r^2}$$

由上式可得太阳表面温度为

$$T = \left(\frac{I_0 r^2}{\sigma R^2}\right)^{1/4} = 5.77 \times 10^3 \text{ K}$$

14–2 有一空腔黑体, 在其壁上有小圆孔 (直径为 0.05 mm), 腔内温度为 7500 K, 求单位时间从小孔射出来的位于 500 ~ 501 nm 波长范围的光子数目.

解 波长在 500 ~ 501 nm 范围内的光子能量近似为

$$h\nu = \frac{hc}{\lambda} = \frac{2hc}{\lambda_1 + \lambda_2}$$

由普朗克公式

$$M_\lambda = \frac{2\pi hc^2}{\lambda^5} \frac{1}{e^{hc/(\lambda kT)} - 1}$$

得到单位时间从小孔辐出的 500 ~ 501 nm 波长范围内的光子数目为

$$N = \frac{\pi D^2}{4} \frac{\int_{\lambda_1}^{\lambda_2} M_\lambda \, d\lambda}{h\nu} \approx \frac{\pi^2 D^2 c(\lambda_1 + \lambda_2)}{4} \frac{\Delta\lambda}{e^{hc/(\lambda kT)} - 1} = 1.30 \times 10^{15} \text{ 个}$$

14–3 测得从某炉壁小孔辐射的功率密度为 20 W·cm^{-2}, 求炉内温度及单色辐射出射度极大值所对应的波长.

解 由 $M(T) = \sigma T^4$, 得

$$T = \left(\frac{M(T)}{\sigma}\right)^{1/4} = 1.37 \times 10^3 \text{ K}$$

再由 $\lambda_m T = b$ 得

$$\lambda_m = \frac{b}{T} = 2.11 \times 10^{-6} \text{ m}$$

14–4 在理想条件下, 正常人的眼睛接收到 550 nm 的可见光时, 只要每秒光子数达到 100 个就会有光的感觉, 试问与此相当的光功率是多大?

解 从光子的角度, 光功率等于单位时间的光子能量, 即

$$P = nh\nu = n\frac{hc}{\lambda} = 3.6 \times 10^{-17} \text{ W}$$

14–5 铝的逸出功 4.2 eV. 现用波长为 200 nm 的紫外光照射到铝表面上, 发射的光电子的最大初动能、遏止电压和红限波长分别是多少?

解 光电子的最大初动能为

$$\frac{1}{2}mv_m^2 = \frac{hc}{\lambda} - A = 3.2 \times 10^{-19} \text{ J}$$

由 $eU_a = \frac{1}{2}mv_m^2$, 得

$$U_a = \frac{mv_m^2}{2e} = 2.0 \text{ V}$$

铝的红限波长为

$$\lambda_0 = \frac{hc}{A} = 296 \text{ nm}$$

14-6 用波长为 400 nm 的紫光照射某金属, 观察到光电效应, 同时测得截止电压为 1.24 V, 求该金属的红限频率和逸出功.

解 根据光电效应的爱因斯坦方程 $h\nu = A + \frac{1}{2}mv_{\text{m}}^2$, 可得逸出功为

$$A = h\nu - \frac{1}{2}mv_{\text{m}}^2 = \frac{hc}{\lambda} - eU_{\text{a}} = 2.99 \times 10^{-19} \text{ J} = 1.87 \text{ eV}$$

于是红限频率为

$$\nu_0 = \frac{A}{h} = 4.51 \times 10^{14} \text{ Hz}$$

14-7 波长为 4.2×10^{-3} nm 的入射光子与散射物质中的自由电子发生碰撞, 碰撞后电子的速度为 $1.5 \times 10^8 \text{ m} \cdot \text{s}^{-1}$, 求散射光子的波长和散射角.

解 散射后电子的动能为

$$E_k = mc^2 - m_0c^2 = m_0c^2 \left(\frac{1}{\sqrt{1 - v^2/c^2}} - 1 \right) = 1.27 \times 10^{-14} \text{ J}$$

根据能量守恒, 电子的动能就是入射光子的能量与散射光子能量之差, 即

$$E_k = \frac{hc}{\lambda_0} - \frac{hc}{\lambda}$$

所以散射光子的波长

$$\lambda = \frac{hc\lambda_0}{hc - E_k\lambda_0} = 5.74 \times 10^{-3} \text{ nm}$$

由康普顿散射公式

$$\Delta\lambda = \lambda - \lambda_0 = \frac{h}{m_0c}(1 - \cos\phi)$$

可得

$$\cos\phi = 1 - \frac{m_0c(\lambda - \lambda_0)}{h} = 0.3648$$

散射角 $\phi = 68.6°$.

14-8 已知入射的 X 射线光子的能量为 0.60 MeV, 在康普顿散射后波长改变了20%, 求反冲电子动能.

解 入射 X 射线的能量为 $E = hc/\lambda$. 根据能量守恒, 有

$$\frac{hc}{\lambda} + m_0c^2 = \frac{hc}{\lambda'} + mc^2$$

式中 m_0 和 m 分别表示电子的静质量和动质量. 由上式可得反冲电子的动能为

$$(m - m_0)c^2 = hc \left(\frac{1}{\lambda} - \frac{1}{\lambda'} \right) = \frac{hc}{\lambda} \left(1 - \frac{1}{1.2} \right) = 0.10 \text{ MeV}$$

14-9 求下列电子的德布罗意波长:

(1) 经 206 V 的电压加速后的电子;

(2) 速度为 $0.50c$ 的电子.

解　(1) 由题意, 电子的动能 $E_k = eU = 3.30 \times 10^{-17}$ J. 因为电子的静能 $E_0 = m_0 c^2 = 8.20 \times 10^{-14}$ J $\gg E_k$, 所以可用经典动能公式 $E_k = m_0 v^2/2$ 求出电子的动量

$$p = m_0 v = \sqrt{2m_0 E_k}$$

于是, 电子的德布罗意波长为

$$\lambda = \frac{h}{p} = \frac{h}{\sqrt{2m_0 E_k}} = 8.55 \times 10^{-11} \text{ m}$$

(2) 考虑相对论效应, 电子的德布罗意波长为

$$\lambda = \frac{h}{mv} = \frac{h}{m_0 v}\sqrt{1 - \frac{v^2}{c^2}} = 4.20 \times 10^{-12} \text{ m}$$

14-10　若电子和质量为 10.0 g 的子弹都以 300 m·s^{-1} 的速率运动, 并且速率的测量准确度都为 0.01%, 试比较它们的位置的最小不确定量.

解　由不确定关系 $\Delta x \Delta p_x \geqslant \hbar/2$ 可得电子的最小不确定量为

$$\Delta x \geqslant \frac{\hbar}{2m\Delta v} = 1.92 \times 10^{-3} \text{ m}$$

子弹的最小不确定量为

$$\Delta x \geqslant \frac{\hbar}{2m'\Delta v} = 1.75 \times 10^{-31} \text{ m}$$

比较可得, 子弹的位置可以更准确地测量.

14-11　设子弹的质量为 0.01 kg, 枪口的直径为 0.5 cm, 试用不确定性关系估算子弹射出枪口时的横向速度.

解　枪口直径可以当作子弹射出枪口时的位置不确定量 Δx, 由于 $\Delta p_x = m\Delta v_x$, 所以 $\Delta x m \Delta v_x \geqslant \hbar/2$, 取等号计算

$$\Delta v_x = \frac{\hbar}{2m\Delta x} = 1.05 \times 10^{-30} \text{ m·s}^{-1}$$

这也就是子弹的横向速度. 和子弹飞行速度相比, 这一速度引起的运动方向的偏转是微不足道的. 因此对于子弹这种宏观粒子, 它的波动性不会对它的"经典式"运动以及射击时的瞄准带来任何实际的影响.

14-12　如果一个电子处于某能态的时间为 10^{-8} s, 这个能态的能量的最小不确定量为多少? 设电子从该能态跃迁到基态, 辐射能量为 3.4 eV 的光子, 求这个光子的波长及这个波长的最小不确定量.

解　电子的寿命可作为时间的不确定量, 按不确定关系式, 有

$$\Delta E \geqslant \frac{\hbar}{2\Delta t} = 5.25 \times 10^{-27} \text{ J}$$

辐射光子的波长

$$\lambda = \frac{hc}{E} = 3.64 \times 10^{-7} \text{ m}$$

波长的不确定量为

$$\Delta\lambda = \frac{hc}{E^2}\Delta E = 3.53 \times 10^{-15} \text{ m}$$

14–13 设一维运动的粒子处在

$$\psi(x) = \begin{cases} Ax\,e^{-\lambda x}, & x \geqslant 0 \\ 0, & x < 0 \end{cases}$$

的状态, 其中 $\lambda > 0$ 为常数. 试求:

(1) 归一化因子 A;

(2) 粒子坐标的概率分布;

(3) x 和 x^2 的平均值.

解 (1) 归一化条件为

$$\int_{-\infty}^{\infty} |\psi(x)|^2\,\mathrm{d}x = \int_0^{\infty} A^2 x^2\,e^{-2\lambda x}\,\mathrm{d}x = \frac{A^2}{4\lambda^3} = 1$$

于是, 归一化因子 $A = 2\lambda^{3/2}$.

(2) 粒子的概率密度分布函数为

$$|\psi(x)|^2 = \begin{cases} 4\lambda^3 x^2\,e^{-2\lambda x}, & x \geqslant 0 \\ 0, & x < 0 \end{cases}$$

(3) x 和 x^2 的平均值分别为

$$\overline{x} = \int_{-\infty}^{\infty} x|\psi(x)|^2\,\mathrm{d}x = \int_0^{\infty} 4\lambda^3 x^3\,e^{-2\lambda x}\,\mathrm{d}x = \frac{3}{2\lambda}$$

$$\overline{x^2} = \int_{-\infty}^{\infty} x^2|\psi(x)|^2\,\mathrm{d}x = \int_0^{\infty} 4\lambda^3 x^4\,e^{-2\lambda x}\,\mathrm{d}x = \frac{3}{\lambda^2}$$

14–14 一个氧分子被封闭在一个盒子内, 按一维无限深势阱计算, 并设势阱宽度为 10 cm. 问:

(1) 该分子的基态能量为多大?

(2) 设该分子的能量等于 $T = 300$ K 时的平均热运动能量 $3kT/2$, 相应的量子数 n 的值是多少? 第 n 激发态和第 $n+1$ 激发态的能量差是多少?

解 (1) 氧分子的质量

$$m = \frac{M}{N_A} = \frac{32 \times 10^{-3}}{6.02 \times 10^{-23}} = 5.3 \times 10^{-26}\ \text{kg}$$

氧分子的基态能量为

$$E_1 = \frac{\pi^2 \hbar^2}{2ma^2} = 1.0 \times 10^{-40}\ \text{J}$$

(2) 设

$$E_n = \frac{\pi^2 \hbar^2}{2ma^2} n^2 = n^2 E_1 = \frac{3}{2}kT$$

则有

$$n = \sqrt{\frac{3kT}{2E_1}} = 7.88 \times 10^9$$

$$\Delta E = \left[(n+2)^2 - (n+1)^2 \right] E_1 = (2n+3)E_1 = 1.58 \times 10^{-30}\ \text{J}$$

14-15   在宽度为 a 的一维深势阱中, 当 $n = 1, 2, 3$ 和 ∞ 时, 求从阱壁起到 $a/3$ 以内粒子出现的概率有多大?

解   根据一维无限深势阱的波函数

$$\psi_n(x) = \begin{cases} \sqrt{\dfrac{2}{a}} \sin \dfrac{n\pi x}{a}, & 0 \leqslant x \leqslant a \\ 0, & x < 0 \text{ 或 } x > a \end{cases}$$

可知, 对于量子数为 n 的能态, 在区间 $x \in [0, a/3]$ 发现粒子的概率为

$$P_n = \int_0^{a/3} \frac{2}{a} \sin^2 \frac{n\pi x}{a} \, \mathrm{d}x = \frac{1}{3} - \frac{1}{2n\pi} \sin \frac{2n\pi}{3}$$

将 $n = 1, 2, 3$ 分别代入上式得 $P_1 \approx 20\%$, $P_2 \approx 40\%$, $P_3 = 1/3$. 当 $n \to \infty$ 时,

$$P_\infty = \lim_{n \to \infty} \left(\frac{1}{3} - \frac{1}{2n\pi} \sin \frac{2n\pi}{3} \right) = \frac{1}{3}$$

14-16   设线性谐振子的势能为 $\frac{1}{2} m\omega^2 x^2$, 试证明

$$\psi(x) = \sqrt{\frac{\alpha}{3\sqrt{\pi}}} \, \mathrm{e}^{-\frac{1}{2}\alpha^2 x^2} \left(2\alpha^3 x^3 - 3\alpha x \right), \quad \alpha = \sqrt{\frac{m\omega}{\hbar}}$$

是线性谐振子的定态波函数, 并求出此波函数所对应的能级.

解   对波函数 $\psi(x)$ 求导, 有

$$\frac{\mathrm{d}\psi(x)}{\mathrm{d}x} = \frac{\alpha^{3/2}}{\sqrt{3\sqrt{\pi}}} \, \mathrm{e}^{-\alpha^2 x^2/2} \left(-2\alpha^4 x^4 + 9\alpha^2 x^2 - 3 \right)$$

$$\frac{\mathrm{d}^2\psi(x)}{\mathrm{d}x^2} = \frac{\alpha^{7/2}}{\sqrt{3\sqrt{\pi}}} \, \mathrm{e}^{-\alpha^2 x^2/2} \left(2\alpha^4 x^4 - 17\alpha^2 x^2 + 21 \right) x = \alpha^2 (\alpha^2 x^2 - 7)\psi(x)$$

将上述结果代入线性谐振子的薛定谔方程

$$-\frac{\hbar^2}{2m} \frac{\mathrm{d}^2\psi}{\mathrm{d}x^2} + \frac{1}{2} m\omega^2 x^2 = E\psi$$

得到 $E = 7\hbar\omega/2$, 是常量, 所以, $\psi(x)$ 是线性谐振子的定态波函数. 又由线性谐振子的能量本征值的表达式

$$E = E_n = \left(n + \frac{1}{2} \right) \hbar\omega$$

求出此波函数所对应的能级 $n = 3$.

14-17   已知氢原子的定态波函数为 $\psi_{n,l,m}(r, \theta, \phi)$. 问:

(1) $|\psi_{n,l,m}(r, \theta, \phi)|^2$ 代表了什么?

(2) 电子出现在距核 $r \sim r + \mathrm{d}r$ 的球壳中的概率如何表示?

(3) 电子出现在 (θ, ϕ) 方向上的立体角元 $\mathrm{d}\Omega = \sin\theta \, \mathrm{d}\theta \, \mathrm{d}\phi$ 中的概率如何表示?

解   (1) $|\psi_{n,l,m}(r, \theta, \phi)|$ 表示球坐标系中电子出现在 (r, θ, ϕ) 点附近单位体积的概率密度.

(2) 电子出现在距核 $r \sim r + \mathrm{d}r$ 的球壳中的概率可以表示为

$$|\psi_{n,l,m}(r, \theta, \phi)|^2 4\pi r^2 \, \mathrm{d}r$$

(3) 电子出现在 (θ, ϕ) 方向上的立体角元 $\mathrm{d}\Omega$ 中的概率可用下式表示:

$$\int_0^\infty |\psi_{n,l,m}(r, \theta, \phi)|^2 r^2 \sin \theta \, \mathrm{d}\theta \, \mathrm{d}\phi \, \mathrm{d}r$$

式中积分对 r 进行.

14-18 从氢原子的能级 $E_n = -13.6/n^2$ eV 出发, 求巴耳末系第三条谱线和莱曼系第四条谱线的波长.

解 由

$$\frac{hc}{\lambda} = E_n - E_{n'}$$

取 $n = 5, n' = 2$, 得巴耳末系第三条谱线波长

$$\lambda = \frac{hc}{E_5 - E_2} = 435 \text{ nm}$$

取 $n = 5, n' = 1$, 得莱曼系第四谱线波长

$$\lambda = \frac{hc}{E_5 - E_1} = 95.2 \text{ nm}$$

14-19 假设氢原子处于 $n = 3, l = 1$ 的激发态, 则原子的轨道角动量在空间有哪些可能的取向? 计算各可能取向的角动量与 z 轴之间的夹角.

解 $l = 1$ 时, 电子的轨道角动量

$$L = \sqrt{l(l+1)}\,\hbar = \sqrt{2}\hbar$$

电子的磁量子数 $m_l = 0, \pm 1$, 角量子在空间给定方向的投影为 $L_z = 0, \pm\hbar$, 相应的取向与轴的夹角为

$$\theta_1 = \arccos \frac{L_{z1}}{L} = \arccos \frac{\hbar}{\sqrt{2}\hbar} = 45°$$

$$\theta_2 = \arccos \frac{L_{z2}}{L} = \arccos 0 = 90°$$

$$\theta_3 = \arccos \frac{L_{z3}}{L} = \arccos \frac{-\hbar}{\sqrt{2}\hbar} = 135°$$

14-20 氢原子中的电子处于 $n = 5$ 的状态, 试问:

(1) 它共可有多少个量子态?

(2) 如果它又处于 $l = 2$ 的状态, 则其相应的量子态有多少? 试把它们的轨道角动量以及表征各状态的量子数按 (n, l, m_l, m_s) 的顺序分别写出来.

解 (1) 与 $n = 5$ 相对应的量子态有 $N = 2n^2 = 50$ 个.

(2) 与 $n = 5, l = 2$ 相对应的量子态有 $N' = 2(2l+1) = 10$ 个.

它们的轨道角动量都相等, 其值为 $L = \sqrt{6}\,\hbar$. 与之相应的量子态: $(5, 2, 2, 1/2)$; $(5, 2, 2, -1/2)$; $(5, 2, 1, 1/2)$; $(5, 2, 1, -1/2)$; $(5, 2, 0, 1/2)$; $(5, 2, 0, -1/2)$; $(5, 2, -1, 1/2)$; $(5, 2, -1, -1/2)$; $(5, 2, -2, 1/2)$; $(5, 2, -2, -1/2)$.

第 15 章　原子核与基本粒子

15.1　要点归纳

1. 原子核的性质

(1) 原子核由中子与质子组成, 它们的质量分别为 $m_n = 1.008\,665$ u, $m_p = 1.007\,277$ u.

(2) 原子核的半径

$$R = r_0 A^{1/3}, \quad r_0 = 1.2 \times 10^{-15} \text{ m} \quad (A \text{为质量数})$$

(3) 核力的性质: 短程性、饱合性、电荷无关性和存在非有心力.

2. 原子核的结合能

由自由的 Z 个质子与 N 个中子组成质量数为 A 的原子核时, 结合能为

$$E_B = \Delta m c^2 = (Z m_H + N m_n - m_a) c^2$$

平均结合能(比结合能)为 E_B / A.

3. 原子核的放射性衰变

(1) 原子核的放射性衰变有 α, β 和 γ 衰变.

α 衰变通常发生在重核的衰变中,

$$_Z^A X \rightarrow {}_{Z-2}^{A-4} Y + {}_2^4 He$$

β 衰变的实质包括下列三种机制

β^-衰变	$_0^1 n \rightarrow {}_1^1 p + e^- + \bar{\nu}_e$
β^+衰变	$_1^1 p \rightarrow {}_0^1 n + e^+ + \nu_e$
轨道电子俘获衰变	$_1^1 p + e^- \rightarrow {}_0^1 n + \nu_e$

γ 衰变的实质是处于高能态的原子核跃迁至低能态, 同时向外辐射光子的过程.

(2) 衰变规律 $N(t) = N_0 e^{-\lambda t}$. λ 为衰变常量.

(3) 半衰期

$$\tau_{1/2} = \frac{\ln 2}{\lambda} = \frac{0.693}{\lambda}$$

(4) 平均寿命 $\tau = \dfrac{1}{\lambda}$.

(5) 放射性活度

$$A(t) = -\frac{dN}{dt} = \lambda N(t) = \lambda N_0 e^{-\lambda t}$$

4. 基本粒子

(1) 粒子间的四种相互作用: 强相互作用、电磁相互作用、弱相互作用和引力相互作用.

(2) 按参与的相互作用, 基本粒子可分为强子、轻子和玻色子. 能参与强相互作用的粒子为强子, 只参与电磁相互作用和弱相互作用的粒子为轻子, 传递相互作用的粒子为玻色子. 按自旋整数与否, 基本粒子分为玻色子和费米子. 玻色子的自旋量子数为整数, 而费米子的自旋量子数为半整数.

(3) 在强相互作用、电磁相互作用和弱相互作用中, 能量、动量、角动量、电荷、轻子数和重子数均是守恒量. 其他一些量, 如同位旋、奇异数和宇称在强相互作用中为守恒量, 而在其他相互作用中不一定是守恒量.

15.2 习题解答

15–1 求 ^{197}Au、^{4}He 和 ^{20}Ne 核的半径.

解 由 $R = r_0 A^{1/3}$ 及 $r_0 = 1.2 \times 10^{-15}$ m, 可得 ^{197}Au、^{4}He 和 ^{20}Ne 核的半径分别为 6.98×10^{-15} m, 1.90×10^{-15} m 和 3.26×10^{-15} m.

15–2 计算 $^{239}_{94}$Pu 中的每个核子的结合能. 所需质量为 $m_a = 239.052\,16$ u, $m_H = 1.007\,83$ u, $m_n = 1.008\,76$ u.

解 利用 $1\,u = 931.5$ MeV/c^2, 可得平均每个核子的结合能为

$$\varepsilon = \frac{1}{A}[Zm_H - (A-Z)m_n - m_a]c^2 = 7.6 \text{ MeV}$$

15–3 $^6_2$He 核的质量是 6.017 79 u, $^6_3$Li 核的质量是 6.013 48 u, 试分别计算两核的结合能和比结合能. 在 $^6_2$He $\longrightarrow$ $^6_3$Li + e$^-$ + $\bar{\nu}_e$ 衰变中, 如果 $^6_3$Li 近似不动, 则电子和反中微子所得的总能量是多少? 已知 $m_H = 1.007\,83$ u, $m_n = 1.008\,76$ u.

解 $^6_2$He 核的结合能为

$$E_{B,He} = (2m_H - 4m_n - m_{He})c^2 = 30.7 \text{ MeV}$$

比结合能 $\varepsilon_{He} = E_{B,He}/6 = 5.11$ MeV.

$^6_3$Li 核的结合能为

$$E_{B,Li} = (3m_H - 3m_n - m_{Li})c^2 = 33.8 \text{ MeV}$$

比结合能 $\varepsilon_{Li} = E_{B,Li}/6 = 5.63$ MeV.

衰变中, 电子和反中微子所得的总能量为

$$E_d = (m_{He} - m_{Li})c^2 = 4.015 \text{ MeV}$$

15–4 计算在聚变反应 $^2_1$H + $^2_1$H $\longrightarrow$ $^4_2$He 中所释放出来的能量, 分别用 J 和 MeV 为单位表示结果. 已知氘原子的质量为 2.014 10 u, 氦原子的质量为 4.002 60 u.

解 核反应释放的能量为

$$E = \Delta mc^2 = (2m_H - m_{He})c^2 = 23.8 \text{ MeV} = 3.82 \times 10^{-12} \text{ J}$$

15–5 已知 ^{222}Rn 的半衰期为 3.824 天, 试求活度为 1 μCi 和 10^3 Bq 的 ^{222}Rn 的质量分别为多少?

解　因为衰变常量 $\lambda = \ln 2/\tau_{1/2}$, ^{222}Rn 的个数为 $N = A/\lambda$, 所以 ^{222}Rn 的质量为

$$m = \frac{MN}{N_A} = \frac{M}{N_A}\frac{A}{\lambda} = \frac{M}{N_A}\frac{A}{\ln 2}\tau_{1/2}$$

若 $A = 1\ \mu\mathrm{Ci} = 3.7 \times 10^4\ \mathrm{Bq}$, 则 $m = 6.50 \times 10^{-12}\ \mathrm{g}$; 若 $A = 10^3\ \mu\mathrm{Ci} = 3.7 \times 10^4\ \mathrm{Bq}$, 则 $m = 1.76 \times 10^{-13}\ \mathrm{g}$.

15-6　古生物死亡时, 体内的 ^{14}C 与 ^{12}C 存量之比与空气中的比值 ρ_0 相等. 设古生物残骸中 ^{14}C 与 ^{12}C 含量比为 ρ, 古生物年龄为 t, 设 ^{14}C 的半衰期为 $\tau_{1/2}$, 证明: $t = \tau_{1/2}\dfrac{\ln(\rho_0/\rho)}{\ln 2}$.

解　依题意, 有

$$\rho_0 = \frac{N_{^{14}\mathrm{C}}}{N_{^{12}\mathrm{C}}}$$

$$\rho = \frac{N_{^{14}\mathrm{C}}\,\mathrm{e}^{-\lambda t}}{N_{^{12}\mathrm{C}}}$$

以上二式相除并取对数, 得

$$t = \frac{1}{\lambda}\ln\frac{\rho_0}{\rho}$$

再由 $\lambda = \ln 2/\tau_{1/2}$, 得

$$t = \tau_{1/2}\frac{\ln(\rho_0/\rho)}{\ln 2}$$

原题得证.

15-7　在一岩石样品中, 测得 ^{206}Pb 对 ^{238}U 核的比为 0.65, ^{238}U 的半衰期为 4.5×10^9 年, 求此岩石的年龄.

解　设 $t = 0$ 时 ^{238}U 核的数目为 N_0, t 时刻尚存的数目为 $N(t)$, ^{206}Pb 核尚存的数目为 N_{Pb}, λ 为衰变常数, 则有

$$N(t) = N_0\,\mathrm{e}^{-\lambda t}$$

又由半衰期与衰变常数的关系 $\tau_{1/2} = \ln 2/\lambda$ 可得

$$t = \frac{1}{\lambda}\ln\frac{N_0}{N_{\mathrm{Pb}}} = \frac{\tau_{1/2}}{\ln 2}\ln\frac{N(t) + N_{\mathrm{Pb}}}{N(t)} = \frac{\tau_{1/2}}{\ln 2}\ln\left(1 + \frac{N_{\mathrm{Pb}}}{N(t)}\right) = 3.3 \times 10^9\ \mathrm{a}$$

第 六 篇
拓 展 阅 读

物理学由思维方式、研究方法和知识三个层次的内容构成. 学习物理学, 不仅要学习书本上的物理学知识, 而且还要学习书本上没有的物理学的思维方式和研究方法. 这一点对于本书的读者——非物理专业的大学生而言显得尤为重要.

物理学是研究物质世界根本规律的科学, 物理学理论、方法、技术是推动生命科学发展的强大动力. 过去几十年里, 物理学技术领域发生的革命性进步, 这些技术使我们能深入细胞内部的纳米世界, 通过物理手段对它们拉伸或拧转, 并进行定量观测. 生命系统中非线性问题已成为物理学家和生物学家共同关心的活跃领域; 生命起源、生物进化的动因、自我复制的物理机制、揭开大脑的奥秘、发展人工智能研究, 需要理论物理方面的突破; 生物大分子结构及其相互作用、生物大分子的自组织, 生命系统中焓和熵等问题都需要借助物理学的研究加以阐明; 基因工程技术、大分子设计等研究需要微电子学、纳米电子学、纳米生物学有很大的发展; 而在这些研究中, 又要求物理学改进和完善已有的研究方法和发展新的研究方法.

热力学、统计力学、耗散结构理论、信息论等物理学处理宏观体系的理论, 使人们可以从系统的宏观角度研究生命体系的物质、能量和信息转换的关系; 分子和原子物理、量子力学、粒子物理等物理学的微观理论, 使人们可以从微观角度研究生物大分子和分子聚集体 (膜、细胞、组织等) 的结构; 运动与动能、非线性理论、混沌理论可以为脑科学的研究提供理论指导.

本篇, 我们精心选择了若干阅读材料, 主要包括: ① 物理学在生命科学中的应用以及常用技术; ② 物理学研究方法和思维方式的拓展; ③ 大学基础物理学典型问题的专题分析. 通过拓展阅读, 读者经过深入思考, 可以拓展相关的物理知识和技术应用能力, 快速提升思维能力, 为学习相关专业知识奠定坚实的理论基础, 并逐步培养探索未知领域的研究方法和思维方式.

拓展 A　物理学与生命科学

A.1　物理学与大学教育

哈佛大学校长 Neil L. Rudentine 把大学形容为: 大学——一个不同寻常的社区: 众多卓越非凡的天才聚集在一起去追求他们的最高理想, 使他们从已知世界出发去探究和发展世界及自身未知的东西. 对于个人和社会而言, 没有比这更有价值的追求了.

大脑是一个需要点燃的火炬, 不是一个被填充的容器. 把人的创造力诱导出来, 培养创新人才, 是物理学教学的重要目的之一.

教师教的不仅是书, 更重要的是人. 学生也要先成人, 后成材. 学生接受教育不仅要获取知识, 更重要的是学习科学的思维方式和研究方法, 这就好像"猎手"必须要有一支行之有效的"猎枪"一样.

物理学是研究物质的基本结构、基本相互作用及基本运动规律的科学, 其研究对象是从微观粒子到宇宙, 范围广阔, 研究风格多样. 物理学的作用不仅仅是为了满足人类了解自然的愿望, 也是为所有其他科学、技术提供思想方法、理论原理和实验技术. 物理学是一个从宏观到微观, 从低速到高速, 从简单到复杂的整体, 是人类认知科学的发展过程. 物理学由思维方式、研究方法和知识三个层次构成, 物理学的思维方式和研究方法是人类探索物理世界奥秘的科学思想和科学方法的宝贵结晶.

物理学的特征是: 简洁、和谐、对称、统一、生动、活泼.

物理学在 20 世纪取得了令人惊讶的成功, 改变了我们对空间与时间、存在与认识的看法, 也改变了我们描述自然的基本语言, 使人类的生产方式、生活方式以及思维方式发生了深刻的变革. 物理学对人类的未来将起着决定性的作用. 物理学是自然科学的核心, 是新技术的源泉. 物理学不是一切, 但是一切离不开物理学.

到了 19 世纪末期, 以牛顿定律为基础的经典力学、热力学与统计物理学以及电磁学构成的"经典物理学"的大厦建立了起来, 似乎人类对自然的认识已达到完美的境地. 开尔文在展望 20 世纪的物理学时, 认为物理学的理论体系已经很完备了, 只是在晴朗的天空有两朵乌云. 就是这两朵乌云, 导致了随后的科学革命, 相对论和量子力学相继诞生了, 它们为构成 20 世纪现代物理学的大厦奠定了基础. 在此基础上, 粒子物理学、原子核物理、原子与分子物理学、凝聚态物理、等离子体物理、天体物理以至生物物理学均得到迅速的发展.

20 世纪后半期, 物理学又从研究简单的线性系统走向复杂的非线性系统, 非线性科学是一门新兴的学科. 它用静态非线性关系表示两个量之间的关系, 用非线性动力学关系表示两个量变化之间的关系, 用复杂的非线性关系表示部分与整体之间的关系, 从而使人们对自然界的认识更接近于其本来面貌. 混沌理论、分形几何学和孤立子理论是当代非线性科学的活跃分支.

A.2　生命科学专业的学生学习物理学的目的和意义

从物理学的角度看生命系统,生命系统的特征是：非线性、非平衡、开放的复杂系统.

未来是不确定的.法国著名的哲学家埃德加·莫兰把在物理科学、生命进化科学和历史科学中出现的不确定性的认识也列入了复杂性的范畴.莫兰指出："应该抛弃关于人类历史的确定性观念,教授关于在物理学、生物进化学和历史科学中出现的不确定性的知识,教授应付随机和意外的策略性知识."

生物学是研究生命的科学,即研究生物体的生命现象和生命活动规律的科学,因此又称生命科学.

20 世纪后半期,随着现代物理、化学、数学、计算机等新理论和方法的广泛而又深刻地渗入,给生命科学带来了巨大变革和发展,生命科学已从静态的、定性描述性学科向动态的、精确定量学科转化,实验生物学走向了全面发展的新阶段.著名量子物理学家薛定谔于 1943 年所作的系列演讲"生命是什么?——活细胞的物理学观"中,倡导用物理学的观点和方法探讨生命的奥秘,认为对生命现象进行普遍的物理学解释是可能的.这是生命科学发展过程中的一个重要里程碑.他在报告中提出了三个重要观点：① 生命现象有它的热力学基础,但不是经典热力学定律所能解释的,因为活机体是一个开放的、处于非平衡态的系统,他提出用"负熵"概念来说明生命过程的有序性；② 遗传的物质基础是有机分子,生物遗传性状以密码形式通过染色体传递；③ 生物体内存在量子跃迁现象,X 射线诱发突变就是一个证明.这些见解后来陆续都得到证实.1953 年沃森和克里克建立 DNA 双螺旋分子结构模型,奠定了分子生物学的基础.从此,生命科学进入了分子生物学新时代,并派生出一系列新兴学科,如分子细胞生物学、分子神经生物学、分子结构生物学、分子分类学、分子发育生物学、分子病毒学等,把各个层次的生命活动有机联系起来,多学科综合地从本质上去探讨生命活动的规律.

物理学是研究物质世界根本规律的科学,物理学理论、方法、技术是推动生命科学发展的强大动力.热力学、统计力学、耗散结构理论、信息论等物理学处理宏观体系的理论,使人们可以从系统的宏观角度研究生命体系的物质、能量和信息转换的关系；分子和原子物理、量子力学、粒子物理等物理学的微观理论,使人们可以从微观角度研究生物大分子和分子聚集体(膜、细胞、组织等)的结构；运动与动能、非线性理论、混沌理论可以为脑科学的研究提供理论指导.

过去几十年里,物理学技术领域发生的革命性进步,使我们能深入细胞内部的纳米世界,通过物理手段对它们拉伸或拧转,并进行定量观测.最终,细胞生物学教科书中那些卡通图里隐含的诸多物理思想将经受检验,或证实或证否.生命系统中非线性问题已成为物理学家和生物学家共同关心的活跃领域；生命起源、生物进化的动因、自我复制的物理机制、揭开大脑的奥秘、发展人工智能研究,需要理论物理方面的突破；生物大分子结构及其相互作用、生物大分子的自组织,生命系统中焓和熵等问题都需要借助物理学的研究加以阐明；基因工程技术、大分子设计等研究需要微电子学、纳米电子学、纳米生物学的进展；而在这些研究中,又要求物理学改进和完善已有的研究方法和发展新的研究方法.

当化学与生物学的结合产生生物化学之后, 对生命物质的化学性质及生命现象的化学过程才得以逐渐阐明. 然而, 正如苏联著名学者 Frank 在 1974 年提出的:"单靠化学的语言和概念, 还不足以阐明生命现象的本质. 这首先指的是超分子结构的产生和机能特征、能量转换途径、相互作用力的本质以及各种各样的物理过程." 例如分子的空间结构及其运动状态, 研究分子间的相互作用力及其识别作用机理等都需深入到物理本质和应用现代物理学技术与方法. 又如光合作用研究, 不但要阐明光化学过程, 还必须阐明更早期事件即光物理过程. 对高能辐射生物学作用分子机理的研究也同样如此.

物理学的许多技术方法如 X 射线衍射、中子衍射、激光、各种光谱、波谱技术、核磁共振、电子显微镜、扫描隧道显微镜、原子力显微镜、光镊、正电子发射断层等技术已成为生命科学研究中的重要技术手段.

生命科学的研究已经从宏观的、静态的、定性描述阶段进入到微观的、动态的、精确定量阶段. 美国菲利普·纳尔逊在《生物物理学:能量、信息、生命》一书的"致指导教师"中有这样一段话:"生命科学的同事们常问我, '我们的学生需要那么多物理知识吗?' 回答是:过去或许不需要, 但是将来肯定需要." 教育必须面向未来.

生命科学专业的学生通过学习物理学, 了解物质的基本结构、基本运动形式及相互作用规律, 理解物理学的思维方式和研究方法, 生命专业的学生学习物理学的目的主要包括: ① 提高获取知识的能力; ② 提高科学素养和创新能力; ③ 提高他们用物理学思维方式、研究方法和知识研究自己专业的能力.

著名物理学家费因曼曾指出:科学是一种方法. 它教导人们:一些事物是怎样被了解的, 什么事情是已知的, 现在了解到了什么程度, 如何对待疑问和不确定性, 证据服从什么法则; 如何思考事物, 做出判断, 如何区别真伪和表面现象.

著名物理学家爱因斯坦曾指出:发展独立思考和独立判断的一般能力, 应当始终放在首位, 而不应当把专业知识放在首位. 如果一个人掌握了他的学科的基础理论, 并且学会了独立思考和工作, 他必定会找到自己的道路, 而且比起那种主要以获得细节知识为其培训内容的人来, 他一定会更好地适应进步和变化.

A.3 力学与生命科学

力学是学习物理学的开始, 科学的各种领域都与力学有关系, 只是有深有浅而已. 力学的主要内容有质点运动学、动量守恒、动力学、机械能守恒、刚体力学、角动量守恒、连续体力学、振动和波、相对论等. 力学不仅作为物理学的一个重要组成部分, 而且它已经发展成一门独立的学科, 含有多种子学科, 如理论力学、材料力学、弹性力学、塑性力学、断裂力学、流体力学、声学与超声波、海洋力学、语言声学、地质力学、生物力学等, 不胜枚举. 虽然量子力学和相对论给经典力学带来了冲击. 然而它们并未否定经典力学, 而是为经典力学确定其适用范围. 在这个范围内, 量子力学、相对论将回到经典力学.

力学是描述运动并研究力如何产生运动的物理学分支. 作用于生物体的力, 既可以使其产生运动, 也可以对其生长发育产生有益刺激, 而且也可能因为组织载荷过大而引起损伤. 生物力学是研究生物的结构、功能、发生和发展的规律以及生物与周围环境的关系等的科学. 生命在地球上生存、进化, 任何时刻也摆脱不了地球重力场的束缚. 通过生物学与力学原理方法的有机结合, 认识生命过程的规律, 解决生命与健康领域的科学问题. 正确认识并应用生物力学规律, 可以挽救许多患者生命, 而不懂和误用生物力学知识也使不少人死于非命.

生命科学的研究对象——生物的运动包括平动和转动, 更多是复合运动, 但研究中通常将复合运动分解为平动和转动. 生物力学的研究涉及医学、体育、动物和植物. 按传统力学分类分为: 生物固体力学、生物流体力学和运动生物力学等. 例如, 在医学领域又有多个分支学科: ① 组织与器官力学: 包括骨力学、软组织力学、肺力学、心脏力学、子宫力学、口腔力学、颅脑力学等. ② 血流动力学: 包括血液流变学、动脉中的脉动流、心脏动力学和微循环力学等. ③ 生物热力学: 包括生物传质传热理论、应用生物控制理论以及药物动力学等.

生物流体力学是研究生物心血管系统、消化呼吸系统、泌尿系统、内分泌以及游泳、飞行等与水动力学、空气动力学、边界层理论和流变学有关的力学问题. 人和动物体内血液的流动、植物体液的输运等与流体力学中的层流、湍流、渗流和两相流等流动型式相近. 在分析血液力学性质时, 血液在大血管流动的情况下, 可将血液看作均质流体. 由于微血管直径与红细胞直径相当, 在微循环分析时, 则可将血液看作两相流体. 当然, 血管越细, 血液的非牛顿特性越显著. 人体内血液的流动大都属于层流, 在血液流动很快或血管很粗的部位容易产生湍流. 在主动脉中, 以峰值速度运动的血液勉强处于层流状态, 但在许多情况下会转变成湍流. 尿道中的尿流往往是湍流. 而通过毛细血管壁的物质交换则是一种渗流.

生物力学很有趣是因为人们对动物运动的能力和魅力感到惊奇. 有些学者只是对找出可控制动物运动的定律或原理感兴趣. 在人体运动学领域, 许多生物力学专家对生物力学应用于竞技运动和健身感兴趣. 生物力学应用于人体运动可分为两大领域: 提高运动成绩和预防或治疗损伤.

自从 20 世纪 80 年代以来, 大多数运动鞋的设计就包含了各公司生物力学实验室里的研究成果. 对车祸的生物力学研究, 使测量头部受伤严重的程度成为可能, 这种研究已经应用于生物力学测试和预防头部受伤的多种头盔的设计. 如果车祸引起截肢, 可以考虑设计与缺损肢体的力学特性相匹配的修复术或者假肢. 假肢、轮椅、健身房及各种医疗辅助器械、监护装置、环境对人的影响都以生物力学为基础. 预防急性损伤是生物力学研究的另一个领域. 法医生物力学, 通过对事故的测量和证人证言来重构损伤发生的可能原因. 生物力学研究方法:

(1) 确定研究对象的形态和解剖结构的几何特征.

(2) 测定生物材料的力学性质, 确定应力和应变关系的本构关系.

(3) 根据力学原理, 如质量守恒、动量守恒、能量守恒、麦克斯韦方程和材料的本构方程等, 建立所研究器官或系统的数学模型, 确定边界条件.

(4) 用解析方法、近似方法或数值方法求解数学模型.

(5) 设计和实施相应的生理学实验, 得到相应的实验数据.

(6) 对实验数据和从模型中得出的相应仿真结果进行分析比较, 验证所建立力学-数学模型的有效性, 根据情况对模型本身或模型的求解方法进行修正, 直到问题得到圆满解答.

美国圣迭戈加州大学冯元祯教授开创了生物力学研究领域, 建立了肺的力学模型, 奠定了肺力学、呼吸力学基础, 生物组织的生长与应力的关系的模型. 冯元祯教授 1978 年来华讲学, 使我国力学和医学工作者耳目一新, 随之我国将生物力学列入发展规划. 生物力学作为一门学科仍然处于幼年期, 依然像一张白纸, 有着巨大的发展空间等待我们开发.

A.4　热学与生命科学

热学是研究有关物质的热性质、热运动及与热相关的各种规律和应用的科学. 热学研究对象是由数量巨大的微观粒子所组成的系统.

热力学是热学的宏观理论, 它从对大量的热现象的直接观察和实验测量所总结出来的基本定律出发, 应用数学方法, 通过逻辑推理及演绎, 得出有关物质各种宏观性质之间的关系、宏观物理过程进行的方向和限度等结论. 热力学基本定律是自然界中的普适规律.

分子或原子处于永不停息的无规则运动之中, 这种运动称为热运动. 热运动的特点是: 大量微观粒子中个别粒子的运动都是不规则的和随机的, 但在总体上, 在一定的宏观条件下却遵循确定的规律, 即统计规律性. 气体动理论是统计物理学的一个组成部分, 它是由麦克斯韦、玻耳兹曼等人在 19 世纪中期建立的. 这一理论从气体的微观结构模型出发, 根据力学定律和大量分子运动所表现出来的统计规律来解释气体的热性质.

这就是对热学研究中的宏观的与微观的两种不同的描述方法. 热力学所得到的结果, 并不依赖于各种简化假设, 因此它具有高度的可靠性和普遍性. 但是, 由于热力学不考虑物质的微观结构, 因此它不能对宏观热现象的规律给出其微观本质的解释. 气体动理论恰能弥补热力学的不足, 采用统计的方法, 找出宏观量与微观量之间的关系, 从微观上揭示了宏观热现象的本质, 给出了宏观规律的微观解释, 由此找出微观量与宏观量之间的关系. 在对热学的研究中, 热力学和气体动理论起到了相辅相成的作用.

在自然界中平衡是相对的、特殊的、局部的与暂时的, 不平衡才是绝对的、普遍的、全局的和经常的. 虽然非平衡现象千姿百态、丰富多彩, 因此也复杂得多, 无法精确地予以描述或解析, 平衡态才是最简单的、最基本的, 一般传统教程中主要讨论平衡态, 我们将对非平衡过程做适当的补充.

生命科学与热学的比较, 表现在如下几个方面:

(1) 生命与热学都是高度复杂的系统

生命系统由数量巨大的原子、分子或细胞构成, 热学系统由数量巨大的分子组成, 每个原子、分子或细胞会有几个自由度, 因此生命系统与热学系统有数量多得惊人的自由度. 热学系统具有通过不同的途径可以取得同一效果的多重机制, 例如, 从等温线上状态 1 到达状态 2 的途径不是唯一的. 从状态 1 可以通过等温过程到达状态 2; 也可以从状态 1 先通过等体过程, 再通过等压过程到达状态 2. 当然还有其他途径. 生命系统也存在着通过不同的生化途径可以取得同一效果的多重机制. 细胞在其生命的不同阶段或环境发生变化的行为表现各不相同, 使得生命系统更为复杂. 从物理学的角度看生命系统, 生命系统的特征是: 非线性、非平衡、开放的复杂系统.

(2) 生命与热学都需要用统计学处理

热学系统由数量巨大的分子组成, 每个分子的运动都是偶然的、随机的, 需要用统计学处理, 这种偶然性是以概率的形式表现出它的规律性. 例如, 平均自由程、平均碰撞频率、平均平动动能、温度、压强等都是统计学现象, 这些概念对单个分子没有意义. 在生命个体中出现的许多现象(如寿命)都是偶然的、随机的; 但是, 在群体中这种偶然性也是以概率的形式表现出它的规律性. 在某一人群中, 平均寿命为 78 岁. 显然, 不是所有的人都能活到 78 岁, 或不能超过 78 岁, 平均寿命对某个个体而言没有任何现实意义, 概率反映出的是大量随机的同类现象中的统计平均值. 如果生活条件变了, 平均寿命也会随着发生变化.

(3) 生命系统比热学系统更复杂

热学系统主要研究的是平衡态, 在平衡态中遵从熵增原理, 有序总是要自发地走向无序. 其实在自然界中平衡态是 "万一", 非平衡态是 "一万". 生物体必须是不断地与外界交换物质和能量的开放系统, 消耗这些物质和能量维持生物体远离平衡状, 即生命系统是一种典型的远离平衡的状态的耗散结构系统. 有序性程度的变化与能量转换之间都存在大量非线性关系. 更为复杂的是 "生命在物质和能量方面是开放的; 在遗传信息层次、生存层次和认知层次上都具有封闭性; 在感知外界信息方面, 既不是绝对开放, 也不是绝对封闭". 热力学第一定律讲的是能量的转换与守恒; 第二定律讲的是能量的品质, 即不可逆性. 生命系统是遵从能量转换并守恒的, 生命也是一种不可逆的过程. 从能量的转换与守恒、不可逆性看, 热学系统与生命系统是相同的; 但是, 热学系统研究的是无限接近于平衡状态的系统, 而生命系统是远离平衡状态的系统. 生命系统比热学系统更复杂.

(4) 物理学的研究方法可供生命科学借鉴

物理学实际也是高度复杂的系统. 实际的物体都是具有多种属性的, 由于人们研究能力的限制, 逼迫人们不得不找出一套将复杂体系简化成理想模型的研究方法. 即在物理学的研究中突出研究对象的主要性质, 暂时不考虑一些次要的因素, 而引入的一些理想化的模型用来代替实际的物体. 例如, 物理学中单摆, 如果不简化成理想的模型, 有 8 个变量. 有 8 个变量的组合有 256 个所需要研究的, 有的问题是可研究的, 有些问题可能是当前还无法研究的. 面对生命科学研究中所面临的多变量难题, 现有的方法显得力不从心, 难以进行, 可能需要借鉴物理学的研究方法: 简化, 借鉴个别—特殊—普遍的认识规律. 尽管这种研究方法明显地存在着局限性, 但是在物理学的研究中可看到, 特殊性中蕴藏着普适性, 普适性中则包含着差别. 物理学的研究方法已经在生物物理、理论生物学等领域初露锋芒. 在生命科学中存在着大量未解之迷正等待着人们去解开. 虽然, 解答这些问题的困难程度可能是巨大的, 但是正如美国麻省理工学院前院长查尔斯·维斯特所言: 没有解答的问题, 往往最具有价值, 并且它的价值随着人类探索奥秘热情的高涨而增加.

A.5　电磁学与生命科学

电磁运动是物质的一种基本运动形式, 电磁学就是研究物质电磁运动、电磁相互作用规律及其应用的学科. 自然界的四种基本相互作用是指强相互作用、弱相互作用、电磁相互作用和引力作用. 其中强相互作用力的作用距离约 10^{15} m, 弱相互作用力的作用距离约

10^{17} m, 它们的作用范围很小, 日常生活中其效果可以忽略. 日常生活中对我们产生影响的主要是万有引力和电磁力. 万有引力在地球上主要表现为重力, 除研究潮汐、地震等问题外, 其他星球的引力效果也可以忽略. 因此, 日常生活中所有的宏观接触力, 例如接触面之间的摩擦力和法向力、弹簧的弹力、肌肉力和风力, 它们都是电磁相互作用力. 电磁相互作用使电子和原子核结合在一起形成原子, 并使原子相互结合在一起形成分子, 分子再相互结合在一起成为宏观物质. 用电磁相互作用可以解释气体、液体和固体的各种性质. 我们周围发生的许多现象, 都是电磁相互作用的结果. 电磁相互作用还是化学和生命科学的基础.

人们曾经认为电与磁是彼此无关的. 后来发现电流有磁效应, 变化的磁场有电效应, 才逐步认识到二者的关系. 大学电磁学中最重要的概念是场. 在现代物理学的观点中, 粒子不过是场的激发态. 场在空间是连续分布的, 它的规律需要从整体上去把握. 我们将系统地学习场的概念, 如通量、环量和处理场的方法. 从电介质极化与磁介质磁化现象, 提出宏观电磁场与介质的分子状态的关系, 从而进一步说明了电位移矢量 D 和磁场强度 H 的物理意义.

麦克斯韦总结了前人的大量实验研究结果, 并进一步提出变化的电场产生磁场和变化的磁场产生电场的假设, 以他高超的数学技巧建立了一组电磁场方程, 概括了电磁现象, 从而奠定了整个电磁学理论的基础. 这个理论不仅支配着一切宏观电磁现象, 预言了电磁波, 促进了工程技术和现代文明的飞速发展; 而且它还将光现象统一在这个理论框架之内, 深刻地影响着人们认识物质世界的思想. 当今, 电磁理论不仅普遍地应用在日常生活、科技和生产各个部门, 而且也成为新科学、新技术发展的理论基础.

生物体内充满了电荷, 他们绝大部分以离子、离子基团和电偶极子的形式存在. 这些电荷的运动和相互作用, 使生物分子保持一定的空间构象, 行使各自特定的生命功能. 例如, 蛋白质中由于原子中心不重合而使肽键呈现极性, 而带电的原子间相互作用需要用电偶极矩表示. 组成蛋白质的 20 种氨基酸中有 13 种在水中能离解产生离子基团或表现出电偶极子的特性. 生物水本身就有强烈的电偶极作用. 在生物体中, 水不仅提供细胞的生活环境, 还在相当程度上决定着生物大分子的构象和功能, 影响生命活动中物质输运、能量转换和信息传递过程.

生物电现象是生物界一种极普通的生理现象, 可以说细胞电位是解释各种生物电、生物磁现象和效应的基础. 例如, 研究发现, 腺体细胞的分泌活动, 卵和精子的受精过程, 免疫细胞的吞噬功能等都与细胞膜的电位变化有关. 又如, 虽然细胞与悬浮介质构成电中心体系, 但由于细胞膜的表面外侧蛋白质、脂类、多糖及糖蛋白等组分带有负电荷基团, 使得细胞膜外表面呈现负电荷特性. 在直流外电场的作用下, 细胞连同其界面吸附层一起向电场正极方向运动, 称为细胞电泳. 而细胞悬液中带有正电荷的分散介质则向电场负极方向移动, 称为电渗. 电泳技术是目前研究细胞表面带电荷的重要手段. 又如, 生物膜电容既有储能的作用, 也有极化电容的性质. 细胞膜在充放电过程中, 消耗能量变为热能. 随频率不同, 细胞膜的耗散也不同. 静电场与生物相互作用将引起刺激或抑制生物生长发育或致死效应.

所有物体大至地球、月球、太阳及星际空间, 小至组成物质的分子、原子、电子和质子、中子等, 均具有磁性. 地球上的一切生物都处于地磁场之中. 生物磁学是正在兴起的生物物理学的一个分支. 狭义生物磁学指研究不同层次生物材料所产生的磁场; 广义生物磁学除狭义生物磁学内容外, 还包括磁生物学, 即研究外界磁场对生物机体在不同层次的作用所产生的生物效应及其相应的作用机理; 生物磁技术, 如核磁共振成像; 磁学方法在生物学中的应用.

　　磁场作用于生物体产生的效应取决于磁场和生物体的某些相互作用因子. 对于生物效应有影响的磁场因子有: 磁场类型, 如稳恒磁场、交变磁场、脉动磁场、脉冲磁场等, 以及磁场梯度、磁场的方向、作用的部位与范围、作用时间等. 影响磁场作用的生物因素有: 生物材料、生物体的磁性、组成、部位、种属、机能状态及敏感性等. 磁场对生物组织细胞的影响是多种多样的, 它能促进组织细胞带电微粒的运动, 调整生物分子的液晶结构, 改变胞膜的通透性, 促进代谢过程, 加强组织细胞的生长. 它也能使细胞内电荷运动方向发生改变, 使电子或离子不能达到正常的功能位置, 生物分子之间的亲和力受到破坏, 从而抑制细胞周期的正常进行, 或被磁矩扭曲, 导致细胞分裂停止, 甚至引起细胞死亡. 研究还发现, 在外加磁场的能量很小时, 产生的生物效应反映出的能量却往往较大, 从能量的观点考虑, 较弱的磁场只是起激发作用, 生物体起到能量放大作用, 相当于一个线性放大器, 这种现象被称为磁致生物放大效应.

　　生物体中既产生并存在着电场和磁场, 生物体又会在外电场、外磁场的作用下发生复杂变化. 生命专业所用的仪器设备都与电磁学有着密切的关系, 了解仪器的原理、结构是正确使用仪器的前提, 对研究工作至关重要. 因此, 生命专业的学生学习电磁学是非常必要的.

A.6　光学与生命科学

　　"光" 是人类认识宇宙最原始、最直接的工具, 因而 "光学" 成为人类最早研究的科学分支之一, 对 "光" 的本质的认识经历了漫长的过程, 探索过程中争议最激烈, 并由此衍生出物理学中许多伟大的发现.

　　光学包括几何光学、波动光学和量子光学三大部分, 也介绍发光的物理机制与光谱学. 有学者这样界定几何光学、波动光学和量子光学, 几何光学: $h \approx 0, \lambda \approx 0$; 波动光学: $h \approx 0, \lambda \neq 0$; 量子光学: $h \neq 0, \lambda \neq 0$. 光学是现代最活跃的科学技术领域之一, 并正在向新的应用方向发展. 牛顿时代人们认为光是一些微粒组成的, 牛顿是光的微粒说的创始人和坚持者, 但并没有确凿的证据, 就连牛顿环也需要用波动来解释. 牛顿的同代人惠更斯明确地提出了光是一种波动, 但是并没有建立起有说服力的理论. 19 世纪初, 托马斯·杨和菲涅耳才从实验和理论上建立起一套光的波动理论, 干涉和衍射, 人们才接受了光就是一种波动. 光的沿直线传播, 只是光在各向同性的同类介质中传播的一种特殊情况. 马吕斯、杨和菲涅耳等人对光的偏振现象做了进一步的研究, 从而确认光具有横波的偏振性. 19 世纪中, 麦克斯韦的电磁理论的建立才使人们认识到光的本质是电磁波. 光在真空中光速恒定. 19 世纪末, 迈克耳孙 – 莫雷实验, 及 20 世纪初, 爱因斯坦建立的相对论理论, 才证实光波(包括电磁波)是一种可独立存在的物质, 它的传播不需要任何介质. 20 世纪初, 爱因斯坦又用光的粒子性——"光子" 正确地解释了光电效应, 后从实验上证实了光具有粒子性, 即光的波粒二象性, 建立了一套光的量子理论. 光子具有两种面孔, 我们既可以看成这一种, 也可以看成另一种, 这取决于我们如何去看! 光子损失能量但速度不变. 人类对自然界的认识是无止境的, 1960 年发明了激光; 由于激光单色性好, 最普通的氦氖激光器所产生的激光, 谱线宽度仅为

10^{-8} nm 数量级; 相干性好, 例如氦氖激光器产生的激光的相干长度约为 400 km; 方向性好, 它的散射角很小, 可接近于 10^{-3} rad; 能量密度大, 可以在很短的时间内产生几百万摄氏度高温, 可利用来焊接、打孔、切割等. 近些年非线性光学的研究成果, 如"光自聚焦"、"光自倍频"、"光孤子"; 光纤通信、光纤光栅、光纤内窥镜等.

我们已经知道, 光是生命生存、进化中不可缺少的要素. 没有光, 我们不可能接收到太阳发出的供给生命的能量, 即没有生命. 我们将会知道, 没有光, 宇宙将不复存在!

光生物学是研究光与生命物质相互作用的科学. 主要研究可见光和紫外线生物学作用的光物理机制, 包括光合作用的原初过程, 菌紫质的质子泵机制, 视紫质光原初过程及其与菌紫质的比较研究, 光动力学作用, 生物发光以及激光生物物理研究等.

光对生物体的照射, 生物体中必须有能吸收这些波长光的物质分子存在才能发生反应. 这些能吸收相应可见光和紫外光波长的物质分子就叫做生色团. 因为吸收光的这些生色团中有一些会发荧光, 所以将它们称为发光团或荧光团. 而生色团又叫光感受体, 如光合作用中的叶绿素, 植物光形态建成中的光敏色素, 嗜盐菌新型光合作用中的菌紫质, 视觉过程中的视紫质等. 紫外光与可见光与物质的相互作用, 主要是引起激发. 激发的分子由于比原来的分子有较高的能量所以不稳定, 这就会发生一系列的弛豫过程, 将多余能量以不同形式释放, 分子本身又回到稳定的基态, 这种过程为光能转换过程, 简称能量转移. 光与生物体的作用, 在时间尺度上跨越了十几个数量级, 例如, 光的吸收是 10^{-15} s, 振动弛豫是 10^{-12} s, 荧光是 $10^{-10} \sim 10^{-8}$ s, 而磷光是 $10^{-3} \sim 1$ s.

荧光的寿命是 10^{-9} s, 因此在发荧光前任何分子事件如扰动或碰撞都可使荧光发生变化, 这些变化就可用来分析和提供有关分子动力学的信息. 因此, 荧光在研究分子动力学中有着重要作用. 用荧光偏振及去偏振可给出大分子旋转运动的信息. 分子激发到激发态时偏振度大小决定于入射光的偏振面与吸收的跃迁偶极之间的夹角 θ. 吸收的几率与 $\cos^2 \theta$ 成正比.

紫外光对生物大分子的作用主要是引起激发, 继而引起一些其他反应, 其作用大小决定于紫外光的波长与能量. 光生物学中经常应用的是大于 240 nm 的紫外光. 大多数氨基酸都不吸收此波长的光, 因而也就没有光化反应. 蛋白质吸收 280 nm 左右的紫外光, 从而引起激发并发光.

光动力作用是指用可见光照射含有光敏化剂的基质, 在氧的参与下发生的光化学反应. 光动力作用是通过光敏剂的三重态寿命较长而量子效率又高的物质, 如许多染料:甲烯蓝、玫瑰红、曙红等;色素类如叶绿素、卟啉与黄素等;芳香碳氢化物都是有效的光敏化剂. 这些化合物多数都是吸收可见光的, 但也有少数吸收紫外光.

光合作用是光能转化为化学能的一个典型的光能转换过程. 叶绿素是执行光合作用的光感受体. 光合作用的原初光反应, 包括叶绿素分子吸收光能, 激发能的传递以及在反应中心产生电荷分离. 这以后则是暗反应或一系列的生化反应.

视紫质是视觉过程的光感受体, 但是现在了解视紫质不只一种, 还有一些其他的异构体, 它们可执行非常不同的光生物学功能; 嗜盐菌紫膜上的菌紫质是执行光能转化成化学能的; 盐紫质可执行氯泵的功能; 感觉视紫质则执行向光性与避光性等.

生物发光是光生物中唯一与其他由光产生的生物效应相反的过程, 即由代谢反应而发光. 生物发光是生物学中的古老问题, 但现在有了新的发展, 尤其是对化学发光研究得较多, 而生物发光的本质就是化学发光. 其次是近十多年来生物发光与化学发光已经广泛地应用于研究和医学实践.

生物发光可分为强发光与超微弱发光, 前者又称生物发光, 发光强度可达 10^{10} 光子 $\cdot$ $cm^{-2} \cdot s^{-1}$; 后者称化学发光. 这两种发光生理功能不同. 部分与生物学有关的超微弱发光是生物光子现象, 发光强度只有 $10^3 \sim 10^4$ 光子 $\cdot cm^{-2} \cdot s^{-1}$. 从细菌到人所有活体都有低水平的发光, 这种发光的光谱范围是 $180 \sim 800$ nm, 强度是 $10 \sim 10^4$ 光子 $\cdot cm^{-2} \cdot s^{-1}$, 这种发光是与许多生物学过程联系的, 如氧化代谢、去毒作用、细胞分裂与死亡以及致癌作用等.

激光在生命科学中有着广泛的应用, 例如激光基因转移技术、激光微束在植物外源基因转化上的应用、激光微束用于染色体微切割和微分离、激光微束在分子细胞生物学方面的应用、用激光微束去除细胞壁诱导原生质体融合、激光诱变、激光育种、激光陈化、激光提取、激光生物热效应、激光生物光化效应、激光生物机械效应、激光生物电磁效应、激光生物刺激效应、激光照射对生物细胞学效应的影响、激光辐照对植物生理生化方面的影响等.

A.7 量子力学与生命科学

到 19 世纪末, 人们对自然界的认识开始进入了微观世界, 相继发现了一些无法用经典物理学理论解释的问题和现象, 如黑体辐射问题、光电效应、康普顿效应以及原子的核型结构模型等.

普朗克于 1900 年首次提出了量子假设, 成功地解释了黑体辐射的规律, 从而开创了量子理论的新纪元. 1905 年爱因斯坦在研究光电效应中, 接受了量子假设, 提出了光量子假设, 圆满地解释了光电效应和康普顿效应的实验规律, 也使人们认识到光具有波粒二象性. 1913 年玻尔引进的量子化概念, 在解释氢原子光谱的规律性上获得成功. 德布罗意于 1924 年提出微观粒子具有波动性. 在德布罗意微观粒子具有波动性的基础上, 1925 年海森伯创立了矩阵力学, 用来描述微观粒子. 1926 年薛定谔提出了波动力学, 用来描述微观粒子, 并证明矩阵力学和波动力学的等价性. 1927 年海森伯提出不确定关系. 这些理论相融合建立了适用于微观体系的量子力学.

量子力学理论在微观物理中发挥了巨大的作用, 它在原子、分子、原子核、微观粒子等的内部结构以及它们的相互作用和运动变化规律, 为量子电动力学、量子场论、量子统计、凝聚态理论等新兴学科的诞生奠定了基础, 创造了条件. 它也深入到了化学、生物学等其他领域, 形成了量子化学、材料物理、分子生物学、理论生物物理学等边缘学科, 使人们对物质结构的认识从宏观到微观产生了一个大飞跃. 所有这些构成了近代物理学, 近代物理学的内容极其丰富.

量子力学理论在应用方面也取得了极大的成功, 大大推动了新技术、新材料、新器件、新能源的发明, 如使集成电路、激光等新的通信手段和控制手段的大量涌现. 它还被广泛应用于高新技术及工、农、医等领域.

量子力学已成为现代物理学理论的基石和支柱.

从某种意义上讲, 物理学只是到了近代才能达到这种状况, 即能够清楚地研究像生物体这样复杂的结构. 换言之, 对生物体系开展比较系统的生物物理研究并取得突破性进展是在20世纪物理学在理论和实验技术方面取得重大成就之后. 这首先是得益于近代物理学技术在揭示生物大分子结构方面所起的重大作用.

薛定谔在 1945 年出版的小册子《生命是什么?》中明确地提出了生命现象中的量子跃迁、遗传密码和非平衡态热力学等基本观点. 特别是他对遗传中基因的稳定性所作的量子解释, 为后人从量子水平上阐明生命过程的分子机制作出了不可磨灭的贡献.

生命系统是一个复杂的分子系统, 这种复杂的分子系统通过能量和物质的交换而与其他系统相互作用. 生命现象就是由更为精细的、弱的、力程更短和更长的作用力所引起的. 它们只能用量子力学的语言来描述. 要从分子水平上阐明生命过程的机制, 也只有依靠在描述构成原子与分子的原子核及电子的运动上取得了成功的量子理论才有可能. 在艾尔 – 哈利利和麦克法登合著的《神秘的量子生命》一书中讲到, "生命, 在一个特殊的位置——量子世界与经典世界的边缘上, 维持着奇异的量子特性. ""人造生命的合成必须遵循量子力学的原理: 我们相信, 没有量子力学, 就不会有生命. ""生物学, 其实只是一种应用化学, 而化学又是一种应用物理学." 当深入到生命体的分子层面时, 观察到遵循量子力学规律的现象不足为奇.

生命是复杂分子系统内发生的物理过程和化学过程的一种特殊表现. 这通过在动物细胞线粒体内膜上发生的氧化磷酸化过程和植物细胞内叶绿体中发生的光合磷酸化过程足以证明. 以光合作用为例, 绿色植物利用太阳光能来制造人类所需要的食物, 这是生命现象. 但是深入研究发现, 叶绿体中的叶绿素是接受光能的, 能量的吸收还必须有转移和转换过程, 才能把二氧化碳转变为碳水化合物, 同时释放出氧. 所以在光合作用中, 这种把能量从最初的吸收部位向其他部位转移的过程就是简单的物理过程, 而能量从一种形式转换成另一种形式就发生了化学变化. 生物学与物理学之间的这种内在联系在自然界中是普遍存在的. 因而也激励了一些富有远见卓识和科学洞察力的生物学家和物理学家, 使他们共同站在探索生命奥秘的舞台上进行卓有成效的合作.

在分子生物物理的研究领域中, 当我们研究的对象, 如氨基酸分子, 或某一碱基, 当它处于单体状态而不与环境发生相互作用时, 都可以考虑为稳定态的粒子, 并可用定态薛定谔方程来处理. 若微观粒子运动不属于稳定态, 这就要采用含时间的薛定谔方程.

20世纪80年代以来, 由于现代物理科学的理论、概念、技术和方法向分子生物学的渗透和应用, 使分子生物物理学得到了长足的发展, 成为从分子水平上探讨生命现象的本质、从量化的角度高速度地发展生物物理学的一门重要分支学科.

分子生物物理是运用物理学理论与技术研究生物大分子的结构、溶液构象及其动力学过程, 大小分子之间的相互作用以及与此相关的功能过程如分子识别、蛋白质折叠、免疫机制、酶的作用机理等, 并为蛋白质工程、酶工程等提供依据.

理论生物物理是从微观角度, 对对称性破缺分子与信息传递及自复制的关系, 生物大分子序列的语言、语法, 大分子序列与构象及进化关系以及有重大生物学意义的生物分子动力学研究等; 从宏观角度, 对神经系统特别是脑功能的物理机制、种群和生态系统的物理机制、形态发育以及生命现象作为瞬态过程研究其复杂性与动力学特征应是今后的研究重点.

应用 X 射线衍射结构分析的物理学方法阐明了 DNA 双螺旋空间结构 (1953), 成为 20 世纪自然科学上最重大突破之一; 接着又解出了肌红蛋白和血红蛋白分子的空间结构, 从而开创了生物学的新纪元——分子生物学时代. 除 X 射线晶体衍射分析外, 研究生物大分子空间结构的主要技术还有二维及多维核磁共振波谱分析 (2D, 3D, 4D-NMR)、电子晶体学与电镜三维重构、中子衍射、园二色 (CD)、红外、拉曼、荧光等, 特别是 20 世纪 70 年代兴起的 NMR 方法正成为测定大分子溶液物象的最有力的手段. 无论是分子生物学, 或是近年迅速崛起的结构生物学, 生物物理学都是它的主要支柱之一.

"生命系统是一个复杂的分子系统, 这种复杂的分子系统通过能量和物质的交换而与其他系统相互作用. 生命现象就是由更为精细的、弱的、力程更短和更长的作用力所引起的. 它们只能用量子力学的语言来描述. 要从分子水平上阐明生命过程的机制, 也只有依靠在描述构成原子与分子的原子核及电子的运动上取得了成功的量子理论才有可能. " 正是在量子力学理论基础上发展的上述物理技术及相应的计算与分析方法, 使得生命科学在近 40 多年来得以迅猛发展.

拓展 B　非线性系统与生命科学

从物理学角度看生命,生命的特征是: 非线性、非平衡、开放的复杂系统. 20 世纪中叶,物理学从研究简单的线性系统走向复杂的非线性系统. 80 年代以来, "非平衡系统的自组织"、"非线性动力学混沌"等现象都成为物理学科前沿研究的重要内容. 复杂性科学作为一门新兴的学科已经涉足宇宙天体物理、地球科学、生命科学、人类社会等自然界出现的种种复杂性现象. 在对非线性复杂性问题过程中也推进着物理学思维方式的深刻变革.

有学者甚至宣称, 20 世纪的科学只有 3 个理论将被人们永远铭记, 这就是相对论、量子论和混沌论, 把混沌誉为 20 世纪科学的第三次革命, 正如一位物理学家所说: "相对论排除了绝对空间和时间的牛顿幻觉; 量子论排除了对可控测量过程的牛顿迷梦; 混沌论则排除了拉普拉斯的可预见性的狂想. "在这三大革命中, 混沌革命不仅适用于大到宇宙天体, 小到微观粒子, 而且适用于我们看得见、摸得到的世界, 适用于和人自己同一尺度的对象, 因而是一次范围更为广泛的革命.

B.1　混沌

所谓"混沌",是指看来遵从确定规律的事物也会显现超乎想象的繁复多样, 只要有些微的条件差异, 就会导致令人瞠目结舌的不同结果. 混沌现象在人们的生活中无处不在! 上升的香烟柱破碎成缭乱的旋涡, 旗帜在风中前后飘拂, 龙头滴水从稳定样式变成随机样式. 混沌现象出现在大气和海洋的湍流中, 出现在飞机的飞翔中, 出现在高速公路上阻塞的汽车群体中, 出现在野生动物种群数的涨落、心脏和大脑的振动以及地下管道的油流中……

对系统演化过程的研究表明, 远离平衡态的系统的一种可能的发展方向, 从通常意义上的有序结构状态向混沌结构状态转变. 混沌理论正是研究混沌的特征、实质、发生机制以及探讨如何描述、控制和利用混沌的新学科. 混沌打破了各门学科的壁垒, 把思考者从相距甚远的领域带到了一起. 现代知识由于混沌的发现而呈现全新的格局. 混沌正在改变着整个科学建筑的结构. 混沌是非线性动力学系统特有的一种运动形式, 而生物体正是这样的高度非线性系统, 所以生物系统多方面呈现混沌性态就是很自然的了. 著名混沌学家吕埃勒说: "……有关物理学和数学中的新思想的出现, 有可能导致混沌的再度复兴, 但我认为最令人兴奋的时期已经过去. 目前就天文学而言, 我们今天听说这一领域正处于令人激动的时期. 至于生物学, 令人激动的时期就要来临. "

目前生命科学中已经有很多方面应用混沌理论进行研究, 例如, 生态学中的混沌、种群消长中的混沌、时滞种群模型中的混沌、捕食者-猎物模型中的混沌、流行病学中的混沌、神经系统中的混沌、脑电混沌态、生物神经网络的混沌、心脏节律的混沌、心脏混沌控制、脑电信号混沌控制、激光诱导 DNA 分子混沌态的唯象模型、 DNA 分子在调制激光作用下的混沌行为、激光诱导 DNA 分子混沌态的量子模型简介、蛋白质的混沌态. 混沌应用方面发展最快的领域还属生物医学领域.

　　混沌的研究始于 19 世纪末彭加勒关于天体力学三体问题的研究, 混沌理论形成于 20 世纪 60 年代. 其典型代表是: ① 研究哈密顿系统运动稳定性问题的 KAM (柯尔莫哥洛夫 – 阿诺德 – 莫什尔) 定理; ② 洛伦兹用计算机模拟大气湍流, 发现了具有非平庸吸引子(奇怪吸引子)的第一个模型——洛伦兹吸引子.

　　混沌具有三个主要特征:

　　(1) 内在随机性. 从确定性非线性系统的演化过程看, 它们在混沌区的行为都表现出随机不确定性. 这种不确定性不是外部环境因素对系统运动的随机影响, 而是系统自发产生的, 是一种内在的随机性. 混沌理论表明, 只要确定性系统具有稍微复杂的非线性, 就会在一定控制参数范围内产生出内在随机性.

　　(2) 初值敏感性. 对于没有内在随机性的系统, 只要两个初始值足够接近, 从它们出发的两条轨线在整个系统演化过程中都将保持足够接近. 但是对具有内在随机性的混沌现象而言, 从两个非常接近的初值出发的两条轨线在经过长时间演化之后, 可能变得相距"足够"远, 即对初值的极端敏感.

　　(3) 非规则的有序. 混沌不是纯粹的无序, 而是不具备周期性和其他明显对称特征的有序态. 确定性的非线性系统的控制参量按一定方向不断变化, 当达到某种极限状态时, 就会出现混沌这种非周期运动体制. 但是非周期运动不是无序运动, 而是另一种类型的有序运动.

　　混沌系统分成两级, 一级混沌指的是"不会因为预测而改变". 例如天气就属于一级混沌系统. 至于二级混沌系统, 指的是"会受到预测的影响而改变", 因此就永远无法准确预测. 例如市场就属于二级混沌系统. 假设我们开发出了一个计算机程序, 能够完全准确预测明天的油价, 情况会如何? 可以想见, 油价会立刻因应这预测而波动, 最后也就不可能符合预测.

　　现以一个简单却行为丰富的虫口模型为例, 对混沌现象的特征、根源等进行介绍.

B.1.1　虫口模型

　　马尔萨斯在其《论人口原理》中, 根据 19 世纪欧洲、美洲一些地区的人口发展状况, 得出了人口增长的如下结论: 在不加控制的条件下, 人口每 25 年增长一倍, 即按几何级数增长. 我们若将 25 年作为一代, 当代的人口为 y_0, 那么下一代就是 $y_1 = 2y_0$, 再下一代为 $y_2 = 2y_1$, ……, 写成一般的数学公式, 就是

$$y_{n+1} = 2y_n \tag{B.1}$$

即两代人口之间成正比关系. 这个公式在短时期内也许基本正确, 但长期则显然有问题. 如目前世界人口约 60 亿, 按式 (B.1), 25 年后为 120 亿, 50 年后为 240 亿, 100 年后为 960 亿, 200 年后为 15 360 亿, ……, 这显然是不可能的!因为地球空间和各种资源有限, 人口不可能无限膨胀, 也就是说, 这样的线性人口模型不能很好地反映人口变化的规律. 为了讨论的方便, 我们对上述线性模型稍作修改, 以描述某些昆虫数目变化的虫口模型.

设昆虫的繁殖率为 A，这一代的虫口数为 y_n，则下一代虫口的繁殖量为 Ay_n，当虫口数量太多时，一方面由于争夺有限的食物和生存空间要发生咬斗；另一方面由于接触传染而导致疾病蔓延. 显然，两者都会导致虫口数目的减少，为简单计，只考虑两两咬斗或接触传染，而不考虑三个以上同时咬斗的情况，则咬斗组合数为 $y_n(y_n - 1)/2$. 设每一咬斗或接触传染导致死亡的几率为 B，那么显然下一代虫口数为

$$y_{n+1} = Ay_n - B\frac{y_n(y_n - 1)}{2} = \left(A + \frac{B}{2}\right)y_n - \frac{B}{2}y_n^2 \tag{B.2}$$

选取合适的虫口数作为单位，即令

$$\mu = A + \frac{B}{2}, \quad y_n = \frac{2\mu}{B}x_n$$

上式可改写为

$$x_{n+1} = \mu x_n(1 - x_n) \tag{B.3}$$

上式对应的最大虫口数为 1，即以最大虫口数作为数量单位，则 $0 \leqslant x_n \leqslant 1$，而参量 μ 通常在 $0 \sim 4$ 之间取值.

式 (B.3) 虽然来自于虫口模型，看起来非常简单，却可展现出丰富多彩的动力学行为，它同时考虑了激励和抑制两方面的因素，反映了"过犹不及"的效应，具有普遍的意义和应用价值，而并不局限于描述虫口变化.

B.1.2　倍周期分岔

为了对混沌有较深入的理解，我们对看起来简单的虫口模型再作一些较为详细的介绍.

以 x_{n+1} 为纵坐标，x_n 为横坐标，对式 (B.3) 作图得图 B-1. 不同的曲线对应于不同的 μ 取值，从下到上 μ 逐渐增大. 显然，μ 越大非线性效应越厉害. μ 给定，已知 x_0，由式 (B.3) 利用计算器或如图 B-2 所示的作图法得出 $x_1, x_2, x_3, \cdots$，也就是说各代的昆虫数完全确定，不存在任何随机因素，因此系统是决定论的. 显然，当 $\mu \leqslant 1$ 时，由于 $1 - x_n < 1$，所以 $x_{n+1} < x_n$，逐次迭代后 $x_\infty \to 0$，即繁殖率太低的昆虫最后总是趋于绝种.

那么当 μ 增大以后，情形如何呢？若取 $\mu = 2, x_0 = 0.02$，则可得 $x_1 = 0.0392, x_2 = 0.0753$，$x_3 = 0.1393, x_4 = 0.2398, \cdots, x_8 = 0.5000, x_9 = 0.5000, \cdots$

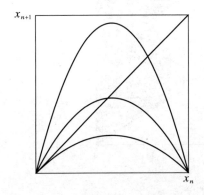

图 B-1　非线性虫口模型

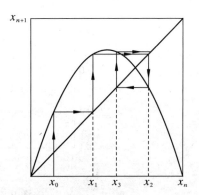

图 B-2　虫口模型的图解迭代

从 x_8 开始, 得到的都是 0.5000. 也就是说, 在这样的一个参量条件下, 虫口最终达到了不随时间变化的固定值. 我们可以很容易地发现: 当 μ 不变时, x_0 不管取任何值, 最后的固定值 (也称不动点) 都是不变的. 例如以 $\mu = 2$, $x_0 = 0.2$ 代入, 同样得到固定点 $x_\infty = 0.5000$. 假设在此 "1" 表示 100 万个昆虫, 那么初始时, 不管是放入 2 万个昆虫, 还是扩大 10 倍——放入 20 万个昆虫, 最后经过几代的繁殖演化, 总是达到稳定的 50 万个昆虫, 即最终状态对初始值的变化不敏感. 有兴趣的读者利用作图法, 可以发现所有的初始值都被 "吸引" 到不动点, 因此不动点也称 "吸引子". 当 μ 变化, 则不动点也跟着变化, 当 μ 增大到某些值时, 可以发现新的现象. 例如取 $\mu = 3.2$, 不管初始值为多少, 经过多次迭代, 最后 x_∞ 都在 0.5130 和 0.7995 之间交替变化, 即两代为一周期, 所以也叫周期 2 轨道, 它同样是一个 "吸引子", 不同的初始值逐渐趋近于它. 这种状态很好理解: 今年的昆虫数较多, 由于空间和资源有限, 相互咬斗和疾病传染等导致死亡的可能性增大, 昆虫数就减少; 下一年资源和空间相对来说较富余, 就会导致下一年的昆虫数量的增加. 农产品的大年小年状况就类似于这种情况, 例如今年橘子丰产, 那么橘树上的养分和土地肥力就被吸收较多, 而会引起下一年养分和肥力的下降, 导致下一年橘子产量的减少, 由此又引起养分和肥力的富余, 进而引起再下一年产量的提高.

利用计算器可以得到不同的参量 μ 值和不同的初始值的各种轨道. 当 μ 继续增大到一定值时, 会出现四周期现象, 即四代为一周期, 例如 $\mu = 3.5$, 会发现, 最后 x_∞ 在 0.8750, 0.3828, 0.8269, 0.5009 四个数据间振荡. 虽然也出现大年小年, 但每四代为一周期. 进一步地可设想并验证 μ 继续增大会出现 8 周期、16 周期、32 周期等直到无穷周期的情况, 这就是所谓的倍周期现象. 出现无穷周期, 也就是说无周期, 此时系统就进入了混沌状态. 前面只对有限参量值作了计算, 为了纵观全局, 我们以纵轴表示 x_n, 横轴代表 μ, 从小到大选取数百个参量值, 对于每个参量都从同一个初始值开始, 去掉 200 个过渡值, 把 201 ~ 500 的迭代值都画到图上, 就可得到如图 B–3 所示的虫口模型的分岔图. 要画这样的图, 计算非常简单, 但计算量非常大, 要计算几十万个数据, 而且都是重复性的计算, 这样的工作让 PC 机来做正合适.

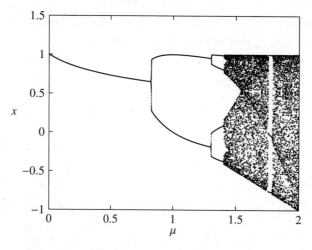

图 B–3　虫口模型的分岔

$\mu \leqslant 2.9$ 在图 B-3 中并未画出, 因为其 x_n 最后总趋于不动点. 对于不动点, 300 个数全落在同一点上, 而对于周期 2, 则落在上下两点上. 在图中 x_n 方向连成一片的混沌区里, 可以看到很多周期窗口, 其中最明显的是周期 3 窗口.

B.2　维数概念的划时代突破——分维

维数是几何对象的一个重要特征量. 何谓维数? 从传统的观点看, 维数是确定几何对象中一点位置所需要的坐标数, 或者说独立变量的数目. 这样, 我们说点是零维, 直线是 1 维, 平面是 2 维, 空间是 3 维. 科学上有时根据处理问题的需要, 经常推广到大于 3 的 N 维空间. 在这种推广中, 人们总是把维数看成非负数的整数. 实际上, 在处理质点运动时, 把坐标和动量看作独立变量, 把 n 个粒子的系统看作 $6n$ 维相空间中一个点的运动是力学的基础. 经典维数是建立在欧几里得几何之上, 因而也称为欧几里得维数.

另一种测度, 称为豪斯多夫测度. 它是将一抽象集合作为覆盖单元, 而这集合的直径 d 次方和取下确界便是所测几何客体的测度. 这里 d 就是几何客体的维数. 显然 d 不必一定是整数, 而是一个实数. 对于规整几何客体来说, 它等于欧几里得维数. 对于非规整的几何客体, 比如前面所说的皮雅诺曲线这样的分形 (fractal) 图形和我们讨论的混沌吸引子, 其维数可以是分数, 也就是分维. 典型的分维结构有: 如果把一几何体 (或集合) 的线度放大 l 倍, 此时该几何体的大小 (或称广义体积, 包括通常所说的长度、面积、体积以至高维体积) 将放大 k 倍, 则 $k = l^d$ 为关于维数的定义:

$$d = \frac{\ln k}{\ln l} \tag{B.4}$$

B.2.1　科克雪花曲线

科克曲线是在 1904 年由瑞典数学家 H.科克 (Koch) 设计的, 属于人们称之为"妖魔"曲线的一种. 其特点是处处连续, 但处处不光滑、不可微.

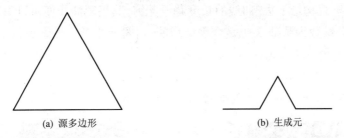

图 B-4　科克雪花曲线的源多边形和生成元

它的源多边形为正三角形, 如图 B-4(a) 所示, 生成元如图 B-4(b) 所示. 在图 B-5 中展示出从该正三角形出发进行演变的过程: 首先将正三角形图 B-4(a), 每个边的直线按生成元变形 B-4(b), 接着将所得六角形各边的直线再按生成元变形, 如此不断继续下去. 由于它的形状酷似雪花的外沿线, 故称为科克雪花曲线. 设最初等边三角形边长为 1, 边周总长即为 3, 对以后各图形均取边周的每一直线段为测量长度单位, 则每经一次演变后, 测量单位减少为原来的 1/3, 而直线的数目则增加至原来的 4 倍, 即边周曲线总长增至原来的 4 倍. 根据式 (B.4) 得到维数是

$$d = \frac{\ln k}{\ln l} = \frac{\ln 4}{\ln 3} = 1.261\,86$$

图 B–5 科克雪花曲线

B.2.2 皮亚诺曲线

皮亚诺曲线可以有多种. 图 B–6 给出了一种皮亚诺曲线. 我们可以这样来求皮亚诺曲线的分维:从一个小正方形出发,将其每边放大 4 倍,形成一个面积 16 倍于小正方形的大正方形. 根据式 (B.4) 豪斯多夫分维的定义,此处 $l = 4, k = 16$,于是皮亚诺曲线的维数

$$d = \frac{\ln 16}{\ln 4} = 2$$

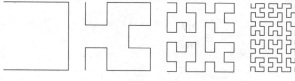

图 B–6 希尔伯特分形曲线

图 B–6 所示的曲线是由德国数学家希尔伯特 (Hilbert) 绘出的, 它具有两个端点, 只要按图所示的过程一直构造下去, 曲线的长度趋于无穷, 其极限曲线便可以填满整个正方形区域. 所以求得的分维数为整数 2 也是合乎情理的. 可见分维把整数维也包括在其中, 它拓宽了维数的概念. 生命系统中无论结构、形态和功能等都表现出分形特征, 不言而喻, 其维数自然是分维. 图 B–7 中给出了心血管显示出来的分支结构. 图 B–7(a) 的大血管分成一些小血管,而后者本身又再分成更小的血管,如图 B–7(b) 所示.

(a) 大血管分支

(b) 小血管分支

图 B–7 血管分支结构

B.3　混沌与分形的联系

混沌与分形的起源不同, 发展过程也不相同. 但二者的本质和内涵决定了它们必然紧密地联系在一起. 混沌主要讨论非线性动力学的发散过程, 但系统的自状态在相空间中总是收敛于一定的吸引子. 这与分形的生成过程十分相像. 混沌事件在不同的时间标度下表现出相似的变化模式, 它与分形在空间标度下表现出的相似性也十分相像. 如果说混沌主要在于研究过程的行为特征, 则分形更注重于吸引子本身的研究. 混沌与分形这种紧密联系并非偶然, 更深刻的原因乃混沌吸引子就是分形集. 所谓分形集就是动力系统中那些不稳定轨道的初始点的集合.

简言之, 由于混沌是具有渐近的自相似性现象, 因而谈到混沌就离不开分形, 而具有分形结构的系统, 其行为往往表现为混沌.

无论从分形的产生过程, 还是分形用于不同问题的研究, 均表明分形与复杂系统或复杂的变化过程(统称为复杂性)紧密地联系在一起. 因此, 有人提出一种合理的猜想, 分形有可能成为处理复杂系统的数学工具, 并且有可能发展成为一种特殊形式的微观与宏观相结合的理论体系.

B.4　耗散结构

19 世纪建立起来的热力学理论给人们留下的深刻印象是: 热力学系统总要趋向均匀不变稳定的平衡态.

1900 年法国学者贝纳尔注意到: 如果在一水平容器中放一薄层液体, 从底部慢慢均匀地加热, 开始液体没有任何宏观的运动. 当上下温差达到一定的程度, 液体中突然出现规则的六边形对流图案. 照片中每个小六角形中心较暗处液块向上浮, 边缘较暗处液块向下沉, 在二者之间较明亮的环状区域里液块作水平运动. 这种现象被称为贝纳尔对流. 起初人们认为这种在非热平衡态下产生的有序结构现象是违反热力学规律的.

20 世纪 60 年代比利时科学家普里高津把这类现象概括为耗散结构, 并给予理论上的说明. 普里高津认为, "热寂说" 只是对处于平衡态或近平衡态的热力学系统的描述. 为使热力学第二定律能够应用于远离平衡态的系统, 普里高津对体现时间单向性的不可逆现象进行了长期研究. 1945 年, 他建立了线性非平衡热力学的最小熵产生原理, 该原理的成功促使他将热力学第二定律运用到远离平衡的非线性区域, 这一研究导致了耗散结构理论的产生. 在1969 年 "理论物理与生物学" 国际会议上, 普里高津首次提出这一理论.

耗散结构理论指出, 任何远离平衡态的开放系统, 都能够通过与环境进行物质和能量的交换, 而给系统带来负熵流, 在开放条件下热力学第二定律为: $dS = dS_e + dS_i$. 式中系统内产生的熵为 $dS_i \geqslant 0$; 系统在与外界交换能量或物质所产生的负熵 (系统把熵排入环境) 为: $dS_e \leqslant 0$. 当 $dS_e > dS_i$ 时, $dS < 0$, 即系统的总熵小于零, 这时, 系统就可以从原有的混沌无序的混乱状态, 转变为一种在时间上、空间上或功能上的有序状态, 形成一种组织化和有序化的耗散结构. 耗散结构的特征为:

(1) 耗散结构发生在与外界交换能量或物质的开放系统中, 因为它需要依靠消耗能量或物质才能维持.

(2) 耗散结构只在远离热力学平衡的情况下发生. 只有当控制参量达到一定临界值时, 耗散结构才出现. 即必须超出不可逆过程线性律统辖的范围, 进入非线性的领地.

(3) 耗散结构是稳定的, 它不受任何小扰动的破坏. 系统的稳定态有不同的分支, 热平衡态是稳定态的热力学分支, 耗散结构是稳定态的非热力学分支. 耗散结构在系统的热力学分支失稳后产生, 达到非热力学分支的新稳定态.

耗散结构理论是传统热力学和统计物理学的进一步发展, 它通过对非平衡系统自组织过程的描述, 从一个侧面科学地说明了系统从无序转向有序的具体机制, 解决了长期以来存在的热力学和进化论之间的矛盾, 把物理世界的演化规律和生物领域的发展规律初步统一起来, 也为用物理学、化学方法研究生物界和社会领域中的诸多问题开辟了道路. 普里高津为此而荣获 1977 年诺贝尔化学奖.

拓展 C　生物电磁效应

生物体内充满了电荷,绝大部分电荷以离子、离子基团和电偶极子的形式存在.组成物质的分子、原子、电子和质子、中子等,均具有磁性.地球上的一切生物都处于地磁场之中.

C.1　生物体中的电学特征

生物电现象是生物界一种极普通的生理现象.组成蛋白质的 20 种氨基酸中有 13 种在水中能离解产生离子基团或表现电偶极子特性.DNA 大分子中的碱基和磷酸酯也存在离子基团和偶极子.生物水本身就有强烈的电偶极作用,还存在 Na^+、K^+、Ca^{2+}、Fe^{2+}、Mg^{2+}、Cl^- 等无机离子.这些电荷的运动和相互作用,使生物分子保持一定的空间构象,行使各自特定的生命功能.

在组成蛋白质的 13 种极性氨基酸中,根据其在水中的状态,分为三种类型,酸性、碱性和中性.其中酸性或碱性氨基酸侧链在不解离的状态下也存在极性基团而表现极性.由氨基酸聚合成多肽链是靠肽键联结的.由于原子中心不重合而使肽键呈现极性.带电的原子间相互作用用电偶极矩表示.

在生物体中,水不仅提供细胞的生活环境,还在相当程度上决定着生物大分子的构象和功能,影响生命活动中物质输运、能量转换和信息传递过程.生命水具有许多特殊的性质,生物水的电特性就是其一.整个分子具有质子施主的能力,能与其他水分子、离子或生物大分子的极性基团之间形成氢键.液态水间的氢键能约为 $18.83\ kJ \cdot mol^{-1}$.这些氢键处于动态平衡状态,能很快形成和分裂.每个氢键的平均寿命是 10^{-11} s.水分子也可以与其他离子或生物大分子之间以氢键相联系形成某种结构.这种状态的水称为结构水.在生物体中有相当比例的水以结构水的形式存在.以氢键结合的生物水中,O—H 键中一个电子基本上被氧占有,故氢离子可能同其中一个氧原子分离而趋向另一个氧原子,结果产生两种离子 H_3O^+ 和 OH^-.

在离子盐溶液中,离子和水分子的偶极矩之间相互作用,形成某种新的结构.如 K^+ 和水偶极子之间相互作用,使离子近邻水分子发生重新取向,称为水合作用.离子周围的水以距离子的距离形成三种状态:最内层的极化区,水分子与离子有直接静电相互作用.中间层区,原来的水结构遭到破坏,水结构的有序取向趋势与离子辐射状的电场作用相互竞争.远外层区,是正常的水结构,称为容积水.

生物电动势是由"可兴奋细胞"的电化学活动产生的,与机体组织结构的不对称性、通透性、离子浓度或功能的不同等因素相关.细胞膜电位瞬时改变可导致组织兴奋.近年的研究发现,腺体细胞的分泌活动,卵和精子的受精过程,免疫细胞的吞噬功能等都与细胞膜的电位变化有关.可以说细胞电位是解释各种生物电、生物磁现象和效应的基础.可兴奋细胞的兴奋伴有跨膜电位的改变. 随着细胞和刺激的不同, 膜电位的改变有的快速而短暂, 有的缓慢而持续. 这种改变的共同性是细胞膜对离子的渗透性发生变化.

细胞膜的类脂双分子层中烃链在电学上近乎绝缘, 电阻率高达 $10^{12} \sim 10^{14}\ \Omega \cdot cm$. 膜上蛋白组分因功能特性、构象变化及在膜上的位置, 造成膜两侧某种特定的导电状态, 表现出电阻性 (R_m). 膜两侧的糖和蛋白质也往往有许多带电的离子基团, 并且与细胞内液和外液中的各种离子相互作用, 形成一定厚度的电荷层, 相当于一个电容器 (C_m). R_m 和 C_m 总是相对于细胞的内外而言, 称为膜电阻、膜电容.

在低频电流下, 生物结构具有复杂的电阻性质. 有的是普通的欧姆电阻, 在一定范围内, 其电压、电流呈线性关系; 有的呈非线性. 生物膜电容既有储能的作用, 也有极化电容的性质. 细胞膜在充放电(极化、去极化)过程中, 消耗能量(变为热能). 频率不同, 细胞膜的耗散不同.

生物阻抗和生物机体或组织体积的变化有关. 例如, 肺泡电阻率随呼吸而发生规律性的变化; 血管中的血液电阻率与红细胞容积百分比的改变和流动状况相关. 又例如, 人体皮肤的电阻率, 在有角质层时有几十万欧姆·厘米, 无角质层时为 $800 \sim 10\,000\ \Omega \cdot cm$, 无皮肤时为 $300 \sim 8000\ \Omega \cdot cm$. 同时, 皮肤的电阻与皮肤干湿程度及部位有关. 有人估计, 人体等效电阻大于 1 kΩ, 电容为 $70 \sim 100$ pF.

电介质在电场中的一个重要特征是介质的极化现象. 生物组织中含有大量带电荷的无机、有机离子及各种极性分子, 外电场会导致这些荷电离子和极性分子的某种运动, 表现出生物组织的极化现象. 用介电常数表征介质的极化程度. 生物组织的介电常数和外场频率相关.

C.2 外电场对生物体的影响

1. 电泳. 虽然细胞与悬浮介质构成电中心体系, 但细胞膜的表面外侧蛋白质、脂类、多糖及糖蛋白等组分带有负电荷基团, 使得细胞膜外表面呈现负电荷特性. 在外直流电场的作用下, 细胞连同其界面吸附层一起向电场正极方向运动, 称为电泳. 而细胞悬液中带有正电荷的分散介质则向电场负极方向移动, 称为电渗. 细胞电泳能反映细胞表面所带电荷的性质. 细胞在单位电场强度 (V$\cdot$cm^{-1})、单位时间(s)内移动的距离 (μm) 称为细胞电泳率 $W = VS\sigma/I$. 式中 V 是电压, σ 为溶液电导率, I 为电流, S 为电泳观测小室的横截面积. 细胞电泳率的大小反映了细胞表面所带电荷密度的高低. 在生化研究中, 电泳已经是一种常用成熟技术.

2. 电热效应. 当电流通过动物体时, 电流经过皮肤、脂肪和体内组织串联, 皮肤和脂肪电阻较大, 体内组织电阻较小, 根据焦耳定律($Q = 0.24I^2Rt$), 一定电流条件下, 皮肤和脂肪生热较多. 体内电阻是肌肉、骨骼、腱和血液的并联, 相同电压下, 血液、肌肉电阻较小, 生热相对较多. 当电流通过植物体时也有类似效应.

3. 电化效应. 将直流电极直接作用于不易起化学反应的机体时, 电极附近将发生电化反应. 例如, 蛋白质的等电点多偏酸, 阴极的碱性, 使环境的酸碱度更偏离蛋白质的等电点, 蛋白质易于分散而难以凝聚, 结果膜变松, 通透性增大.

4. 电致组织兴奋性. 细胞或机体内外环境的任何变化, 可能引起它们的反应, 从而构成刺激. 刺激因素有物理的 (力、热、声、光、电、辐射)、化学的 (酸、碱、盐、离子) 和生物的 (色素分布、血流量、含水量、激素) 等. 在研究和应用中, 多用电刺激, 因其参量容易控制, 结果容易测量. 例如, 哺乳动物的神经每次兴奋后有一个绝对乏兴奋期, 在这段时间内无论电流多大都不能引起第二次兴奋. 这段时间约 1 ms. 为使每个刺激都能引起一次兴奋, 两相邻刺激的时间间隔不能小于 1 ms.

用正弦低频电流 (< 150 Hz) 调制等幅中频交流 (> 1000 Hz), 得到正弦调制交流电流, 其具有低频和中频的优点, 是经常采用的一种刺激源. 例如, 调制交流电流的作用, 可加强细胞信使 RNA 的合成, 提高有关肌肉细胞的机能, 阻止肌萎缩.

用小的恒定直流电治疗创伤和溃疡, 能加速伤口的愈合和修复. 例如, 将不锈钢电极沿兔切口置于皮下, 通 0.2 ~ 0.3 mA 的恒定直流, 发现阴极能加速皮肤生长. 直流电还可抑制细菌生长. 用 0.2 ~ 140 mA 的直流电处理大肠杆菌, 能显著抑制其生长.

5. 静电生物效应. 静电生物效应是静电场与生物相互作用、引起刺激或抑制生物生长发育或致死效应. 静电生物效应常以生物的宏观现象为观测指标, 但其主要任务是揭示它的微观机制. 如静电场与生物体内自由基活动、各种酶活性、膜渗透、代谢等的关系. 例如, 高压静电场对离体培养肿瘤细胞(人肝癌细胞)及小鼠 S-180 肉瘤生长有抑制作用. 用一定剂量电晕电场处理痢疾杆菌、金黄色葡萄球菌, 其杀灭效果可达100%. 又例如, 用匀强静电场处理甜菜种子, 提高甜菜糖分 0.6 度. 用 4 kV·cm^{-1} 的匀强静电场处理棉籽 12 h, 可使棉花增产 12.4%, 绒长增加 1 ~ 2 mm.

C.3 生物体中的磁学特征

生物磁学是正在兴起的生物物理学的一个分支, 它既研究不同层次生物体所产生的磁场, 又研究外界磁场对生物机体在不同层次的作用所产生的生物效应及其相应机理. 从物理学中可知, 组成生物的分子、原子、电子和质子、中子等均具有磁性.

1. 生物磁性. 大多数生物大分子是各向异性抗磁性, 少数为顺磁性, 极少数呈铁磁性. 绝大多数生物材料只具有微弱的抗磁性, 其磁化率为 10^{-7} ~ 10^{-5}. 因为这些材料的分子或原子中的电子已填满各电子壳层, 电子自旋运动方向相反的数目相等, 电子自旋运动和轨道运动产生的磁矩互相抵消, 使分子或原子的净磁矩为零. 当它们受到外磁场作用时, 电子运动受影响而感生出弱磁矩, 在不均匀磁场中这些物质在磁场减小方向受力, 称为抗磁性.

生物材料的顺磁性, 与其中有过渡金属离子的成分有关. 人体中有 13 种金属元素, 其中有 8 种为 3d 或 4d 族过渡金属离子, 具有顺磁性.

2. 生物体中的强磁性物质. 在磁性细菌、鸽子和个别人等少数生物中发现有微量 Fe_3O_4 和 Fe 等强磁性物质存在, 它们在生物的定向导航中起着重要的作用. 用透射电子显微镜观察磁性细菌内部结构时, 发现在菌体轴线方向有一串约 20 个直径约 50 nm 的不透明颗粒. 用穆斯堡尔谱仪分析确定这些不透明颗粒主要是 Fe_3O_4. 用高压 (1000 kV) 场发射电子显微镜观测证实细菌中的强磁性微粒为单晶体.

在磁性细菌中发现强磁性物质后, 又在蜜蜂、蝴蝶、几种鱼类、家鸽、海豚, 甚至人体中都发现了微量的强磁性物质. 蜜蜂腹部含有铁蛋白和非晶氧化铁. 美洲褐蝶和古氏剑吻鲸鱼体中发现了 Fe_3O_4 微粒. 家鸽和白冠雀的头部和颈部肌肉中发现了永磁颗粒 Fe_3O_4.

3. 人体磁场. 正常人体组织是非磁性的, 磁化率小, 没有剩余的磁矩. 各种生命活动会产生生物电过程, 如电子传递、离子转移、神经电活动等, 由此产生频率、强度不同, 波形各异的生物电流和与之相伴的微弱的生物磁场. 物质的磁性可以通过在外加磁场作用下的磁化过程来认识, 也可以通过测量磁性的仪器来探测. 一般情况下, 生物磁场远低于地磁场, 难于进行观测和研究. 在对微弱磁场的检测中, 当前常采用铁磁屏蔽技术和空间鉴别技术. 现在系统噪声水平低, 灵敏度高, 分辨率可达 10^{-15} T.

4. 磁场对生物体的影响. 磁场作用于生物体产生的效应取决于磁场和生物体的某些相互作用因子. 一般所说的磁场生物效应, 多指外加强磁场的生物效应. 对于生物效应有影响的磁场因子有: 磁场类型、磁场梯度、磁场的方向、作用的部位与范围、作用时间等. 影响磁场作用的生物因素有: 生物材料、生物体的磁性、组成、部位、种属、机能状态及敏感性等.

根据磁场类型, 将磁场分为: 恒磁场、交变磁场、脉动磁场、脉冲磁场等. 根据磁场的强度, 将磁场分为: 强磁场、地磁场、极弱磁场等. 高于 10^{-2} T 的属于强磁场, 低于 10^{-7} T 的属于极弱磁场.

5. 外磁场对水作用. 外加磁场可使水的相对密度、沸点、冰点、表面张力、黏度、渗透压、光密度、折光率、电导率、介电常数等特性发生变化. 磁场能使水聚体的偶极矩取向发生变化, 改变原子核外电子的激发程度, 实现共振. 磁共振能改变水的物化性质. 这种改变与水中所含杂质程度、磁场强度反作用时间等相关. 水是生物体生命活动的基础. 生物体中部分水以结合状态存在, 在生物体内具有多种重要功能. 磁场对生物体内水的作用与磁场对自由水的作用相似.

6. 外磁场对细胞的作用. 外磁场作用既可促进组织细胞带电微粒的运动, 调整生物分子的液晶结构, 改变胞膜的通透性, 促进代谢过程, 加强组织细胞的生长. 外磁场作用也能使细胞内电荷运动方向发生改变, 也能使电子或离子不能达到正常的功能位置, 生物分子之间的亲和力受到破坏, 从而抑制细胞周期的正常进行, 导致细胞分裂停止. 在较高感生电势作用下, 细胞可能被击穿, 或被感生电流烧坏, 或被磁矩扭曲, 甚至引起细胞死亡.

7. 磁致遗传效应. 磁场处理导致生物后代发生遗传改变的现象称为磁生物遗传效应, 或称磁致遗传效应. 例如, 未处理的果蝇发育期平均约 14 天; 将果蝇置于强度约 2.2 T、梯度约 9 T·cm^{-1} 的非均匀磁场中处理 30 min 后, 最初几代的发育期可达约 35 天, 比未处理的对照组的平均发育期有成倍的增长, 而在以后的各代中, 处理组的发育期约 18 ~ 20 天, 直到第 30 代仍可观测到其发育期比对照组延长, 表明磁场能使果蝇发生遗传变异.

8. 磁致生长 (死亡) 效应. 磁场对生物生长、发育、衰老和死亡等生命过程均能产生影响. 例如海胆卵置于 10 ~ 14 T 的超导体强磁场中处理 2 小时, 其早期分裂显著延迟; 强度高于 1.4 T 的恒定均匀磁场能抑制细菌的生长; 小白鼠在约 $(1.4 \pm 0.5) \times 10^{-7}$ T 磁场中饲养一年后, 寿命缩短 6 个月, 并丧失生育力; 在 50 Hz、 0.02 T 的交变磁场中, 能增加小鼠和大鼠对感染的抵抗力, 表现为血中的类固醇含量增加和白细胞数目增加; 磁水饲养家禽, 比普通水饲养增重可达 20% ~ 30%, 用磁水浸种可使多种蔬菜和大豆、甜菜、向日葵等增产(其主要作用是促进种子发芽, 根系发达, 增加吸水、吸肥能力, 分蘖提早, 生育期提前, 穗粒数和千粒重增加, 抗寒抗病能力提高).

地球上一切生物的生命活动和进化始终处在地球磁场的影响中. 古生物学家在研究深海底沉积岩石中的生物化石时发现, 大约 250 万年前的一次地磁场反向时, 调查的 8 种生物中就有 6 种灭绝; 在大约 7000 万年前的一次地磁场反向时, 被调查的 7 种生物全部灭绝; 约在 8500 万年前的一次地磁场反向, 也有若干种微生物和其他生物化石的消失. 此外, 在古地磁场反向期间 (约几千年), 由向磁性细菌遗存的 Fe_3O_4 沉积岩显著减少, 也表明地磁场的强烈变化能影响生物的繁衍.

9. 磁致放大效应. 在许多观测到的磁场生物效应中, 外加磁场的能量常常是很小的, 但产生的生物效应反映出的能量却往往较大, 从能量的观点考虑, 较弱的磁场只是起激发作用, 生物体起到能量放大作用, 相当于一个线性放大器. 这种现象称为磁致生物放大效应. 例如, 0.05 mT 的磁场能为信鸽导航、为细菌定向; 10^{-4} mT 的磁场能使眼虫藻、绿藻和纤毛虫加速繁殖, 却使小鼠缩短寿命和停止生育. 对这些现象, 若单纯从物理学的能量守恒观点考虑是无法解释的, 必须承认生物体内的能量放大效应. 磁场作为一种物理因素, 要引起生物体局部或整体在结构和功能上发生变化, 必须通过一系列物理的、化学的与生理的变化, 经过信息反馈和放大系统, 最后才能导致较大的能量变化和显著的生物效应.

拓展 D　值得借鉴的思维方法

D.1　认知论

科学发展的前提条件是"相信自己无知";科学发展的过程是"排错"和"证伪". 科学史上对原子结构和宇宙结构的认知充分证明了这一点.

D.1.1　原子结构的发现过程

1. 汤姆孙模型——西瓜模型

1897 年汤姆孙发现了电子. 原来人们认为原子不可分,如今发现了电子,电子带负电,原子肯定还有一些东西带正电呢. 于是,汤姆孙就提出西瓜模型:原子就像一个均匀带正电的西瓜一样,其中那些瓜子是带负电的电子,镶在西瓜里面. 这个模型可以解释周期律,但是不能解释光谱线.

2. 卢瑟福模型——有核模型(行星模型)

卢瑟福是汤姆孙的学生. 为了验证导师的这个模型,他用 α 粒子做了一个散射实验——去打击原子. 卢瑟福经过计算认为:如果用带正电的 α 粒子打进原子以后会有一个不大的偏转角. 可是实际上,实验中打过去的结果,却是四面八方的散射. 少数 α 粒子的散射角很大,有的甚至接近 180°. 只有正电荷集中在核心,才可能产生这样子的散射. 所以,汤姆孙原子模型被否定了.

1911 年卢瑟福提出了有核原子模型:原子中心是一个很小、很重的带正电的原子核,电子绕着核而旋转,好像行星绕着太阳运转一样. 它解释周期律和光谱线好像都还有问题. 电子围绕原子核转,它要产生辐射,能量就会减少,那么电子就会越转圈越小,最后就会落在核上. 因此这个原子模型是不稳定的.

3. 玻尔模型——分立的轨道模型(定态跃迁原子模型)

为了解决卢瑟福原子模型这一困难,丹麦物理学家玻尔提出了玻尔假说. 玻尔假说有三点:① 电子在绕核运动时,只有电子的角动量 L 等于 $\hbar$ 的整数倍的那些轨道才是稳定的. 即 $L = n\hbar$,式中 $\hbar$ 为约化普朗克常量,n 为量子数;② 电子在上述假设许可的任一轨道上运动时,原子具有一定的能量 E_n,不辐射也不吸收能量,这称为定态;③ 原子从一个能量 E_n 的定态跃迁到能量 E_k 的另一个定态时,辐射或吸收具有一定频率的光子,光子的频率是 $\nu = |E_n - E_k|/h$.

根据玻尔定态跃迁原子模型,电子绕核旋转有许多分立的轨道,只能取一系列不连续的值,即它们量子化. 原子从能级 E_n 跃迁到能级 E_k 时,放出单色光的频率. 玻尔假说很好地解释了氢原子的线光谱的规律.

4. 玻尔－索末菲模型——椭圆轨道模型(空间的量子化)

索末菲对玻尔的原子理论作了发展. 索末菲认为, 电子绕核旋转的轨道为椭圆轨道, 轨道平面在空间取向方位不连续, 只能存在一些不连续的方位, 即空间的量子化. 玻尔－索末菲的原子模型在一定程度上反映了原子内部运动的客观规律. 但是, 由于仍然应用了经典力学去研究电子轨道运动, 尽管加上量子条件, 还是没有跳出经典理论的范畴, 没有摆脱轨道这一概念. 所以, 长时期里人们描述原子结构时总离不开轨道.

5. 电子云模型(发现电子的概率)

由于德布罗意的波粒二象性假设, 证明了微观粒子具有波动性, 才对原子、电子等微观粒子的本质有了进一步的认识. 电子的波动性使原子的电子轨道概念失去了意义, 而只能说在离开原子核周围空间某处发现电子的概率是多少. 把概率密度的分布称为电子云. 玻尔模型中所说的电子轨道, 只不过是电子出现概率最大的区域而已.

6. 虚光子

亚原子粒子非常活跃. 譬如说电子. 电子就一直在释出和吸收光子, 电子一把它们放出来, 就立刻又吸回去 (10^{-15} s), 所以它们通通叫做"虚光子". 电子四周总是蜂拥着一群虚光子. 如果两个电子十分接近, 近到彼此的虚光子云都重叠了, 那么其中一个电子释出的虚光子, 可能就会被另一个电子吸收掉. 两个电子越接近, 这种现象发生得就越多. 这也是电子互斥的道理. 只不过是这种虚光子的交换累积的效应罢了. 在接近区域, 虚光子交换增加, 在较远区域, 虚光子交换减少. 根据量子场论, 事实上电磁力就是虚光子的互换. 物理学家爱说电磁力两个(带负电的)电子交换虚光子时, 会互相排斥. 两个(带正电的)质子交换虚光子亦然. 可是一个质子和一个电子交换虚光子时, 却互相吸引.

D.1.2 宇宙结构

1. 地心说

托勒密在总结古希腊天文学成就的基础上, 提出了一个论证系统严密的地心说, 并著成《天文学大全》一书, 史称"托勒密地心体系". 他认为, 地球是宇宙的中心, 太阳、月亮、水星、金星、火星、木星和土星都在各自的轨道上绕地球旋转, 自下而上, 由近及远, 形成了所谓月亮天、水星天、金星天、太阳天、火星天、木星天和土星天, 再高远处是恒星天, 在恒星天之外就是最高天, 最高天也叫原动天, 原动天是诸神居住的地方.

由于"地心说"与我们每天看到的太阳与诸星都是从东方升起, 从西方落下的现象相符合, 它能对当时观测所及的天体运动, 特别是行星运动作出十分精确的说明, 能准确地预测行星的方位, 因而在长达 1000 多年的时间里被人们在航海、生产和生活实践中所采用, 并成为天文立法的依据.

"地心说"并不排除诸神, 因此得到宗教的承认, 并把"地心说"写进了《圣经》和教义, 作为不可动摇的信条固定下来, 这也就是"地心说"能长久流传的政治和宗教的原因之一.

后人对托勒密地心说的评价是"错误但不失伟大".

2. 日心说

(1) 哥白尼提出"日心说"

哥白尼在刚开始研究托勒密"地心说"的时候, 只是想在原来体系的基础上, 稍稍作一些改进. 后来, 经过对前人和自己的天文资料的深入分析, 他发现托勒密的理论虽然可以给出同观测资料相符合的数据, 但是却把天空图像搞得乱七八糟, 毫无统一性和规律性. 哥白尼认为, 宇宙的规律应该是简明和谐的, 天体运行的轨道可以用简单的几何图形或数学关系表示出来, 而托勒密的地心体系太复杂了, 它不符合这种要求.

哥白尼查阅了大量的文献, 在 1510 年写成的《浅说》初稿中, 毫不含糊地指出: 太阳是宇宙的中心, 地球和行星都围绕着太阳运动, 只有月亮才真正围绕地球旋转. 经过对多项新的观测事实的验证, 以及大量复杂的数学计算结果, 哥白尼对初稿作了许多修改和补充, 于 1530 年, 终于圆满地完成了日心说的建立工作. 作为一个天主教徒, 他很了解他的学说的"危险性". 在 1543 年 5 月 24 日, 垂危的哥白尼在病榻上见到了《天体运动论》, 在书中哥白尼向世人描述他的宇宙图景: 太阳位于宇宙的中心, 当时已知的行星和地球围绕太阳旋转.

(2) 布鲁诺宣传、捍卫"日心说"

布鲁诺为哥白尼的太阳中心说所吸引, 并为哥白尼著作中严谨的逻辑和精辟的论证所倾倒. 此后他逐渐对宗教产生了怀疑. 他认为, 教会关于上帝具有"三位一体"性的教义是错误的. 他成为哥白尼日心说的热心宣传者. 1576 年, 布鲁诺开始了在欧洲各国的流浪生活. 1592 年 5 月 22 日, 布鲁诺在长达 8 年之久的监狱生活中, 受尽酷刑, 但丝毫没有动摇自己的信念. 他说: "一个人的事业使他自己变得伟大时, 他就能临死不惧. " "为真理而斗争是人生最大的乐趣. " 1600 年 2 月 17 日, 布鲁诺被宗教裁判所处以火刑, 烧死在罗马的鲜花广场上. 临终时他说了两句话, 第一句是当他以轻蔑的态度听完判决书, 布鲁诺回答: "黑暗即将过去, 黎明即将到来, 真理终将战胜邪恶, 不能征服我, 未来的世界会了解我, 会知道我的价值. " 52 岁的布鲁诺在熊熊烈火中英勇就义. 他成为近代科学史上的第一个殉难者.

(3) 第谷的折衷方案

第谷是一位十分注重实际的学者, 他认为, 理论应该与实践结果相符. 对待哥白尼的"日心说", 他也始终持这一态度. 第谷对哥白尼的"日心说"开始半信半疑起来. 他提出了一个介乎托勒密的地心体系和哥白尼的日心体系之间的宇宙体系. 他认为, 地球在宇宙中心, 静止不动, 行星绕太阳转, 而太阳则率领行星绕地球转. 他并不完全赞成哥白尼的日心说, 然而正是他的天文观测工作对哥白尼日心说的巩固和发展起了重要的作用.

(4) 开普勒为天空立法

开普勒后来花了整整 26 年的时间, 精心整理了第谷留下的底稿, 并四处奔走筹集资金, 终于使第谷的《鲁道夫星表》出版发行. 在第谷工作的基础上, 经过 9 年苦战, 开普勒经过反复思考、精心计算, 终于使杂乱无章的数字显示了数的和谐性, 得出了行星公转周期的平方与它距太阳的距离的立方成正比的结论, 这就是著名的开普勒行星运动第三定律, 让老师的遗稿发挥了更大的作用. 1619 年, 开普勒出版《宇宙和谐论》一书, 自从这三大定律被发现之后, 行星的复杂运动立刻便失去了它的神秘性. 更为重要的是, 它把哥白尼的理论推进了一步, 为专业天文学家和数学家提供了支持日心说的强有力论据. 1623 年, 开普勒因出版

《哥白尼太阳中心说概念》受到教会迫害, 书被焚, 工资被停发. 1630 年, 开普勒生活没有着落, 于是他不得不亲自前往布拉格讨还皇家欠他的薪水. 然而在去往布拉格的途中, 突然发起高烧, 几天后就在贫病交困中去世, 终年 59 岁. 后来德国大哲学家黑格尔谈到这件事, 曾痛心疾首地说: "开普勒是被德国饿死的. "

(5) 伽利略通过观测总结证实了"日心说"

正当开普勒在布拉格利用第谷肉眼观测到的天文数据发现行星运动定律时, 1609 年伽利略开始用自制的望远镜来巡视星空, 他惊奇地发现: 月亮表面也有许多凹凸不平, 银河是由无数个恒星组成的星系, 金星、水星也有盈亏现象. 伽利略通过观测证实开普勒的猜想. 1610 年, 伽利略出版了《星际使者》一书, 在书中伽利略公开了他用望远镜观测到的发现. 《星际使者》的畅销, 使伽利略成为整个欧洲的著名人物. 1616 年, 罗马教廷感觉受到威胁, 将哥白尼的《天体运行论》列为禁书, 并且警告伽利略必须放弃哥白尼学说, 否则将受到监禁处分. 这就是罗马教皇保罗五世下达的著名的"1616 禁令".

1632 年, 伽利略出版了用 8 年才得以完成的《关于托勒密和哥白尼两大世界体系的对话》一书. 该书在表面上保持中立, 但实际上却为哥白尼体系辩护. 《对话》出版才 6 个月, 便被罗马教廷查禁, 并判决伽利略终身监禁. 伽利略并没有被投入监狱, 而是被软禁在佛罗伦萨郊区. 被软禁期间他仍坚持研究, 1636 年伽利略完成力学著作《两种新科学的对话》, 并偷运到荷兰出版.

D.1.3　科学的目的

科学寻求的是对自然现象逻辑上最简单的描述. 这一目的对于科学来说几乎是定义性的. 从汤姆孙模型、卢瑟福模型、玻尔模型、玻尔–索末菲模型、电子云和虚光子的不断递进的科学发展过程和"日心说"的确立过程说明, 科学是近似. 科学的结论被认为是: 到目前为止是正确的. 我们并无任何已被确认的、能理解全部自然现象的科学理论. 为追求科学的目的所提出的任何东西就都存在出错的可能性. 而既然存在出错的可能性, 那么纠错就是必不可少的. 科学的发展过程是不断地承认错误的过程, 是不断地排除错误的过程. 科学的结论被认为是: 到目前为止是正确的. 这句话的含义是, 目前的科学结论是根据目前已知的事实产生的, 而非全部事实. 无论怎样优秀的学说, 终有一天可能会被新发现更新替代. 人们对世界的认识过程像剥洋葱一样, 是一层层地深入的. 科学就是这样一步一步前进的. 通过"原子结构"的发现过程和"日心说"的确立过程, 我们可以确立如下思想:

(1) 我们对世界的认识是肤浅的、幼稚的、不确切的、甚至是错误的, 这是非常正常的.

(2) 我们永远不必担心没有问题研究了, 也永远不能说哪个问题研究透彻了. 我们既不能苛求前人完美, 又不能迷信权威永远是正确的.

(3) 科学发现过程是一个"排错"过程, 是一个"证伪"过程. 人对事物的认识过程也是一个"排错"、"试错"过程. 从不犯错的人是不可能有所发现、有所作为的人. 为追求科学的目的必须允许纠错, 并且具有纠错能力. 为了追求科学目的的正确必须尊重观测与实验, 尊重逻辑推理, 这是纠错的依据.

(4) 对在科学发展中曾经提出过见解的人, 虽然后来被证明这种见解是错误的, 我们对他们仍然需要足够的尊敬. 需要耻笑的不是那些在科学发展进程中有错误的人, 而是那些无所作为的人.

D.2　类比法的应用

类比法是常见的思维方法之一, 在物理学发展史上有过很多靠类比法获得成功的案例.

1. 德布罗意用类比方法提出粒子也具有波动性

法国人路易斯·德布罗意原来是学历史的, 他哥哥是研究 X 射线的物理学家. 受他哥哥的影响, 他对物理学有了兴趣. 德布罗意注意到: 在几何光学中光的运动服从光线的最短路程原理; 在经典力学中质点的运动遵循力学的最小作用量原理; 这两个原理具有相似的数学表示式. 当时物理光学的发展已经证明了光具有波粒二象性. 1924 年, 德布罗意将光学现象与力学现象作了类比研究: 大胆推论提出, 粒子也具有波粒二象性, 即粒子也具有波动性, 这种波动就称为物质波. 接着德布罗意进一步的类比, 光的波长是 $\lambda = h/p$ (p 是动量, h 是普朗克常量); 既然物质粒子具有二象性, 那么物质波的波长应该与光波相似, 也应该满足相同的公式. 德布罗意基于类比作出的预言在 1927 年被电子衍射等实验所证实.

2. 薛定谔用类比方法提出波动力学

德布罗意关于物质波的工作发表以后, 奥地利物理学家薛定谔沿着另一条思路, 将经典力学与几何光学又作了这样的类比: 经典力学与几何光学的一些规律具有相似的数学形式, 而几何光学又是波动光学的极限近似, 由此, 他提出预言假设, 经典力学也可能是波动力学的一种极限近似. 他又注意到玻尔的分立能级可能就是以偏微分方程形式出现的波动方程的本征值. 1926 年, 薛定谔正是从这一预言假设出发, 提出了波动力学的崭新体系. 薛定谔说, 不用那么复杂, 也不用引入外部的假设, 只要把我们的电子看成德布罗意波, 用一个波动方程去表示它, 那就行了. 薛定谔的方程一出台, 几乎全世界的物理学家都为之欢呼.

3. 狄拉克用类比方法提出正电子

1930 年英国物理学家狄拉克在描述自由电子运动的方程——狄拉克方程中得到了两个正负对称的能量解. 当时已知正能量对应于 (负) 电子, 那么 "负能量" 又对应于什么呢? 由于电荷有正电荷和负电荷之分, 因此狄拉克从这样的对称性类比出发, 大胆从理论上提出了正电子的存在预言. 两年以后美国物理学家安德森在研究宇宙射线时发现有一种粒子的运动轨迹与电子的运动轨迹仅仅在偏转的方向上不同, 这表明, 这种粒子的质量与电子相同, 但电荷的符号却相反, 这正是狄拉克预言的正电子. 后来人们又用这样的类比, 发现了各种基本粒子都有相应的反粒子存在, 这就是自然界在对称性方面的一个普遍规律.

4. 普朗克利用内插法建立普朗克黑体辐射公式, 开创了量子物理学

19 世纪末, 许多德国的实验和理论物理学家都很关注黑体辐射的研究. 1896 年, 维恩从经典的热力学和麦克斯韦分布律出发, 导出了一个公式, 即维恩公式. 这一公式给出的结果, 在高频范围和实验结果符合得很好, 但在低频范围有较大的偏差. 1900 年 6 月瑞利发表了他根据经典电磁学和能量均分定理导出的公式 (后来由金斯稍加修正), 即瑞利 – 金斯公式. 这一公式给出的结果, 在低频范围内还能符合实验结果; 在高频范围就和实验值相差甚

远, 甚至趋向无限大值. 在黑体辐射研究中出现的这一经典物理的失效, 曾在当时被有的物理学家惊呼为"紫外灾难".

普朗克经分析意识到: 既然瑞利 – 金斯公式在低频范围内符合实验结果, 维恩公式在高频范围和实验结果符合得很好. 为何不在低频范围利用瑞利 – 金斯公式形式, 在高频范围利用维恩公式形式, 中间部分利用数学的"内插法"拟合一个与实验结果相符合的公式?他"幸运地猜到", 同时为了和实验曲线更好地拟合, 他"绝望地", "不惜任何代价地"提出了能量量子化的假设. 1900 年 12 月 14 日普朗克发表了他导出的黑体辐射公式, 即普朗克公式. 至于普朗克本人, 在提出量子概念后, 还长期尝试用经典物理理论来解释它的由来, 但都失败了. 直到 1911 年, 他才真正认识到量子化的全新的、基础性的意义. 它是根本不能由经典物理导出的.

正如巴甫洛夫曾经指出的: "有了良好的方法, 即使是没有多大才干的人也能取得许多成就. 如果方法不好, 即使是有天才的人也将一事无成."

D.3 演绎法在相对论中的应用

相对论不仅为人类带来了巨大的物质文明进步, 例如原子能的和平利用、宇宙航行、GPS 等, 更重要的是极大地推进了人类的精神文明. 它改变了人们传统的时空观、宇宙观, 使人类对这个世界甚至这个宇宙的认识大大地深化了一步. 爱因斯坦在创立他的博大精深的科学理论体系的同时, 以极大的热忱关心和探讨着科学方法论. 他在研究相对论时还为我们提供了一套重要的研究方法——演绎法.

在建立科学理论的过程中常用的两种科学方法——归纳法和演绎法. 归纳法是指从特殊到一般的逻辑推理过程. 即通过对大量的、个别的、特殊的现象或者体系的研究、观察, 找出它们的共性或者共同满足的规律. 其特点是以感性认识为基础, 结论往往直观, 容易被人接受. 而演绎法则相反, 它是从一般的原理推知某个从属于该类事物的特殊事物的新知. 演绎法的特点是过程抽象, 但逻辑关系严密, 结论有时会出人意料. 演绎法已经应用于现代物理理论的建立、人文和社会科学之中. 无论是伽利略的实验—演绎—推理方法还是牛顿的分析—综合方法, 其主要模式都是先从观察和实验出发, 然后从经验的资料中进行归纳得出结论. 爱因斯坦明确地指出: "适用于科学幼年时代的以归纳法为主的方法, 正在让位给探索性的演绎法."

学习相对论不仅要了解其某些奇妙的结论, 如时间延缓、长度收缩、质能关系、等效原理等知识点, 而且要通过这些知识点建立起新的时空观. 时间和空间是相对的, 是相互关联的; 在不同的参考系下, 时间是不同的, 物体的形状、质量等也都是不同的. 物质告诉时空如何弯曲, 时空告诉物质如何运动, 离开物质谈时空是没有意义的. 更重要的是学习、掌握其科学研究方法——演绎法.

D.3.1 用演绎法导出洛伦兹坐标变换

设 S 系和 S′系分别固结在两个惯性系中, 如图 D–1 所示, 它们的坐标轴相互平行, 且以

原点重合的时刻作为计时零点. 因为 S 系与 S′系在 y, z 方向上没有相对运动, 所以

$$y' = y, \quad z' = z$$

假设坐标变换式为

$$x' = \gamma(x - ut) \tag{D.1}$$

根据相对性原理, 物理方程在 S 系与 S′系应该有相同形式, 因此其逆变换应该为

$$x = \gamma(x' + ut) \tag{D.2}$$

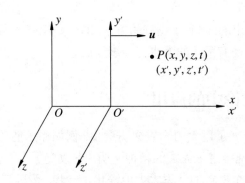

图 D–1　相对运动的两个惯性系

当两坐标原点重合, 即 $t = t' = 0$ 时, 原点处一点光源发出一光脉冲, 则根据光速不变原理, 对于 S 系和 S′系 x 或 x' 轴上的观察者而言, 光速都一样, 因此有

$$x' = ct' \tag{D.3}$$

$$x = ct \tag{D.4}$$

分别将式 (D.3) 代入式 (D.1), 将式 (D.4) 代入式 (D.2), 可得

$$ct' = \gamma(c - u)t \tag{D.5}$$

$$ct = \gamma(c + u)t' \tag{D.6}$$

由式 (D.5) 和式 (D.6) 消去 t 和 t', 可得

$$\gamma = \frac{1}{\sqrt{1 - u^2/c^2}} \tag{D.7}$$

将式 (D.1) 代入式 (D.2) 有 $x = \gamma^2(x - ut) + \gamma ut'$, 从中解得

$$t' = \gamma t + \frac{1 - \gamma^2}{\gamma u}x \tag{D.8}$$

将式 (D.7) 分别代入式 (D.1) 和式 (D.8), 可得洛伦兹坐标变换式

$$
\left.\begin{aligned}
x' &= \frac{x - ut}{\sqrt{1 - u^2/c^2}} \\
y' &= y \\
z' &= z \\
t' &= \frac{t - ux/c^2}{\sqrt{1 - u^2/c^2}}
\end{aligned}\right\} \tag{D.9}
$$

将洛伦兹变换式 (D.9) 中的 u 换成 $-u$, 可得洛伦兹变换式的逆变换

$$
\left.\begin{aligned}
x &= \frac{x' + ut'}{\sqrt{1 - u^2/c^2}} \\
y &= y' \\
z &= z' \\
t &= \frac{t' - ux'/c^2}{\sqrt{1 - u^2/c^2}}
\end{aligned}\right\} \tag{D.10}
$$

用对应原理检验洛伦兹变换. 当 $u \ll c$ 时, 洛伦兹变换退化为伽利略变换, 这说明伽利略变换是洛伦兹变换的特殊情况. 光速对所有惯性系相同, 通过指定两位置的光程对不同惯性系却不相同, 这是产生时空相对性的根本原因. 光速不变原理确立了相对论时空观, 洛伦兹变换是相对论时空观的数学形式.

从洛伦兹变换式中可知, x 和 t 都必须是实数, 因此速率必须满足 $1 - u^2/c^2 \geqslant 0$, 即 $u \leqslant c$. 由此可得出相对论中一个非常重要的结论: 一切物体的运动速度都不会超过真空中的光速 c, 即真空中的光速 c 是物体运动速度的极限.

设有事件 1 和事件 2 发生在两个时空点, 在 S 系看来发生于 (x_1, y_1, z_1, t_1) 和 (x_2, y_2, z_2, t_2), 在 S′ 系看来发生在 (x_1', y_1', z_1', t_1') 和 (x_2', y_2', z_2', t_2'). 根据洛伦兹坐标变换式可得

$$
x_2' - x_1' = \gamma \left[(x_2 - x_1) - u(t_2 - t_1) \right] \tag{D.11}
$$

$$
t_2' - t_1' = \gamma \left[(t_2 - t_1) - \frac{u}{c^2}(x_2 - x_1) \right] \tag{D.12}
$$

或者

$$
x_2 - x_1 = \gamma \left[(x_2' - x_1') - u(t_2' - t_1') \right] \tag{D.13}
$$

$$
t_2 - t_1 = \gamma \left[(t_2' - t_1') + \frac{u}{c^2}(x_2' - x_1') \right] \tag{D.14}
$$

D.3.2 狭义相对论的时空观

由于 $t_2' - t_1' = 0$, 由式 (D.14) 可知时间间隔为

$$
\Delta t = t_2 - t_1 = \frac{(x_2' - x_1')u/c^2}{\sqrt{1 - u^2/c^2}} \neq 0
$$

此式表明在 S′ 系两个不同地点同时发生的事件, 在 S 系观测并不是同时发生的, 这就是同时概念的相对性.

如果两个事件在 S' 系中同一地点发生, 即 $x'_2 - x'_1 = 0$, 时间间隔为 $\Delta t' = t'_2 - t'_1$. 由式 (D.14) 可知在 S 系观测两事件的时间间隔为

$$\Delta t = t_2 - t_1 = \gamma \Delta t' > \Delta t'$$

这就是相对论时间膨胀效应.

在 S' 系沿 x' 轴放置一刚性杆, 在 S' 系中测量其静止长度为 $l' = x'_2 - x'_1$. 当在 S 系中测量此刚性杆长度时, 由于杆沿 x 轴以速度 u 运动, 因此必须同时 $(t_1 = t_2)$ 测量出杆两端的坐标 x_1 和 x_2, 才能得出正确长度值. 由式 (D.11) 可知 $l' = \gamma l$, 即

$$l = l' \sqrt{1 - u^2/c^2}$$

这就是相对论的长度收缩效应.

D.3.3　归纳法的缺陷

通过观察各个不同的事例, 由它们共同的性质和关系可以推导出普遍适用的结论. 这种方法称为归纳法. 归纳方法是一种逻辑推理方法, 它在科学方法论中占有重要的地位. 亚里士多德说, 没有归纳, 人们就不可能认识事物的一般规律. 在科学研究中, 由于考察的对象只是某类事物的一部分而不是全部, 因此是一种不完全的考察. 由不完全的考察归纳出某类事物都具有某种性质的结论的方法为不完全归纳推理法. 有时候归纳的结果也会引导我们得出错误的结论, 这正是归纳法的缺陷, 也是科学为什么是 "证伪" 的原因.

例 D.1　人们发现聚乙烯塑料导电性能很差; 又发现聚丙烯塑料导电性能也很差, 还有其他一些塑料等物质导电性能也很差. 由此得出的结论是, 塑料导电性能都很差. 人们只考察了部分塑料的导电性能, 不可能考察所有塑料的导电性能, 这就是一种不完全归纳推理.

我们阅读的科学文献中, 相当一大部分论文是用这种不完全归纳推理法得出的结论. 典型的论文是由 1 个论点, $3 \sim 5$ 个支持该论点的论据构成. 有时候归纳的结果也会得出错误的结论, 我们必须学会怀疑与批判.

例 D.2　论点: "60 能被所有的数整除". 论据: "自然数的开始几个 1, 2, 3, 4, 5, 6 都能整除 60, 然后就是 '任取一些数字', 例如 10, 12, 15, 20, 30, 60 都能整除 60. 所以实验证据充足, 60 可以被所有的数整除. "

尽管有 12 个支持该论点的论据, 但是, 这些依据仅仅是必要的, 而不是充分的, 显然这个由不完全归纳推理法得出的结论是错误的.

在物理学中关于气体的压强、体积和温度三者相互关系的三个实验定律, 热力学的几个实验定律, 关于电流元产生磁场的毕奥 – 萨伐尔定律, 以及法拉第电磁感应定律等都是通过不完全归纳推理而得到的定律.

由于自然科学的大部分领域还处在发展初期, 大多数学科还处在搜集材料和分门别类加以整理的阶段, 这就使人们养成了一种习惯, 研究一个事物就是将该事物分解为各个部分, 分门别类加以整理. 同时还意味着, 研究一个事物就是将该事物看成既成的东西, 当作静止的东西, 不变的东西, 而不是看成本质上变化发展的东西. 随着这种习惯的沉淀和发展, 在

这样一种历史条件下, 人们在进行分析时往往淡忘了综合, 将事物的相对静止夸大成绝对的东西, 甚至认为自然界从来如此、一成不变.

D.4　模型化方法

美国查尔斯·默里在所著的《文明的解析》一书强调: "科学方法的发明是一切发明之最."

美国物理学家塞萨尔·伊达尔戈所著《增长的本质: 秩序的进化, 从原子到经济》一书被誉为 "21 世纪经济增长理论的重要里程碑", 开创了用物理学、社会学研究经济学的先河, 颠覆了经济发展和财富起源的传统假设. 著名经济学家、纽约大学教授、新增长理论最重要的创建者保罗·罗默对这书的评价为: "······最重要的东西往往最简易, 这本书给我们带来的启示是:如何像物理学家一样思考."

著名的俄国科学家巴甫洛夫曾经说过:"科学是随着研究方法所获得的成就而前进的. 研究方法每前进一步, 我们就更提高一步, 随之在我们面前也就展开了一个充满着种种新鲜事物的, 更辽阔的远景. 因此, 我们头等重要的任务乃是制定研究方法." 采用一个好的方法, 可以事半功倍, 而方法不当, 往往就会事倍功半.

物理学是一门具有方法论性质的科学, 物理学在研究探知物质相互作用规律及其基本结构的过程中不仅形成了众多的概念、基本定理和定律, 而隐藏在这些概念、基本定理和定律背后的是物理学的研究方法和思维方式, 即物理学家发现问题、提出问题和解决问题的方法. 它们是人类对自然界的认知发展的基本规律, 是人类探索物理世界奥秘的宝贵结晶, 对物理学和其他自然科学学科的探究产生了深刻的影响. 因此, 我们的教学中要重视对研究方法的训练.

事实上, 简化有其长达两千多年的思想渊源, 是许多杰出的科学家共同奋斗的结果. 物理学中的简化至少能追溯到亚里士多德: "自然界选择最短的道路". 牛顿提出: 如果某一原因既真又足以解释自然事物的特性, 则我们不应当接受比这更多的原因. 费马指出:光线在空间两点之间的传播, 将沿着光程为极值的路程传播. 在一般情况下, 实际光程大多取极小值, 费马最初提出的也是最短光程. 爱因斯坦的名言: "一切都应尽可能简单, 但不能过分简单."

简化就是为了研究方便, 抓住主要矛盾, 抓住矛盾的主要因素, 将复杂的问题变为简单的问题. 简化不是简单化而是精练化. 简化是从全面满足需要出发, 保持整体构成精简合理, 使之功能效率最高. 简化是对处于自然状态的对象进行科学的筛选提炼, 剔除其中多余的、低效能的、可替换的环节, 精练出高效能的能满足全面需要所必要的环节. 把事情变复杂很简单, 把事情简化很复杂. 将复杂事情简化且又不丢失其本质的过程是科学研究; 将简单事情复杂化是愚蠢. 没有简化, 很难研究; 没有研究, 很难简化.

物理学的特征是: 简洁、和谐、对称、统一、生动、活泼. 简化——物理学中重要的思维方式和研究方法. 物理学通过简化, 借鉴个别、特殊达到对普遍的认识规律. 尽管这种研究方法明显地存在着局限性, 但是在物理学的研究中可看到, 特殊性中蕴藏着普适性, 普适性中则包含着差别.

D.4.1　理想化模型

物理学实际是高度复杂的系统. 实际的物体都是具有多种属性的, 由于人们研究能力的限制, 人们为了研究物理问题的方便和探讨物理事物本身而对研究对象所作的一种简化描述, 是以观察和实验为基础, 采用理想化的办法所创造的, 能再现事物本质和内在特性的一种简化模型. 即在物理学的研究中突出研究对象的主要性质, 暂时不考虑一些次要的因素, 而引入的用来代替实际的物体的一套将复杂体系简化成理想模型的研究方法. 把复杂问题简单化, 摒弃次要条件, 抓住主要因素, 对实际问题进行理想化处理, 构建理想化的物理模型, 这是一种重要的物理思想, 也是物理学在应用中解决实际问题的重要途径和方法. 这种方法的思维过程, 要求学生在分析实际问题中研究对象的条件、物理过程的特征, 建立与之相适应的物理模型, 通过模型思维进行推理.

在自然科学的研究中, 理想化模型的建立, 具有十分重要的意义. 由于客观事物具有质的多样性, 它们的运动规律往往是非常复杂的, 不可能一下子把它们认识清楚. 引入理想化模型的概念, 可以使问题的处理大为简化, 从而便于人们去认识和掌握并应用它们. 理想化模型法在形成物理概念、建立物理规律中起着重要作用.

我们可以把模型搞得更简单, 使它更易于处理; 或者我们也可以把模型搞得更复杂, 使它更忠于现实. 但是, "完美的模型"是不能完全代表现实的. 这种模型的缺点如同一张与所表示的城市一般大而详细的地图一样, 尽管图里画上了每个公园, 每条街, 每个建筑物, 每棵树, 每个坑洼, 每个居民等. 即使可能造这样的大地图, 但是在使用这张大地图时, 绝对不会有方便的感觉. 更何况人在走、树在长、城市在发展, 不论出于什么目的, 地图和模型在模仿世界时必须简化.

理想化模型又可分为对象理想化、条件理想化和过程理想化三类模型.

对象理想化模型: 用来代替研究对象实体的理想化模型, 简称理想模型. 例如, 力学中的质点、刚体、弹簧振子、单摆等, 热学中的理想气体、弹性小球等, 电磁学中的点电荷、理想变压器、无限长带电线等, 光学中的点光源、光线、薄透镜等, 以及关于原子结构的卢瑟福模型、玻尔模型等都属于对象理想化模型.

条件理想化模型: 把研究对象所处的外部条件理想化建立的模型叫做条件理想化模型. 例如, 光滑表面、轻杆、轻绳、均匀介质、均强电场和均强磁场都属于条件理想化模型.

过程理想化模型: 实际的物理过程都是诸多因素作用的结果, 忽略次要因素的作用, 只考虑主要因素引起的变化过程叫做过程理想化模型. 例如, 等压过程、等体过程、绝热过程、等温过程都属于过程理想化模型.

例如, 我们从力学角度研究引力作用下物体的运动时, 尽管物体的形状、体积和内部结构是千差万别的, 我们只需考虑质量这一最重要的属性, 其他因素均可略去. 对于具有一定质量的物体, 我们假设其质量集中在物体的质量中心, 便抽象出理想化模型——质点. 质点是力学中的一个基本概念, 只要我们所考虑的运动仅涉及物体的位置移动, 并且所涉及的空间尺度比物体自身的尺度大得多时, 都可以用质点模型来代表所研究的客体. 我们在研究单摆运动中把摆球当作一个质点, 在电场中运动的带电粒子当作一个质点, 不但微观世界中的电子、质子、中子等基本粒子可以看作质点, 地球上的各种生物和其他物体可用质点模型来代表, 就是恒星、行星等各种天体, 也可以看作质点. 在研究地球绕太阳公转时, 我们可以将地球看作质点; 在研究地球自转问题时, 就不能把它当作质点处理了. 我们研究一些比较复杂的物体运动时, 如气体、刚体、流体运动时, 虽然不能把整个物体看成质点, 但是可以把复杂物体看成由许多质点组成的质点系, 在解决质点运动问题的基础上来研究这些复杂物体的运动.

例 D.3 物理学中单摆是个理想的模型. 它必须满足: 摆角必须小于 5°; 摆线质量可忽略; 摆线柔软; 摆线不可伸长; 摆球质量固定不变, 摆球的直径要远小于摆线长度; 摆要处于无阻尼环境; 摆要处于惯性系中等 8 个理想化条件. 经过这些简化, 单摆才变得既好研究又具有代表性. 如果不经简化, 不能满足有8个理想化条件, 则有 8 个变量, 经过组合

$$\binom{1}{8} + \binom{2}{8} + \binom{3}{8} + \binom{4}{8} + \binom{5}{8} + \binom{6}{8} + \binom{7}{8} + \binom{8}{8} = 256$$

即有 256 个问题, 单摆只是其中的一个问题. 256 个问题中有的问题是可研究的, 有些问题困难到当前还无法研究.

例 D.4 理想气体压强的微观基础. 推导理想气体的压强公式时, 认为气体对器壁表面施加的力由气体分子与器壁表面的碰撞引起, 无论何时空气分子与器壁表面发生碰撞, 都会受到器壁施加的一个向内的力, 使气体分子改变运动方向并回到气体内部. 根据牛顿第三定律, 气体分子对器壁表面施加一个向外的力. 由大量气体分子与器壁碰撞而作用于表面单位面积的合力等于轮胎内的空气压强. 压强依赖于三个因素: 有多少分子, 多长时间与器壁发生一次碰撞, 每次碰撞的动量变化.

根据统计规律, 平衡态下气体分子按位置的分布是均匀的; 分子向各方向运动的机会均等. 详细推导过程见本书上册相关章节.

D.4.2 理想实验

所谓"理想实验", 又叫做"假想实验"、"抽象的实验"或"思想上的实验", 它是人们在思想中塑造的理想过程, 是一种逻辑推理的思维过程和理论研究的重要方法. "理想实验"虽然也叫做"实验", 但它同真实的科学实验是有原则区别的. 真实的科学实验是一种实践的活动, 而"理想实验"则是一种思维的活动; 前者是可以将设计通过物化过程而实现的实验, 后者则是由人们在抽象思维中设想出来而实际上无法做到的"实验".

但是, "理想实验"并不是脱离实际的主观臆想. 首先, "理想实验"是以实践为基础的. 所谓的"理想实验"就是在真实的科学实验的基础上, 抓住主要矛盾, 忽略次要矛盾, 对实际过程作出更深入一层的抽象分析. 其次, "理想实验"的推理过程, 是以一定的逻辑法则为根据的. 而这些逻辑法则, 都是从长期的社会实践中总结出来的, 并为实践所证实了的.

在自然科学的理论研究中, "理想实验"具有重要的作用. 作为一种抽象思维的方法, "理想实验"可以使人们对实际的科学实验有更深刻的理解, 可以进一步揭示出客观现象和过程之间内在的逻辑联系, 并由此得出重要的结论. 例如, 作为经典力学基础的惯性定律, 就是"理想实验"的一个重要结论. 这个结论是不能直接从实验中得出的. 伽利略曾注意到, 当一个球从一个斜面上滚下而又滚上第二个斜面时, 球在第二个斜面上所达到的高度同它

在第一个斜面上开始滚下时的高度几乎相等. 伽利略断定高度上的这一微小差别是由于摩擦而产生的, 如能将摩擦完全消除的话, 高度将恰好相等. 然后, 他推想说, 在完全没有摩擦的情况下, 不管第二个斜面的倾斜度多么小, 球在第二个斜面上总要达到相同的高度. 最后, 如果第二个斜面的倾斜度完全消除了, 那么球从第一个斜面上滚下来之后, 将以恒定的速度在无限长的平面上永远不停地运动下去. 这个实验是无法实现的, 因为永远也无法将摩擦完全消除掉. 所以, 这只是一个 "理想实验". 但是, 伽利略由此而得到的结论, 打破了自亚里士多德以来两千多年间关于 "受力运动的物体, 当外力停止作用时便归于静止" 这一类的陈旧观念, 为近代力学的建立奠定了基础. 后来, 这个结论被牛顿总结为牛顿运动第一定律, 即惯性定律.

对于物理学的思维方式和研究方法而言, 物理学的知识是它们的载体. 简化始终是引导物理学追寻高效简洁的方法, 简化已经成为物理学中重要的思维方式和研究方法. 作为一种思维方式和研究方法, 当然并不仅仅局限于物理学领域, 也可应用于各个学科的研究. 物理学不仅提供了简化这个重要的思维方式和研究方法, 而且提供了简化的范例, 供其他学科参考借鉴.

生命科学、经济管理、企业战略、投资策略等比物理学更为复杂, 欲要深入研究首先必须简化. 这就是非物理专业的学生学习物理学的目的之一, 提高他们用物理学思维方式、研究方法和知识研究自己专业的能力.

D.5　自由思维

爱因斯坦在创建相对论的过程中, 一种创新的思维方式——自由思维起到极其重要作用. 自由思维, 即超越传统知识、习俗或文化的束缚去思考问题. 爱因斯坦就是不循规蹈矩, 超越传统的束缚, 通过自由思维重新审视了 "时间" "空间" 和 "质量" 等建立了几千年的概念, 提出两条基本假设: 相对性原理和光速不变原理. 建立了狭义相对论.

科学家曾经做过一个有趣的实验: 把跳蚤放在桌上, 一拍桌子, 跳蚤跳起高度均为其身高的 100 倍以上. 然后, 在跳蚤身上罩一个玻璃罩, 再让它跳, 跳蚤碰到了玻璃罩. 连续多次后, 跳蚤为适应环境改变了起跳高度, 每次跳跃高度总保持在玻璃罩的高度以下. 接下来逐渐降低玻璃罩的高度, 跳蚤每次都在碰壁后主动改变自己的跳跃高度. 最后, 玻璃罩接近桌面, 这时跳蚤已无法再跳了. 于是科学家把玻璃罩打开, 再拍桌子, 跳蚤仍然不会跳, 变成 "爬蚤" 了. 跳蚤变成 "爬蚤", 并非它丧失了跳跃的能力, 而是由于一次次受挫学乖了、习惯了、麻木了. 最可悲之处就在于, 实际上的玻璃罩已经不存在, 它却连 "再试一次" 的勇气都没有. 玻璃罩已经罩在潜意识里, 罩在了心灵上. 行动的欲望和潜能被扼杀, 科学家把这种现象叫做 "自我设限".

每个人由于文化背景、知识结构、人生经历、年龄等因素的不同, 都会有各种不同的 "自我设限", 受到无形的束缚. 学习如何超越无形的束缚, 进行自由思维, 在今后的学习、研究中非常重要. 循规蹈矩是不可能有大作为的.

例 D.5　物质的折射率的下限为 1? 一般介质的折射率似乎都要大于 1. 但后来发现了等离子体的折射率介于 0 和 1 之间. 沿着这个思路想下去, 有没有负折射率的介质存在? 负折射率材料也称左手性材料, 是指介电常量和磁导率同时为负的介质, 其折射率小于零. 光在正折射率和负折射率两种介质之间传播时, 其折射仍满足折射定律. 由于这时两种介质的折射率符号相反, 因此与通常的折射现象不同, 折射光线与入射光线会居于法线的同侧. 负折射率材料还有其他一些特殊效应.

物理学培养的是一种想象力. 物理学学习的是一种思维方式. 物理学能帮助学生正确地认识世界, 并掌握正确的认识方法, 培养学生的独立思考、独立判断的能力. 物理学在培养人的科学世界观, 提高人的科学素质方面有着其他学科无法替代的作用. 国内、外一些优秀的大学, 人文、经管等专业也开设物理学课程, 也称为"通识"课程.

每个人的"本能"是父母 DNA 的遗传, 但其"能力"只有靠自己学习、练习才能不断地提高. 人与人的差异更主要的是在思维方式上.

D.6　现代物理学与经典物理学思维研究方法的差异

经典物理学将自然分离、割裂进行分类研究. 例如, 在热学中将研究对象称为系统, 其他则为外界. 又如, 力学中强调"隔离体法", 将研究对象分离出来进行研究, 不考虑其他物体. 分类研究在科学研究初级阶段曾经取得了巨大成果, 但是, 这种思维研究方法就像印度寓言《瞎子摸象》中的研究方法.

现代物理学则不同, 光具有"波"与"粒子"二象性. 量子力学主要创始人——玻尔, 1927 年提出了"互补原理", 认为真理具有两个侧面, 如同一枚钱币具有两个面一样. 每个面都是正确的, 它们是对立的, 但又是互补的.《易经》的核心思想是"天人合一". 这正是玻尔非常喜欢《易经》的原因. 1947 年, 尼尔斯·玻尔在为丹麦政府授予他的宝象勋章设计族徽时, 将中国古老的阴阳鱼太极图作为其波粒二象性、量子力学"互补原理"的形象图示收进了宝象勋章, 所不同的只是玻尔将太极图中原先的白色改成了红色. 玻尔为宝象勋章设计的铭文是: "互斥就是互补". 太极图, 东方文化的精髓, 古人与今人的思想便被这样有机地结合了起来, 和谐得让人惊叹!

西方科学侧重分类研究, 东方科学强调整体性. 以医学为例, 西医按器官分类, 可谓头痛医头, 脚痛医脚. 中医则将人视为整体, 头痛时可能让你用热水泡脚. 为了领会现代物理学思维研究方法, 举一个很容易理解的例子.

例 D.6　这张纸的颜色

取一张我们常用的白纸. 现代物理学认为不能问"这张纸是什么颜色?"只能问"你看到这张纸是什么颜色?"我们回答"白色", 是因为此时是白光照到这张纸上, 纸反射的是白光. 如果用红光照到这张纸上, 纸反射的是红光, 则我们看到这张纸是红色. 这张纸的颜色——在物理学中称为自然实在, 我们是很难认识到的. 你看到这张纸是什么颜色——在物理学中称为科学观测结果. 如前所述, 不同的观测条件下观测到的结果是不同的.

拓展 E 光镊技术

光具有能量和动量, 光的动量是光的基本属性. 携带动量的光与物质相互作用伴随着动量的交换, 从而表现为光对物体施加的力. 作用在物体上的力等于光引起的单位时间内物体动量的改变, 并由此引起物体的位移和速度的变化, 称为光的力学效应.

研究光的力学效应对认识光的基本属性以及如何运用光的力学效应具有重要学术意义. 但是, 由于单个光子动量很小, 普通光源的力学效应微乎其微, 研究光的力学性质受到了很大限制.

20 世纪 60 年代激光的发明, 人们能够获得强度极高的光源. 激光与物质相互作用时, 力学效应表现得很显著, 人们开始对光的辐射压力和光的力学效应进行全面和深入的研究. 70 年代, 朱棣文等人利用光压原理发展了用激光冷却和囚禁原子的方法, 也因此获得了 1997 年度诺贝尔物理学奖. 人们利用这一原理开始探索光对微小的宏观粒子的力学效应. 1986 年, A. Ashkin 等成功地利用强会聚激光束实现了对生物微粒的三维捕获, 这一发明被形象地称为光阱或光镊, 并且成为对这一尺度范围的粒子特有的操控和研究手段. 光镊是基于光的力学效应的一种新的涉及微小宏观粒子的物理工具, 它如同一把无形的机械镊子, 可实现对活细胞及细胞器的无损伤的捕获与操作.

E.1 光镊原理

光辐射对物体产生的力常常表现为压力, 通常称为辐射压力 (简称光压). 然而, 在特定的光场分布下, 光对物体也能产生拉力, 即形成束缚粒子的势阱.

现以透明介电小球作模型来讨论光与物体的相互作用. 若小球直径远大于光的波长, 可以采用几何光学近似.

首先考虑一束平行光与小球的相互作用. 设小球的折射率 n_1 大于周围媒质的折射率 n_0. 如图 E-1(a) 所示. 当激光束穿过小球时, 光在进入和离开小球表面时会产生折射, 图中仅画出了有代表性的两条光线 a 和 b. 如图所示, 入射光向下方传播, 即光的动量亦向下. 然而, 当光离开小球时, 传播方向发生改变, 即光的动量亦发生改变. 由于动量守恒, 这些光传递给小球一个与该动量改变等值且方向相反的动量, 与之相应的力 F_a 和 F_b 施加在小球上. 小球受到光对它的总的作用力就是光束中所有光线作用于小球的合力. 若入射光束截面上光强分布是均匀的, 则各微小光束 (光线) 施于小球的力在水平方向完全抵消, 结果有一向下的推力.

如图 E-1(b) 所示, 如果小球处在非均匀光场中, 且光强自左向右逐渐增大. 与 a 光线相比, b 光线较强地作用于小球, 使小球获得较大的动量, 从而产生较大的力 F_b. 结果总的合力在横向不再平衡, 小球被推向右侧. 小球在这种非均匀光场中受到指向光强较强处的梯度力. 如果光束轴线处光强大, 粒子将被推向光轴, 即粒子在横向被捕获.

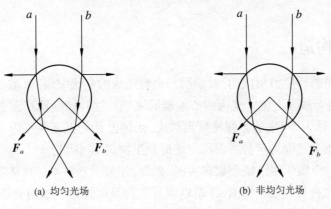

(a) 均匀光场   (b) 非均匀光场

图 E-1 透明小球在均匀光场和非均匀光场中的受力分析

上面讨论的情形, 仅存在一个方向 (轴向或纵向) 的推力. 若用一束光同时实现横向和轴向的捕获, 还需要有拉力. 实际上, 上述光场力 (梯度力) 指向光场强度大处这一结论, 可以推广到强会聚光束的情形. 在强会聚的光场中, 粒子将受到一指向光最强点 (焦点) 的梯度力. 图 E-2 用几何光学模型定性地说明了这一点. 图中给出了光锥中两条典型的光线 a 和 b 穿过小球, 由于折射改变了动量, 从而施加力 F_a 和 F_b 于小球, 它们的矢量和指向焦点 O'. 计算表明, 光锥中所有光线施加在小球上的合力 F 也是指向焦点 O' 的. 也就是说粒子是处在一个势阱中, 阱底就在焦点处. 光对粒子不仅有推力还产生拉力, 粒子就被约束在光焦点附近. 这种强会聚的单光束形成的梯度力光阱就是所谓的光镊.

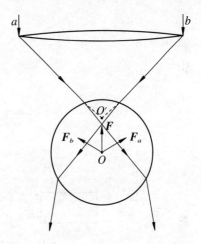

图 E-2 单光束梯度力光阱原理

实际上, 当光穿过小球时, 在小球表面会产生一定的反射, 小球对光也有一定的吸收, 这都将施加一推力于小球, 此力称为散射力 (F_s). 散射力总是沿光线方向推斥微粒, 而梯度力则是将微粒拉向光束的聚焦点处. 光阱主要是依靠光梯度力形成的. 稳定的捕获是梯度力和散射力平衡的结果. 只有焦点附近的梯度力大于散射力时, 才能形成三维光学势阱而稳定地捕获微粒. 也就是说, 这样的光束可以像镊子一样夹持微粒, 移动并操控微粒.

与机械镊子相比, 光镊是以一种温和的、非机械接触的方式完成钳持和操纵物体的. 在以形成光镊的光为中心的一定区域内, 物体一旦落入这个区域就有自动移向光束几何中心的趋势, 该现象犹如微粒被吸尘器吸入一样, 表现出光镊具有 "吸引" 效应. 已经落入阱中的粒子若没有强有力的外界扰动, 物体将不会偏离光学中心, 所以光镊又酷似一个陷阱. 光造就一个势能较低的区域(阱域) , 即从这区域内到区域外存在一个势垒. 当物体的动能不足以克服势垒时, 它将停留在阱内. 所谓的光镊其实是比拟宏观机械镊子对光的势阱效应的一种形象而通俗的描述. 所以当我们在研究光镊自身的物理性质时往往采用 "光学势垒"、"光梯度力阱" 或 "光学势阱" 等物理术语.

E.2 光镊的构造

光镊是依靠光的梯度力形成的, 对于用一束光造成的光镊来讲, 只需要获得一个三维的光学梯度场, 则当光最强点位于光束中心就能够实现. 这种梯度场存在于任何激光焦点附近. 光束的会聚度越大, 产生的光强梯度也越大. 当梯度达到保证焦点附近的梯度力大于散射力时才能形成一个三维光学势阱而稳定地捕获生物离子. 因此, 一个光镊的实际构造可以由一束激光通过一个短焦距透镜会聚来实现. 然而, 作为一项技术往往需要一些辅助条件的支持才能表现和完善其功能. 图 E-3 是以倒置生物显微镜为基础的光镊装置的基本框图. 它包括捕获光源、捕获聚焦镜、合适的样品室、调节光阱与待捕获粒子间距并对粒子进行操作的装置、实现各配件与显微镜光学耦合的器件, 以及观察和记录光镊对粒子的操作过程、阱中粒子的运动状态的瞬息变化的实时监测系统.

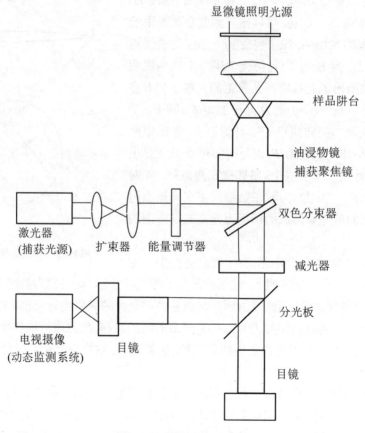

图 E-3 光镊构造示意图

由激光器发出的光束经过光学耦合光路, 扩束整形后射入双色分束镜, 然后被反射至物镜聚焦在样品池中形成光阱. 光捕获和操控微粒过程的观察, 类似于普通的显微镜. 照明光通过聚光镜照明样品池, 池中的微粒被捕获和操控的图像经物镜后, 透过双色分束镜, 被反射镜反射到 CCD 数码摄像头, CCD 采集的图像由显示器显示. 数码摄像头获取的信息可以由计算机采集和处理.

E.3 光镊在生命科学领域中的应用

光镊技术自 1986 年问世以来发展迅速, 作为微小粒子的操控手段, 其在生物大分子特性、细胞生物学和遗传学等生命科学以及介观物理学研究中有广泛的应用. 根据纳米光镊技术的特有功能, 分几个方面作简要介绍.

1. 研究生物大分子的静力学特性

通过光镊对单分子进行扭转、弯曲、拉伸等操作, 研究其力学特性. 例如, 单个 DNA 分子在光镊拉力作用下的非线性弹性拉伸应变的实验研究, 为研究单个 DNA 分子构型提供了进一步的实验基础. 再如, 用光镊测量微管的刚度和驱动蛋白的扭转刚度.

2. 研究生物大分子的动力学特性

光镊在生物大分子研究中最重要的成果之一是动力原蛋白的研究. 科学家利用光镊观察到了生命运动的元过程, 发现分子马达是以步进方式运动, 并且测量了其运动步长, 单个驱动蛋白分子产生的力以及单个驱动蛋白的速度与 ATP (三磷酸腺甙) 浓度的函数关系. 人们还利用光镊研究了肌动蛋白丝与单个肌球蛋白分子间的相互作用, 测量了没有 ATP 水解时单个肌球蛋白分子和肌动蛋白纤维分离时所需的力.

伴随纳米光镊技术的发展, 一个新的研究分支——分子力学正在形成. 光镊正逐渐成为一种研究分子动力结构的重要技术手段.

3. 对生物大分子进行精细操作

一个典型的例子是日本和美国的科学家采用双光镊实现了 DNA 分子 (2 nm 直径) 的扭转、打结, 这表明分子操作达到相当高的水平, 为细胞内蛋白纤维相互作用等分子力学的研究开辟了新的途径. 将来这一技术还可用于缝合细胞或神经的细微手术.

4. 分子水平上的特异性识别和生命过程的调控

以往对细胞或单分子的观察依赖于"微粒"之间自由运动而随机"配对"或"配群", 无法进行"科学设计", 限制了研究的深度和广度. 利用光镊技术可以将拟观察"对象"以研究者的意愿进行"配对"或"配群", 并观察"配对"或"配群"后的新变化. 这种操控使得对生物微粒个体行为的研究真正从"观测"上升到"科学实验". 特别是纳米光镊技术所具有的纳米量级的操控精度和观测精度, 使得这种"配对"的定位精度达到了分子尺度. 这使人们能在纳米精度上实时动态地研究诸如天然杀伤细胞特异性识别中的单分子机制, 并显示其特异性相互作用, 从而为解开细胞特异性分子识别之谜提供微观基础和新的信息. 例如, 人们已经观察到 T 细胞和 B 细胞间的相互作用与它们间的相对配置 (作用位点) 的依赖关系.

5. 纳米生物器件的组装

中国科技大学激光生物实验室首次实现用光镊排布微粒, 形成稳定的空间结构. 这为生物器件的组装提供了一种可行的途径.

　　纳米光镊技术的进一步发展将与具有高空间分辨率技术相结合, 使之同时具备精细的结构分辨能力和动态操控与功能研究的能力. 估计这种结合将首先在纳米光镊技术与扫描探针技术之间实现. 纳米光镊技术作为一种操控手段还必将与其他的测试手段相结合, 如微弱荧光探测技术、膜片钳技术、扫描共焦显微术等.

　　展望未来, 纳米光镊技术将首先在下列问题的研究中得到应用:

(1) 免疫调节及其他配体 – 受体特异性分子识别的单分子机制及其生物学意义.

(2) 马达蛋白分子的运动特性研究.

(3) 单分子水平的生物信号传导.

(4) 生物大分子的操控与排布, 生物微器件的探索.

(5) 细胞与生物分子的力学性质研究.

(6) 生物大分子间特异性相互作用的实验研究.

　　由于细胞生物学的研究揭示了与医学实践密切相关的一些细胞生命活动, 如代谢、能量转换, 激素、药物作用、免疫以及肿瘤等许多奥妙, 光镊也必将为医学理论与实践的研究开拓出前所未有的新领域.

拓展 F　超离心技术

　　假设在黏滞流体中有一小球, 在重力作用下降落. 开始下落时, 小球作加速运动, 随着速度增大, 黏滞力也增大; 当速度达到一定值时, 小球所受黏滞阻力与浮力之和与重力平衡, 小球开始作匀速直线下落, 把此时的速度称为终极速度. 例如, 医院检测"血沉".

　　当利用重力进行沉降分离时, 被分离物密度 ρ 与液体密度 ρ_0 之差越大, 则沉积速度越大, 但 ρ 与 ρ_0 之差总是有限的, 例如直径为 μm 级的红血球, 在重力作用下进行沉降分离还可以. 对于直径小于 μm 级的病毒、蛋白质分子等生物样品, 沉降速度极慢, 扩散现象严重, 无法进行沉降分离. 为此, 把样品放在离心机里旋转, 增大了有效重力加速度, 可使终极速度增大, 这就是离心分离. 应用强大的离心力使物质分离、浓缩、提纯的方法称为超离心技术, 它是细胞生物学、生物化学、分子生物学常用的重要技术.

　　当质量为 m 的粒子以稳定角速度 ω 作圆周运动时, 会受到一个向外的惯性离心力 F. 其大小取决于角速度 ω 和旋转半径 r, 方程式为 $F = m\omega^2 r$. 式中 m 为有效质量, r 通常指自离心管中轴底部内壁到离心轴轴中心之间的距离.

　　通常 F 以重力加速度为单位, 即相对离心力 F_{rc}. 取 $g = 9.80 \text{ m} \cdot \text{s}^{-2}$, 当离心管口距转轴中心是 5.0 cm, 管底内壁距转轴中心为 10.0 cm, 设该机转速 50 000 r/min 时, 计算可知

$$F_{rc管口} = \left(\frac{2\pi \times 50\,000}{60}\right)^2 \cdot \frac{0.05}{9.80} = 139\,876\,g$$

$$F_{rc管底} = \left(\frac{2\pi \times 50\,000}{60}\right)^2 \cdot \frac{0.10}{9.80} = 279\,751\,g$$

即离心管口的离心力为重力加速度的 139 876 倍, 离心管底的离心力为重力加速度的 279 751 倍, 两者相差一倍. 这说明粒子所受离心力随其在管中的移动而变化. 明确这一点是重要的, 它如实地反映了离心时被分离物的运动特性.

　　当转速超过 40 000 r/min 时, 空气与旋转的转轴以及转头之间的摩擦生热成为严重的问题, 因此, 超速离心机增添了真空系统. 为了消除这种热源, 将离心腔密封, 并通过两个串联工作的真空泵系统抽成真空. 利用这两个泵, 可达到并维持真空度在 1 ~ 2 Pa. 在摩擦力降低的情况下, 速度才有可能升高到所需的转数.

　　在制备性超速离心机中所采用的转头种类繁多, 一般可分为五类: 角(度)式转头、水平式转头、垂直式转头、区带转头和连续转头. 其构成材料有两种: 低、中速运转的转头是由铝合金构成, 而高速运转的转头则由钛合金构成.

　　高速离心机可以达到 25 000 r/min 的最高转速和 89 000 g 的最大离心力. 这类离心机通常带有冷却离心腔的制冷设备, 温度控制是由装在离心腔内的热电偶监测离心腔的温度. 大容量连续流动离心机的主要用途是从大量培养物中收集酵母及细菌等, 另一类是型号甚多的低容量冷冻离心机. 某种型号的冷冻离心机, 其最大容量可达 3 L. 这类离心机可变换角

式和水平(甩平)式转头. 它们多用于收集微生物、细胞碎片、细胞、大的细胞器、硫酸铵沉淀物以及免疫沉淀物等.

制备性超速离心机具超过 500 000 g 的离心力, 能使亚细胞器分级分离, 可纯化生物大分子物质, 并可用于测定蛋白质、核酸的分子量等. 制备性超速离心机主要由驱动和速度控制、温度控制、真空系统和转头四部分组成.

拓展 G　傅里叶变换红外光谱仪的原理

红外线和可见光一样都是电磁波,而红外线是波长介于可见光和微波之间的一段电磁波. 红外光波长在 0.76 ~ 10^3 μm, 又可分成近红外、中红外和远红外三个波区. 其中中红外区 (2.5 ~ 25 μm) 能很好地反映分子内部所进行的各种物理过程以及分子结构方面的特征, 对解决分子结构和化学组成中的各种问题最为有效,因而中红外区是红外光谱中应用最广的区域.

红外光谱属于吸收光谱,是由于化合物分子振动时吸收特定波长的红外光而产生的,化学键振动所吸收的红外光的波长取决于化学键力常数和连接在两端的原子折合质量,也就是取决于分子的结构特征. 红外光谱作为“分子的指纹”广泛地用于分子结构和物质化学组成的研究. 根据分子对红外光吸收后得到谱带频率的位置、强度、形状以及吸收谱带和温度、聚集状态等的关系便可以确定分子的空间构型,求出化学键的力常数、键长和键角. 从光谱分析的角度看主要是利用特征吸收谱带的频率推断分子中存在某一基团或键,由特征吸收谱带频率的变化推测临近的基团或键,进而确定分子的化学结构,当然也可由特征吸收谱带强度的改变对混合物及化合物进行定量分析. 而鉴于红外光谱的应用广泛性,绘出红外光谱的红外光谱仪也成了科学家们的重点研究对象.

傅里叶变换红外光谱仪是根据光的相干性原理设计的,因此是一种干涉型光谱仪,它主要由光源,干涉仪,检测器,计算机和记录系统组成. 大多数傅里叶变换红外光谱仪使用了迈克耳孙干涉仪,因此实验测量的原始光谱图是光源的干涉图,然后通过计算机对干涉图进行快速傅里叶变换计算,从而得到以波长或波数为函数的光谱图,因此,谱图称为傅里叶变换红外光谱,仪器称为傅里叶变换红外光谱仪.

傅里叶变换红外光谱仪无色散元件,没有夹缝,故来自光源的光有足够的能量经过干涉后照射到样品上然后到达检测器,傅里叶变换红外光谱仪测量部分的主要核心部件是干涉仪. 迈克耳孙干涉仪由两个互相垂直的镜子、分束器和探测器组成. 其中的一个镜子固定,另一个镜子可沿垂直于镜面的方向移动,当从光源发出的一辐射光束通过分束器时,一半被反射到固定镜,另一半透过分束器射向动镜. 由于动镜的移动引起了其中一个光束的光程的改变,所以当这两束光再一次射向分束器以后,它们将发生干涉. 复合光的强度有所变化,复合光穿过分束器后将发生又一次的分裂,一半进入探测器,另一半返回光源. 进入探测器的那一半光束将产生干涉图并最终转换为光谱图.

当一单色光照到分束器时,如果两个镜子与分束器的距离相等,将干涉加强;动镜的移动,使两束光产生了光程差,动镜运动 1/4 个入射波长,光程差为 1/2 个入射波长,干涉相消,产生暗线;动镜运动 1/2 个入射波长,当光程差为半波长的偶数倍时,发生相长干涉,产生明线. 若光程差既不是半波长的偶数倍,也不是奇数倍时,则相干光强度介于前两种情况之间. 若动镜以恒定的速度连续移动,在检测器上记录的信号余弦变化,动镜每移动 1/4 波长的距离,信号则从明到暗周期性地改变一次. 根据光的干涉理论,两束光的振动方向和强度都相

同的光发生干涉后的光强为

$$I = 2I_0(1 + \cos k\Delta)$$

式中 I_0 表示每束光的强度, $k = 2\pi/\lambda$ 为单色光的角波数, λ 为单色光的波长, Δ 表示光程差. 上式第一项与光程差无关, 只有第二项与光程差有关.

　　当一个复合光穿过干涉仪时, 各个入射波长分别在不同的镜子位移处发生干涉加强和干涉相消, 每一时刻探测器所接收的信号都是各个波长在同一位移处的余弦波的重叠. 在零光程差点 (干涉仪的两臂相等点) 所有波长的干涉都是加强的, 探测器探测的混合波的强度最大; 当动镜偏离分束器愈来愈远时, 混合波逐渐变平. 在实际应用中, 动镜所处的位置可分别测量零光程点之前或之后的信号强度. 从理论上讲, 动镜可以移动到无穷远, 但在实际应用中, 动镜都只能移动一有限的距离, 对光程差的限制将影响光谱分辨率. 若复合光的强度分布为 $i(k)$, 表示在 k 附近单位 k 间隔的光强, 则探测器接收到的与光程差有关的光强项为

$$I(\Delta) \propto \int_0^\infty i(k)\cos k\Delta\,\mathrm{d}k$$

上式实际上是光谱 $i(k)$ 的傅里叶余弦变换. 由于余弦变换是可逆的, 所以有

$$i(k) \propto \int_0^\infty I(\Delta)\cos k\Delta\,\mathrm{d}\Delta$$

因此, 只要对探测器接收到的干涉信号进行傅里叶余弦变换, 即可得到光源的光谱. 这就是傅里叶变换光谱仪的原理.

　　为了提高傅里叶变换红外光谱仪的分辨率, 也有用其他种类干涉仪的, 例如折射扫描干涉仪, 可将仪器的分辨率提高约 1 个数量级. 折射扫描干涉仪系统中以角反射镜取代了平面镜. 无论入射方向如何, 角反射镜的出射光均平行于入射光. 折射扫描干涉仪系统对运动机构调整稳定性的要求要比平镜系统低 2 个数量级以上.

　　傅里叶变换红外 (FT-IR) 光谱仪具有以下突出的特点:

　　(1) 测定速度快. 一般获得一张红外光谱图需要 1 s 或更短的时间, 从而实现了红外光谱仪与色谱仪的联用.

　　(2) 灵敏度和信噪比高. 干涉仪部分不涉及狭缝装置, 输出能量无损失, 灵敏度高. 此外, 由于测定时间短, 可以利用计算机储存、累加功能, 对红外光谱进行多次测定、多次累计, 大大提高信噪比.

　　(3) 分辨率高, 波数精度可达 0.01 cm^{-1}.

　　(4) 测定的光谱范围宽, 达 10 ~ 10 000 cm^{-1}.

拓展 H　红外线与红外技术

电磁波谱中, 红外线是介于可见光与微波之间的电磁波, 波长范围是 $0.76 \sim 1000 \ \mu m$. 技术领域中, 根据不同波段的红外辐射具有的特点, 又把红外线分为不同的谱区. 但是, 不同技术领域对这些谱区的划分不尽相同. 例如, 研究大气红外窗口时, 按照红外线对大气透过率较高的几个谱区划分; 医学领域中, 按红外线对皮肤组织的穿透深度进行划分等. 目前, 在光谱学研究领域, 将红外线分为近红外(波长范围 $0.76 \sim 2.5 \ \mu m$)、中红外(波长范围 $2.5 \sim 40 \ \mu m$)和远红外(波长范围 $40 \sim 1000 \ \mu m$)三个波段.

H.1　红外线的产生

自牛顿 1666 年发现可见光透过玻璃棱镜产生白光光谱以后的 100 多年间, 光谱的研究没有取得什么进展. 1800 年, 天文学家赫歇尔将一支灵敏的温度计放到太阳光谱的红端, 观察到温度略有上升, 当他把温度计放到红光之外的区域时, 发现温度持续上升. 这个实验说明红光之外还有眼睛看不到的辐射存在, 这种存在于太阳光谱红端之外的辐射就是红外线. 红外线被发现后的几十年, 人们知道的红外辐射源只有太阳, 而太阳辐射到达地面上时, 由于大气层中的水分和二氧化碳气体, 长波的辐射几乎被吸收殆尽, 图 H–1 就是地表附近的太阳光谱(相对强度随波长的变化), 从图中可以看到, 人类视觉敏感的可见光的相对强度最大, 而红外光的相对强度随着波长的增大而衰减; 另外, 对红外辐射敏感的材料和红外色散器件的研制没有取得显著的进展, 因此, 对红外辐射的研究直到 19 世纪后半叶才得到进一步的发展.

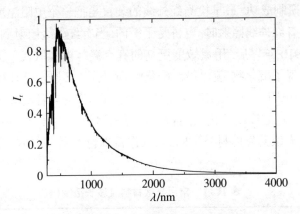

图 H–1　地表的太阳辐射光谱

红外线的理想光源是黑体, 太阳辐射与黑体辐射的能量分布很接近, 因此太阳就是红外线的自然光源之一. 根据普朗克辐射定律, 任何绝对温度不为零的黑体都在辐射电磁波, 而温度在 3000 K 以下时, 黑体辐射大多都在红外谱区. 例如, 白炽灯辐射的电磁波, 绝大部分集中于红外区域. 从图 H–2 可知, 白炽灯所辐射的能量, 分布在可见谱区的是较少的, 紫外谱区的更少, 88% 在红外谱区. 这说明白炽灯是一种既廉价又有效的红外线光源. 但是, 白炽灯只能作为近红外辐射的光源. 这是因为白炽灯都有一个玻璃泡, 玻璃对于可见光和近红外电磁波是近乎透明的, 如图 H–3 所示. 从波长 2.5 μm 起, 玻璃的吸收系数逐渐增大, 到了波长在 5.0 μm 以上时, 红外线几乎全被吸收.

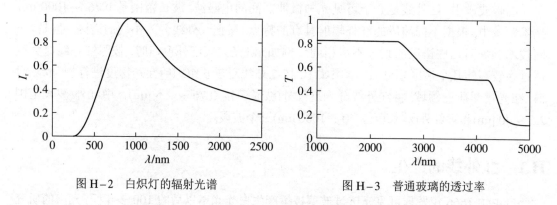

图 H–2　白炽灯的辐射光谱　　　　　　　　图 H–3　普通玻璃的透过率

钨灯或臭钨灯是近红外光谱仪器中常用的光源, 它们的光谱覆盖整个近红外谱区, 强度高, 性能稳定, 寿命也较长. 便携式光谱仪中发光二极管用得最多, 因为普通发光二极管寿命长达几万小时, 价格低廉, 且很容易调制和控制. 近年来, 激光发射二极管在一些专用仪器的设计上得到了很好的应用, 优点是它不需要分光系统, 缺点是光源稳定性差, 需要功率补偿或高性能的稳压电路.

H.2　红外线的检测

红外线具有较小的能量, 因此检测红外线的仪器必须具备更高的灵敏度, 这些仪器在 19 世纪 80 年代以后才研制成功. 最早检测红外线的装置是把一个电阻温度计接在惠斯登电桥的一条支路上. 当没有红外线照射时, 电桥是平衡的, 当有红外线照射到电阻温度计上时, 就有电流流过电桥. 1910 年以后, 用灵敏度更高的真空温差电偶取代了上述装置. 第二次世界大战以后, 逐渐出现了硫化物(硫化铅、硫化晒)光电管, 其原理是几种硫化物受到红外光照射时会改变它们的电阻率. 与真空温差电偶对比, 硫化物光电管的灵敏度提高了两个数量级, 具有反应时间短、稳定度高等优点. 目前, 广泛采用的检测器由光敏元件构成, 将光信号直接转变为电信号. 光敏元件的材料不同, 其工作范围也不同. 常用的光敏材料及波长范围如表 H–1 所示.

表 H–1　常用光敏材料及波长范围

光敏材料	波长范围/nm	光敏材料	波长范围/nm
Si	700 ~ 1100	InSb	1000 ~ 5000
Ge	700 ~ 2500	InAs	800 ~ 2500
PbS	750 ~ 2500	InGaAs	800 ~ 2500

检测器按工作方式可分为单通道和多通道两种类型. 单通道检测器只有一个检测单元, 一次只能接受一个光信号, 得到全谱需经过光谱扫描; 多通道检测器有许多个检测单元排列在检测面上, 可同时接收检测面上不同波长的光信号, 不需扫描, 速度快. 多通道检测器主要有二极管阵列(PDA)和电荷耦合器件(CCD), 检测面上阵列的数目决定仪器的波长分辨率, 阵列的数目越大分辨率越高.

H.3 红外技术

1. 红外诊疗技术

利用红外成像仪将人体辐射的远红外线转化为电信号, 再经图像处理技术转化为图像, 这就是人体的温度场. 通过与正常人体温度场的比较, 局部或全局温度场的异常就反映了局部病变或损伤, 因此, 红外成像法是一种新的诊断手段. 热成像系统在扫描过程中只接收人体的热辐射, 对人体无介入损伤, 对环境无污染, 可以同时进行多部位扫描, 在临床上有着越来越广泛的应用, 医用红外成像技术正逐渐发展为一门独立学科, 即红外影像学. 皮肤被红外线照射后, 皮肤对红外线的吸收程度与色素沉积状况有关, 色素沉积越多, 吸收率越大. 红外线对皮肤的穿透深度与波长有关, 用波长大于 1.5 μm 的红外线照射后, 绝大部分被反射, 穿透深度仅为 0.05 ~ 2 mm, 短波红外线(波长小于 1.0 μm)的穿透深度可达 10 mm, 能直接作用到皮肤的血管、淋巴组织、神经末梢及其他皮下组织. 经红外线照射的生物体组织, 由于温度升高使毛细血管扩张从而加速血液流动和物质的新陈代谢, 提高细胞活力和再生能力. 红外线疗法可治疗慢性炎症, 消肿止痛. 在治疗慢性感染性伤口和慢性溃疡时, 可改善组织营养, 减少创伤面渗出, 加快伤口愈合. 由于眼球含有较多的液体, 对红外线吸收较强, 因而一定强度的红外线直接照射眼睛时可引起白内障. 白内障的产生与短波红外线的作用有关, 波长大于 1.5 μm 的红外线不会引起白内障. 用红外线治疗时, 应注意照射部位和剂量, 一般而言, 红外线照射要根据病变的特点进行局部治疗, 大剂量红外线多次照射皮肤时, 可产生褐色大理石状红斑甚至烫伤.

2. 红外监测技术

植物的叶片表面分布着大量的气孔, 植物通过这些小孔的开合调节叶片表面水分的蒸发. 水分的蒸发会带走叶片表面的热量从而使其表面温度下降, 运用高分辨率的红外成像仪对叶片表面进行监测, 有助于研究植物生理反应, 尤其是逆境胁迫下的早期生理反应. 如在重力作用下叶片表面与环境的热交换的监测, 寒冷环境下植物体内的冰核形成过程的监测, 谷类作物由于疾病和阵风而造成的旗叶温度差异的测量等. 红外监测技术还可以研究动物的行为和病变机理. 例如, 为了研究毒素对动物的作用效果, 可以通过红外成像仪对动物皮肤表面的温度进行监测. 在比利时, 使用基于微处理器的红外监测系统识别母猪发情. 该系统经种猪场现场测试, 红外监测系统识别母猪发情的准确率可达 80% 以上.

3. 红外遥感技术

红外遥感就是利用红外线远距离感知物体或获取信息的技术, 它的基本原理是用红外探测器接收红外辐射, 经一系列处理后, 绘制成图像供分析使用. 一般而言, 将红外传感器装在卫星或飞机上, 收集、记录地物的红外信息并利用这些信息来识别地物和反演地表参数如温度、湿度等, 定量表达地球表面时空多变要素. 分析获取的遥感信息, 可以对森林火灾、火山爆发进行预报. 红外遥感技术在农业上有着广泛的应用. 通过提取有用的信息, 比如叶面积指数、植株形态信息、生化组分信息等, 使精准农业成为可能. 植物叶片的红外反射率与附着在叶子上的蚜虫数量密切相关, 随着蚜虫数量的增加, 反射率明显下降. 这样就可以通过测量叶片的反射率间接测定叶片上附着的蚜虫数量. 在使用遥感技术以前, 人们对植物病虫害的判断主要是肉眼观察, 当确定为病虫害时, 往往作物已经遭受到重大损失, 然后采用大量农药防治, 既污染环境又损害人们的健康. 而红外遥感可以在病虫害发生初期就可以做出判断, 从而把病虫害消灭在萌芽状态. 叶面积指数与作物的产量有着很好的线性关系, 且近红外光谱反射率与叶面积指数也有着线性关系, 利用这一关系可以通过测量叶面积指数对作物产量进行预测.

4. 近红外光谱分析技术

近红外光谱的信息源是分子内部原子间振动的倍频与合频, 该谱区信号的频率比中红外谱区高, 介于中红外谱区和可见谱区之间; 因此近红外的光谱类似于可见光, 容易获取与处理, 信息量丰富, 它直接反映了含氢基团的信息. 近红外光谱分析是指利用近红外谱区包含的物质信息, 主要用于有机物定性和定量分析的一种分析技术, 近红外光谱分析兼备了可见区光谱分析信号容易获取与红外区光谱分析信息量丰富两方面的优点, 加上该谱区自身具有的谱带重叠、吸收强度较低、需要依靠化学计量学方法提取信息等特点, 使近红外光谱分析成为一类新型的分析技术. 近红外光谱具有的优势为: ① 测试简单, 无繁琐的前处理和化学反应过程; ② 测试速度快, 大大缩短测试周期; ③ 对测试人员无专业化要求, 且单人可完成多个化学指标的大量测试, 大大提高测试效率; ④ 测试过程无污染, 检测成本低; ⑤ 随模型中优秀数据的积累, 模型不断优化, 测试精度不断提高; ⑥ 测试范围可以不断拓展. 但近红外光谱也有其固有的弱点, 如: ① 由于物质在近红外区吸收弱, 灵敏度较低, 一般含量应大于 0.1%; ② 建模工作难度大, 需要有经验的专业人员和来源丰富的有代表性的样品, 并配备精确的化学分析手段; ③ 每一种模型只能适应一定的时间和空间范围, 因此需要不断对模型进行维护, 用户的技术会影响模型的使用效果.

目前, 近红外光谱用于定量分析相对成熟, 在农副产品分析中得到广泛应用. 它可以对谷物的水分、蛋白质、脂肪、粗纤维、赖氨酸等含量进行测量, 与通过化学分析手段所得结果的相对误差不大于 5%. 近红外光谱技术不仅作为常规方法用于食品的品质分析, 而且已用于食品加工过程中组成变化的监控和动力学行为的研究, 如用近红外光谱法评价微型磨面机在磨面过程中化学成分的变化; 在奶酪加工过程中优化采样时间, 研究不同来源的奶酪的化学及物理动力学行为; 通过测定颜色变化来确定农产品的新鲜度、成熟度, 了解食品的安全性; 通过检测水分含量的变化来控制烤制食品的质量; 检测苹果、葡萄、梨、草莓等果汁加工过程中可溶性和总固形物的含量变化; 在啤酒生产线上监测发酵过程中酒精及糖分含量变化. 近红外光谱用于定性分析是近些年来发展起来的新技术, 作为品种鉴别、筛选的手段, 它不需要通过其他方式获取待测量的化学值, 从而具有无损、快速等优点. 定性分析的具体方法是, 先扫描已知品种的样品的近红外光谱, 然后建立定性分析模型, 再运用模型对未知种类样品的近红外光谱进行模型识别. 目前, 运用定性分析手段对玉米、水稻种子的真实性、纯度、产地、年份等的鉴别, 对杂交种和母本的筛选等都取得了很好的效果.

5. 军用红外技术

红外技术发展的最大动力是军事需要, 至今在军事领域仍占有重要的地位. 硫化铅红外探测器就是在第二次世界大战期间由德国发展起来的, 并用它研制了一些军用设备. 战后, 美国接收了这些成果, 又研制生产了"响尾蛇"红外制导空空导弹. 红外制导就是利用目标本身的红外辐射来引导导弹自动接近目标, 它是目前空空、空地、地空、反坦克导弹普遍采用的工作方式. 由于红外辐射不可见, 可以避开对方的目视侦察; 可以夜间使用, 可用无源被动系统, 保密性强, 不易受到干扰; 利用目标与背景的差异, 可以识别各种军事目标, 包括各种伪装的目标等. 用机载或星载红外成像系统, 获取地面信息, 对地面目标进行侦察、监视的方法已有几十年的时间. 导弹预警卫星利用红外探测器可探测到导弹发射时尾焰的红外辐射并发出警报, 为拦截导弹提供预警时间. 舰载红外热成像仪可用于发射掠海导弹时提供目标数据, 还可探测对方掠海导弹, 减少反辐射导弹袭击的可能性. 配有红外瞄准、测距器具的武器能在夜间对目标精准定位、跟踪和射击.

拓展 I 超导体的电磁特性

1908 年, 荷兰莱顿大学的昂尼斯成功地液化了惰性气体氦 (He), 获得了低于 4.2 K 的低温. 1911 年他在研究汞的电阻随温度的变化时发现, 温度降到 4.15 K 时电阻突然减小到零. 后来他又发现许多金属和合金都具有与上述汞相类似的低温下失去电阻的特性. 1913 年昂尼斯首次引入 "超导电性" 一词来描述物质的这种新的状态, 他由于这一发现获得了 1913 年度诺贝尔物理学奖. 后来, 人们发现除水银、锡、铅之外的许多金属都具有超导电性, 由它们组成的材料都属于一个大家族——超导体. 另外超导体的超导状态只存在于一定的临界温度 T_c 之下, 当温度高于 T_c 后超导体就变为常导体, 不同的超导体的 T_c 一般是不同的, 表 I-1 列举了一些超导材料和它们的临界温度.

表 I-1 一些超导材料及其临界温度

材料	T_c/K	材料	T_c/K
W	0.012	Pb-In	3.39~7.26
Be	0.026	Pb-Bi	8.4~8.7
Cd	0.515	Nb-Ti	9.3~10.02
Al	1.174	Nb-Zr	10.8~11.0
In	3.416	MoC	14.0
Ta	4.48	V_3Ga	16.8
V	5.3	Nb_3Sn	18.1
Pb	7.201	Nb_3Al	18.8
Nb	9.26	Nb_3Ge	23.2

I.1 零电阻

零电阻是超导体的一个重要特性. 只要进入超导态, 通过超导体内的电流就可看成是无阻尼流动, 表现为零电阻现象. 导体没有了电阻, 电流流经超导体时就不发生热损耗.

如图 I-1 所示, 将一个正常态的金属环放入磁场中, 把温度降到低于 T_c 再撤去磁铁, 这时环内将出现感生电流. 如果电阻为零, 则此电流将长期保持下去. 昂尼斯曾经用磁铁在水银环路中感生出电流, 经过长达一年多的观察发现, 只要水银环路保持在 4.15 K 的低温, 环路中的电流就不会有能测量到的衰减. 实验测得, 超导态铅环的电阻率小于 3.6×10^{-25} $\Omega \cdot m$, 它比铜在室温下的电阻率 1.6×10^{-9} $\Omega \cdot m$ 要小 4.4×10^{15} 倍. 这表明它的直流电阻可以认为是零.

实验表明, 超导态中零电阻现象不仅与超导体温度有关, 还与外磁场强度有关. 例如在热力学温度 0 K 附近, 强度为 32.9×10^3 A·m^{-1} 的磁场就可以破坏汞的超导电性. 对于温度为 T 的超导体, 破坏其超导电性的磁场的最小值称为该温度下的临界磁场, 记作 H_c. 不同的材料的 H_c 值是不同的, 但 H_c 随温度的变化规律是相同的(见图 I–2), 可用下列经验公式描述:

$$H_c(T) = H_c(0)\left[1 - \left(\frac{T}{T_c}\right)^2\right], \quad T < T_c \tag{I.1}$$

式中 $H_c(0)$ 表示 $T = 0$ K 时的临界磁场, 不同材料的 H_c 不同, 表 I–2 给出了一些金属的 H_c 值.

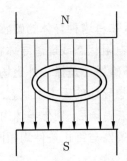

图 I–1　磁场中的超导环

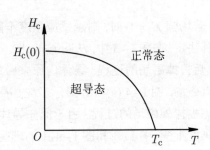

图 I–2　临界磁场与温度的关系

表 I–2　一些金属材料的 $H_c(0)$

材料	$H_c(0)/(10^3 \text{A·m}^{-1})$	材料	$H_c(0)/(10^3 \text{A·m}^{-1})$
Ir	1.50	In	23.3
Ga	4.70	Hg	32.8
Al	7.88	Pb	64.0
Tl	13.6	Nb	155

在不加外磁场的情况下, 由于超导体内的电流也产生磁场, 所以如果这个电流在超导体表面产生的磁场值大于或等于 H_c 时, 电流的磁场就破坏了超导态, 相应的电流称为临界电流, 以 I_c 表示. 与式 (I.1) 类似, 临界电流与温度的关系可以表示为

$$I_c(T) = I_c(0)\left[1 - \left(\frac{T}{T_c}\right)^2\right], \quad T < T_c \tag{I.2}$$

综上所述, 超导现象是一种电磁现象, 超导态只能存在于 T, H, I 构成的三维空间中由 T_c, H_c, I_c 围成的曲面内.

传统输电过程中电能的损耗已成为日益严重的问题. 而超导输电, 只要电流密度不超过临界电流密度, 超导体无电阻, 原则上可以做到完全没有焦耳热的损耗, 因而可以节省大量能源. 用超导线绕制并构成闭合回路, 对其励磁, 超导线圈中储存的能量可以无损耗地长期保存, 超导线圈储能密度高, 可以瞬间输出巨大脉冲电能.

I.2　迈斯纳效应

自从超导现象发现直到 1933 年, 人们一直认为超导体就是电阻为零的理想导体. 零电阻是超导体的一个基本特性, 但理想导体并不等同于超导体, 完全抗磁性——迈斯纳效应是超导体的另一个特性.

对于理想导体, 由欧姆定律 $E = \rho j$, 若电阻率 $\rho = 0$ 而 j 为有限值, 则 E 必须为零. 因此, 对于理想导体, 在不存在电场的情况下仍然维持恒定的电流密度. 同时, 根据

$$\oint E \cdot \mathrm{d}l = -\int \frac{\partial B}{\partial t} \cdot \mathrm{d}S \tag{I.3}$$

可知, 若场强 $E = 0$ 时, 则磁感应强度不随时间变化, 这意味着这种导体的磁感应强度由初始条件决定. 在图 I-3 中, 从图 (a) ～ 图 (d) 是先降温至无电阻状态或理想导体状态, 再加磁场, 然后去掉磁场的过程. 导体内原来磁场为零, 无论加外磁场还是撤去外磁场后导体内仍然没有磁场. 图 I-4 (a)~(d) 显示了先加磁场, 再降温到理想导体的无电阻状态, 然后在无电阻状态去掉外磁场的过程. 由于原先导体内存在磁场, 撤去磁场后, 理想导体内仍维持其磁感应强度不变. 图 I-3 和图 I-4 中的理想导体, 虽然初始条件与终止条件均相同, 但是它们最终体内磁感应强度不同.

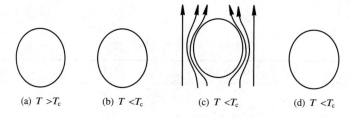

(a) $T > T_c$　　　(b) $T < T_c$　　　(c) $T < T_c$　　　(d) $T < T_c$

图 I-3　理想导体先降温后加磁场时体内磁场变化

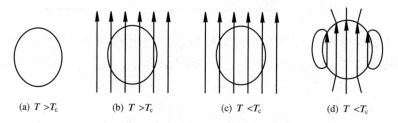

(a) $T > T_c$　　　(b) $T > T_c$　　　(c) $T < T_c$　　　(d) $T < T_c$

图 I-4　理想导体先加磁场后降温时体内磁场变化

1933 年迈斯纳等为了判断超导态的磁性是否完全由零电阻所决定, 进行了一项实验, 将温度高于 T_c 的超导体样品放入磁场中, 这时样品不是处于超导态, 其中有磁场存在. 在维持磁场不变的条件下降低温度使其处于超导态时, 样品内的磁场就消失了, 即磁力线全部被排斥在样品之外了. 如果将超导样品在无外磁场时先降到 T_c 以下, 使其处于超导态, 然后再加上外磁场, 则同样的结果出现了, 超导体内的磁场也等于零. 从实验结果得到的结论是: 不管超导体内原来有无磁场, 一旦进入超导态, 超导体内的磁场一定等于零, 即具有完全抗磁

性, 这一现象称为迈斯纳效应. 这个效应与前述理想导体的情形是不同的, 因此从零电阻效应出发得不到迈斯纳效应, 同样由迈斯纳效应也不能推出零电阻现象. 迈斯纳效应与零电阻性质是超导态的两个独立电磁特性, 同时满足这两种电磁性质的材料才具有超导电性, 缺一不可.

后来人们还做过这样一个实验: 在一个浅平的锡盘中, 放入一个体积很小但磁性很强的永久磁体, 然后把温度降低, 使锡盘出现超导性, 这时可以看到, 小磁铁竟然离开锡盘表面, 慢慢地飘起, 悬空不动. 这就是超导体的完全抗磁性所产生的磁悬浮现象, 磁悬浮现象在工程技术中有许多重要的应用, 如用来制造磁悬浮列车和超导无摩擦轴承等.

从经典物理学的角度, 超导体内的完全抗磁性来源于导体表面的屏蔽电流. 当超导体进入超导态时, 在其表面将产生一定的永久电流. 该电流所产生的磁场在超导体内与外磁场方向相反, 彼此恰好抵消, 从而使超导体内的总磁场强度为零, 起到屏蔽外磁场的作用. 由公式

$$H = \frac{B}{\mu_0} - M, \qquad M = \chi_m H$$

可知, 由于超导体内的 $B = 0$, 故 $\chi_m = -1$, 所以超导体具有完全抗磁性. 1934 年戈特和卡西米尔等物理学家为解释超导体的热力学性质首先提出了超导性的二流体模型, 认为超导体中的电子分为两类: 一类是超流电子; 另一类是正常电子. 在超导态下超流电子提供超导电流, 但不被晶格离子散射因而无电阻效应. 1935 年德籍英国物理学家伦敦兄弟根据二流体模型建立起超导电动力学, 提出了两个理论方程, 即著名的伦敦方程. 伦敦方程和麦克斯韦方程相结合清楚地解释了迈斯纳效应. 伦敦兄弟的工作对以后的超导电性理论和实验产生了重要的影响.

超导现象中的迈斯纳效应使人们可以用此原理制造磁悬浮列车. 列车运行时, 超导磁体向地面轨道上的铝质线圈产生强大磁场. 铝环产生强大感应电流, 由于超导体磁场和铝环中电磁场的相互作用, 使车辆悬浮起来, 因而车辆不受地面阻力的影响. 由于这些交通工具将在无摩擦状态下运行, 这将大大提高它们的速度和安静性能.

拓展 J 电磁场的相对性

我们知道, 在一个参考系中相对静止的物体, 在另一个参考系中却有可能是运动的, 也就是说, 对物体运动的描述依赖于参考系. 同样, 静止电荷在空间激发静电场, 并对场中的电荷产生作用力, 在这个参考系中不存在磁场; 运动的电荷在空间激发磁场, 并对磁场中的运动电荷产生作用力. 显然, 在相对于静止电荷运动的参考系的观察者看到电荷是运动的, 那么一个运动的电荷理应感受到磁场的作用力. 由此看来, 对电磁场的描述同样依赖于参考系的选择. 那么不同参考系对电磁场的描述到底存在怎样的规律呢? 先来回顾我们在静电场中是如何处理运动电荷的. 可以肯定, 库仑定律适用于静止电荷之间的相互作用, 高斯定理适用于静止电荷. 我们在处理静止电荷或静电场对运动电荷的作用时, 理所当然地认为库仑定律仍然适用, 事实上这个法则可以认为是实验结论, 那么其内在原因是什么? 为什么库仑定律不能用于运动的电荷对静止电荷的作用? 为了找到这些问题的答案, 我们先来陈述几个大家达成 "共识" 的事实:

(1) 电荷具有相对论不变性, 即一个带电体的电量不会因为带电体的运动而改变. 一个明显的证据就是, 无论分子或原子怎样运动, 它们都是精确电中性的, 不因运动状态的变化而改变.

(2) 对于闭合曲面, 通过它的电通量在任意时刻只取决于那个时刻它所包围的净电荷. 如果经过一段时间, 即使电荷在运动, 只要闭合曲面内的净电荷不变, 那么电通量也不会改变. 因此, 高斯定理适用于运动的电荷, 并且在每个瞬间都成立.

(3) 我们把电荷在电磁场中的受力公式

$$F = qE + qv \times B \tag{J.1}$$

作为电场强度与磁场强度的定义式, 它是电磁学的基本关系式.

J.1 在不同参考系测量电场

若电荷是相对论变换下的不变量, 则电场将按某种方式变换. 下面, 我们用一个特例研究相对于场源电荷静止的参考系中的电场在另一惯性系中是如何分布的. 如图 J–1 (a) 所示, 在参考系 S 中, 有两个足够大的正方形平行带电平板, 边长为 l, 分别带有面电荷密度为 $\pm\sigma$ 的电荷. 设间距 d 远小于 l, 则平板之间的电场可认为是均匀的. 图 J–1 (b) 是在相对于参考系 S 以速度 u 匀速运动的另一惯性系 S′ 中看到的情况. 分别在 S 和 S′ 中建立坐标系 O 和 O', 它们相应的坐标轴彼此平行, 且 x 轴与 x' 轴重合, 平板平面与 x-z 平面或 x'-z' 平面平行, 并使平板的一边与 x 轴或 x' 轴平行. 在 S 系看来, S′ 系以速度 u 沿其正 x 轴方向运动, 在 S′ 系看来, 平板以同样速率沿负 x' 轴运动.

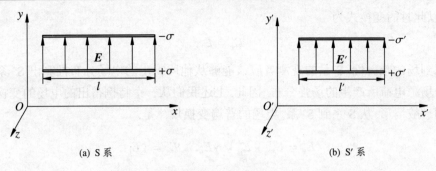

图 J–1   两个参考系相对速度的方向垂直于电场

在 S 系中, 容易求出空间的电场强度分布: 平板外的场强为零, 平板间的场强指向 y 轴正向, 其大小为

$$E_y = \frac{\sigma}{\varepsilon_0} \tag{J.2}$$

根据电荷不变性, 从 S′ 系看来, 带电平板上的电荷总量不变, 但由长度收缩效应, 沿 x' 轴方向的边长变短, 电荷面密度变大, 从而电场增强. 相应的变换如下:

$$\left. \begin{array}{l} l' = \dfrac{l}{\gamma} \\[2mm] \sigma' = \gamma\sigma \\[2mm] E_y' = \gamma E_y \end{array} \right\} \tag{J.3}$$

式中

$$\gamma = \frac{1}{\sqrt{1 - \dfrac{u^2}{c^2}}}$$

如果使带电平板板面与 y-z 平面平行, 如图 J–2 所示, 平板面积不受长度收缩效应的影响, 两个坐标系中面电荷密度相等, 虽然平板间距变小, 但电场强度不随平板间距的变化而

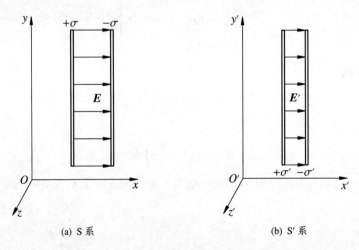

图 J–2   两个参考系相对速度的方向平行于电场

改变, 所以此时的变换式为

$$E'_x = E_x \tag{J.4}$$

考虑到场的唯一性, S 系的观测者应该能够从他所得出的电场分布推算出 S′ 系的观测者对同一场源电荷所产生的场强分布. 因此, 上述我们从一个特例得出的电场的变换规律可以推广到一般情形, 从 S 系到 S′ 系, 电场的普遍变换规律是:

$$E'_x = E_x, \quad E'_y = \gamma E_y, \quad E'_z = \gamma E_z \tag{J.5}$$

即, 沿相对速度 u 的方向, 电场强度不变, 而垂直于 u 的方向上, 电场增强到 γ 倍.

J.2 动量和力的变换

下面我们研究不同参考系中动量和力的变换关系, S 系与 S′ 系沿用前述定义. 设有一静止质量为 m_0 的质点, 在 S 系中以速度 v 运动, 则它的动量为

$$p = \frac{m_0 v}{\sqrt{1 - \dfrac{v^2}{c^2}}}$$

根据狭义相对论的速度变换, 可以得出从 S 系到 S′ 系的动量变换

$$\left.\begin{array}{l} p'_x = \gamma \left(p_x - \dfrac{m_0 u}{\sqrt{1 - v^2/c^2}} \right) \\[3mm] p'_y = p_y \\[2mm] p'_z = p_z \end{array}\right\} \tag{J.6}$$

为了使问题得以简化, 假设质点在某一时刻恰好在 S 系中以速率 v 沿与 x 轴平行的方向运动[1], 即 $v_x = v, v_y = v_z = 0$, 则式 (J.6) 的微分式为

$$\left.\begin{array}{l} \mathrm{d}p'_x = \gamma \left(1 - \dfrac{uv}{c^2} \right) \mathrm{d}p_x \\[3mm] \mathrm{d}p'_y = \mathrm{d}p_y \\[2mm] \mathrm{d}p'_z = \mathrm{d}p_z \end{array}\right\} \tag{J.7}$$

由洛伦兹坐标变换式

$$t' = \gamma \left(t - \frac{ux}{c^2} \right)$$

可得

$$\mathrm{d}t' = \gamma \left(1 - \frac{uv}{c^2} \right) \mathrm{d}t \tag{J.8}$$

---

[1] 当然, 质点不可能永远保持这样的运动状态, 因为在力的作用下, 质点速度的大小和方向随时可以改变.

式 (J.7) 与式 (J.8) 相除, 就可以得到力的变换式[1]

$$\left.\begin{array}{l} F'_x = F_x \\[2mm] F'_y = \dfrac{F_y}{\gamma\left(1 - \dfrac{uv}{c^2}\right)} \\[4mm] F'_z = \dfrac{F_z}{\gamma\left(1 - \dfrac{uv}{c^2}\right)} \end{array}\right\} \tag{J.9}$$

同理, 可以导出力的逆变换式

$$\left.\begin{array}{l} F_x = F'_x \\[2mm] F_y = \dfrac{F'_y}{\gamma\left(1 + \dfrac{uv'}{c^2}\right)} \\[4mm] F_z = \dfrac{F'_z}{\gamma\left(1 + \dfrac{uv'}{c^2}\right)} \end{array}\right\} \tag{J.10}$$

J.3 静止电荷对运动电荷的作用力

为了回答前面提出的问题, 我们假设有相对于 S 系静止的电荷(系)激发的静电场 E, 点电荷 q 相对于 S′ 系静止, 并以速度 u 相对于 S 系沿 x 轴运动. 在 S′ 系看来, 该点电荷静止, 即 $v' = 0$, 而场源电荷(系)以速率 u 沿负 x' 轴运动. S′ 系的观测者测得作用在静止电荷 q 上的力为

$$F'_x = qE'_x, \quad F'_y = qE'_y, \quad F'_z = qE'_z$$

将式 (J.5) 代入上式, 有

$$F'_x = qE_x, \quad F'_y = \gamma qE_y, \quad F'_z = \gamma qE_z$$

用式 (J.10) 将上式变回到 S 系, 考虑到 $v' = 0$, 得

$$F_x = qE_x, \quad F_y = qE_y, \quad F_z = qE_z$$

即 $F = qE$. 这说明, 静电场或静止的电荷(系)作用于运动电荷的静电力与静电场或静止的电荷(系)作用于静止电荷的力遵从相同的规律. 因此, 库仑定律同样适用于静止电荷对运动电荷的作用.

J.4 运动电荷对运动电荷的作用力

设在 S 系有静电场 E, 场源电荷相对于 S 系静止. 同时, 在某时刻恰好有一点电荷 q 在 S 系中沿 x 轴以速率 v 运动, 根据前面的讨论, S 系的观测者测量 q 受到的力来源于电场, $F = qE$, 或

$$F = qE_x \boldsymbol{i} + qE_y \boldsymbol{j} + qE_z \boldsymbol{k} \tag{J.11}$$

---

[1] 此变换式只适用于质点的速度只有 x 分量的情形.

对于 S′ 系的观测者而言, q 以速率 v' 平行于 x' 轴运动, 场源电荷以速率 u 沿 x' 轴反方向运动. 下面我们研究 S′ 系的观测者测量作用于点电荷 q 上的力 $\boldsymbol{F}'$. 为了利用式 (J.1) 找出 S′ 系的电场强度和磁感应强度, 即根据

$$\boldsymbol{F}' = q\boldsymbol{E}' + q\boldsymbol{v}' \times \boldsymbol{B}' \tag{J.12}$$

求出 $\boldsymbol{E}'$ 和 $\boldsymbol{B}'$, 我们有必要将式 (J.9) 中的 v 用 v' 表示, 将速度的逆变换式

$$v = \frac{v' + u}{1 + \dfrac{uv'}{c^2}}$$

代入式 (J.9), 可得

$$\left.\begin{aligned} F_x' &= F_x \\ F_y' &= \gamma F_y\left(1 + \frac{uv'}{c^2}\right) \\ F_z' &= \gamma F_z\left(1 + \frac{uv'}{c^2}\right) \end{aligned}\right\} \tag{J.13}$$

将式 (J.11) 代入式 (J.13), 并利用式 (J.5), 就得到了 S′ 系中点电荷受力的表达式

$$\boldsymbol{F}' = q\left(E_x'\boldsymbol{i} + E_y'\boldsymbol{j} + E_z'\boldsymbol{k}\right) + \frac{quv'}{c^2}\left(E_y'\boldsymbol{j} + E_z'\boldsymbol{k}\right)$$

上式第一项为电荷 q 在 S′ 系中所受电场力, 与其运动速度无关; 第二项表示垂直于电荷运动方向的力. 为了看清上式的物理意义, 将上式写作

$$\boldsymbol{F}' = q\boldsymbol{E}' - q\boldsymbol{v}' \times \left(\frac{1}{c^2}\boldsymbol{u} \times \boldsymbol{E}'\right) \tag{J.14}$$

将上式与式 (J.12) 比较, 易得 S′ 系测得的磁感应强度为

$$\boldsymbol{B}' = \frac{1}{c^2}(-\boldsymbol{u}) \times \boldsymbol{E}' \tag{J.15}$$

从式 (J.14) 和式 (J.15) 可以看出, 相对于场源电荷静止的参考系中只有电场, 而相对于场源电荷运动的参考系可同时测出电场和磁场, 而且这个磁场是运动电荷激发的电场的相对论效应, 电场和磁场不是独立的, 而是相互关联的.

J.5　电磁场的变换

仍然以平行带电平板为例. 图 J–3 (a) 表示在 S 系中两个带有异号电荷的平行平板以速度 $\boldsymbol{v}$ 沿 x 轴运动, 两个平板上的面电荷密度分别为 $\pm\sigma$, 图 J–3 (b) 是在相对于 S 系以速度 $\boldsymbol{u}$ 运动着的 S′ 系中看到的情况. 设在相对于场源电荷静止的参考系中平板的面电荷密度为 $\pm\sigma_0$, 则根据式 (J.3) 及电场的变换式 (J.5) 可知, 两个参考系中的电场分量分别是

$$E_y = \frac{\sigma_0}{\varepsilon_0\sqrt{1 - v^2/c^2}} \tag{J.16}$$

$$E_y' = \frac{\sigma_0}{\varepsilon_0\sqrt{1 - v'^2/c^2}} \tag{J.17}$$

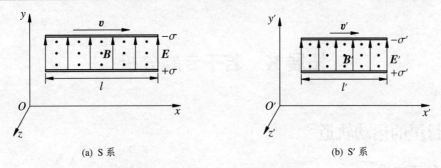

图 J–3 两个参考系电磁场的变换

再由式 (J.15) 得两个参考系中的磁感应强度分别为

$$B_z = \frac{\sigma_0 v}{\varepsilon_0 c^2 \sqrt{1 - v^2/c^2}} \tag{J.18}$$

$$B_z' = \frac{\sigma_0 v'}{\varepsilon_0 c^2 \sqrt{1 - v'^2/c^2}} \tag{J.19}$$

将洛伦兹速度变换式

$$v' = \frac{v - u}{1 - uv/c^2}$$

代入式 (J.17) 和式 (J.19), 得

$$E_y' = \gamma(E_y - uB_z)$$

$$B_z' = \gamma\left(B_z - \frac{u}{c^2}E_y\right)$$

仿照上面的过程, 还可以导出其他几个变换式, 全部变换式如下:

$$\left. \begin{aligned} E_x' &= E_x \\ E_y' &= \gamma(E_y - uB_z) \\ E_z' &= \gamma(E_z + uB_y) \end{aligned} \right\} \tag{J.20}$$

$$\left. \begin{aligned} B_x' &= B_x \\ B_y' &= \gamma\left(B_y + \frac{u}{c^2}E_z\right) \\ B_z' &= \gamma\left(B_z - \frac{u}{c^2}E_y\right) \end{aligned} \right\} \tag{J.21}$$

从这些变换式可以看出, 电场和磁场以非常对称、高度紧密的方式相联系, 它们又共同构成了一个整体. 电场和磁场分别表征这个整体的两个属性, 在不同的参考系中可以相互转换, 这就是电磁场的相对性.

拓展 K 若干专题分析

K.1 行星的运动轨道

K.1.1 轨道方程

研究行星在恒星的引力场中的轨道运动, 采用极坐标较为方便. 在恒星参考系中, 以恒星中心为原点的极坐标系中, 行星的速度可以表示为

$$\boldsymbol{v} = \frac{\mathrm{d}r}{\mathrm{d}t}\boldsymbol{e}_r + r\frac{\mathrm{d}\theta}{\mathrm{d}t}\boldsymbol{e}_\theta$$

行星所受的力为恒星对它的引力

$$\boldsymbol{F} = -G\frac{m_{\mathrm{s}}m}{r^2}\boldsymbol{e}_r = -\frac{k}{r^2}\boldsymbol{e}_r$$

式中 G 为万有引力常量, m_{s} 和 m 分别表示恒星和行星的质量. 下面为了书写方便, 引入常量 $k = Gm_{\mathrm{s}}m$. 由于该力始终指向恒星中心, 所以称之为有心力. 万有引力属于保守力, 系统的势能为

$$E_{\mathrm{p}}(r) = \int_r^\infty \boldsymbol{F} \cdot \mathrm{d}\boldsymbol{r} = -\frac{k}{r}$$

上式是选定 $r \to \infty$ 时势能为零的条件下写出的.

有心力的特点是它对原点的力矩为零, 从而行星运动的角动量守恒. 即

$$L = |\boldsymbol{r} \times m\boldsymbol{v}| = mr^2\frac{\mathrm{d}\theta}{\mathrm{d}t} = 常量 \tag{K.1}$$

又由于只有保守引力做功, 所以机械能守恒, 即

$$E = E_{\mathrm{k}} + E_{\mathrm{p}} = \frac{1}{2}m\left(\frac{\mathrm{d}r}{\mathrm{d}t}\right)^2 + \frac{1}{2}m\left(r\frac{\mathrm{d}\theta}{\mathrm{d}t}\right)^2 - \frac{k}{r}$$

利用式 (K.1), 上式可以表示为

$$E = E_{\mathrm{k}} + E_{\mathrm{p}} = \frac{1}{2}m\left(\frac{\mathrm{d}r}{\mathrm{d}t}\right)^2 + \frac{1}{2}\frac{L^2}{mr^2} - \frac{k}{r} \tag{K.2}$$

联立式 (K.1) 和式 (K.2), 从中消去 t, 得

$$\frac{\mathrm{d}\theta}{\mathrm{d}r} = \pm\frac{L}{r}\frac{\mathrm{d}r}{\sqrt{2mr^2E - L^2 + 2kmr}}$$

上式的积分可通过查表获得, 为

$$\theta - C = \pm\arcsin\frac{kmr - L^2}{ekmr} \tag{K.3}$$

式中 C 为积分常量,

$$e = \sqrt{1 + \frac{2EL^2}{mk^2}} \tag{K.4}$$

对式 (K.3) 两边取正弦, 有

$$r = \frac{L^2}{mk\,[1 \pm e\sin(\theta - C)]}$$

当上式中 $\theta = \theta_0 = C \pm \pi/2$ 时, r 最小, 在 θ_0 两边轨道是对称的. 为方便起见, 选择坐标系的极轴使 $\theta_0 = 0$, 如图 K–1 所示, 则轨道方程的极坐标形式可以表示为

$$r = \frac{p}{1 + e\cos\theta} \tag{K.5}$$

式中

$$p = \frac{L^2}{mk} \tag{K.6}$$

可以看出, 式 (K.5) 表示行星的轨道为焦点位于 $r = 0$ 的圆锥曲线, e 是离心率. 下面分几种情况讨论.

(1) 当 $e = 0$ 时轨道为半径为 p 的圆, 此时, 由式 (K.4) 可得系统的能量为

$$E = E_0 = -\frac{mk^2}{2L^2}$$

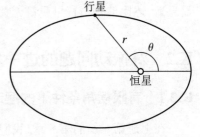

图 K–1 行星的轨道

(2) $0 \leqslant e \leqslant 1$ 时轨道为椭圆, $E_0 < E < 0$.

(3) $e = 1$ 时轨道为抛物线, $E = 0$.

(4) $e > 1$ 时轨道为双曲线, $E > 0$.

行星在恒星的引力场中运动时, 如果行星无法摆脱恒星的引力, 则一般情况下轨道为椭圆, 总能量为负值.

K.1.2 开普勒定律

开普勒在 17 世纪初期把观测到的行星运动数据归结为三个定律. 这些规律对牛顿发现万有引力起了重要作用. 开普勒第一定律指出行星的轨道为以太阳为焦点的椭圆, 前面我们已经证明了. 开普勒第二定律指出, 太阳到行星的径矢单位时间扫过的面积是一个常量. 根据角动量守恒定律很容易证明它, 参见第 2 章, 单位时间扫过的面积为

$$\frac{\mathrm{d}S}{\mathrm{d}t} = \frac{L}{2m}$$

利用椭圆的面积公式 $S = \pi ab$ (a 和 b 分别表示椭圆半长轴与半短轴的长度), 由上式可得椭圆轨道的周期

$$T = \frac{2m}{L}\int \mathrm{d}S = \frac{2m\pi ab}{L} \tag{K.7}$$

开普勒第三定律指出行星轨道运动的周期的平方与椭圆轨道半长轴的立方成正比.

下面, 根据前述讨论来证明开普勒第三定律. 根据椭圆的性质并结合式 (K.6) 可得

$$p = \frac{b^2}{a} = \frac{L^2}{mk} \tag{K.8}$$

利用式 (K.4), 有

$$e = \frac{\sqrt{a^2 - b^2}}{a} = \sqrt{1 + \frac{2EL^2}{mk^2}} \tag{K.9}$$

联立式 (K.8) 和式 (K.9), 可以解出椭圆轨道的半长轴与半短轴的长度分别为

$$a = -\frac{k}{2E} \tag{K.10}$$

$$b = \sqrt{-\frac{1}{2mE}} L \tag{K.11}$$

由式 (K.10)、式 (K.11) 和式 (K.7), 可得

$$\frac{T^2}{a^3} = \frac{4\pi^2 m}{k} = \frac{4\pi^2}{Gm_s}$$

显见, 上述比值是与行星质量无关的常量, 从而开普勒第三定律得以证明.

K.2 对振动问题的进一步讨论

K.2.1 有限摆角条件下的摆动周期

在上册第一篇的第 5 章, 我们讨论了小角度摆动条件 (单摆) 的振动, 了解了单摆的运动为简谐振动, 并求出了单摆的角频率和振动周期. 现在, 解除小角度摆动的限制, 研究有限摆角条件下的摆动周期.

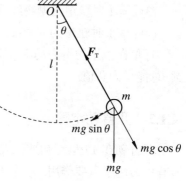

质量为 m 的小球由上端固定的轻绳悬挂, 设初始时刻将摆绳拉至与竖直方向的夹角为 θ_0, 此时小球静止, 然后松开小球让其自由运动. 小球的运动沿竖直平面内的一段圆弧, 当摆角为 θ 时, 小球的受力分析如图 K-2 所示. 重力的横向分力为 $mg\sin\theta$, 沿圆弧的切线方向, 径向分力沿绳子的延长线方向. 根据牛顿第二定律, 有

$$F_T - mg\cos\theta = m\left(\frac{\mathrm{d}\theta}{\mathrm{d}t}\right)^2 l \tag{K.12}$$

$$mg\sin\theta = -ml\frac{\mathrm{d}^2\theta}{\mathrm{d}t^2} \tag{K.13}$$

图 K-2 摆球的受力分析

利用导数的性质, 有

$$\frac{\mathrm{d}^2\theta}{\mathrm{d}t^2} = \frac{\mathrm{d}}{\mathrm{d}t}\left(\frac{\mathrm{d}\theta}{\mathrm{d}t}\right) = \frac{\mathrm{d}}{\mathrm{d}\theta}\left(\frac{\mathrm{d}\theta}{\mathrm{d}t}\right)\frac{\mathrm{d}\theta}{\mathrm{d}t} = \frac{\mathrm{d}}{\mathrm{d}\theta}\left[\frac{1}{2}\left(\frac{\mathrm{d}\theta}{\mathrm{d}t}\right)^2\right]$$

将上式代入式 (K.13), 得

$$\mathrm{d}\left[\frac{1}{2}\left(\frac{\mathrm{d}\theta}{\mathrm{d}t}\right)^2\right] = -\frac{g}{l}\sin\theta\,\mathrm{d}\theta$$

根据初始条件, 当 $t = 0$ 时, $\theta = \theta_0$, 对上式积分, 有

$$\int_0^{\mathrm{d}\theta/\mathrm{d}t} \mathrm{d}\left[\frac{1}{2}\left(\frac{\mathrm{d}\theta}{\mathrm{d}t}\right)^2\right] = -\frac{g}{l}\int_{\theta_0}^{\theta}\sin\theta\,\mathrm{d}\theta$$

积分可得

$$\left(\frac{\mathrm{d}\theta}{\mathrm{d}t}\right)^2 = \frac{2g}{l}(\cos\theta - \cos\theta_0) \tag{K.14}$$

从上式可以解出

$$\left(\frac{\mathrm{d}\theta}{\mathrm{d}t}\right) = \pm\sqrt{\frac{2g}{l}(\cos\theta - \cos\theta_0)}$$

式中 "+" 号对应于摆球从 $-\theta_0$ 向 θ_0 的摆动过程, "–" 号对应于摆球从 θ_0 向 $-\theta_0$ 的摆动过程, 每个过程所用的时间都是 $T/2$, T 为摆动周期. 利用三角公式

$$\cos\theta = 1 - 2\sin^2\frac{\theta}{2}$$

可将上式化为

$$\left(\frac{\mathrm{d}\theta}{\mathrm{d}t}\right) = \pm2\sqrt{\frac{g}{l}\left(\sin^2\frac{\theta_0}{2} - \sin^2\frac{\theta}{2}\right)} \tag{K.15}$$

作变量代换, 令

$$\sin u = \frac{\sin(\theta/2)}{\sin(\theta_0/2)}$$

并对式 (K.15) 分离变量, 有

$$\mathrm{d}t = \pm\sqrt{\frac{l}{g}}\frac{\mathrm{d}u}{\sqrt{1 - \sin^2(\theta_0/2)\,\sin^2 u}}$$

为了求出摆动周期, 可对上式取 "+" 号的半个周期进行积分, 摆球从 $-\theta_0$ 向 θ_0 的摆动过程对应于 u 从 $-\pi/2$ 变化到 $\pi/2$. 于是, 有

$$\frac{T}{2} = \sqrt{\frac{l}{g}}\int_{-\pi/2}^{\pi/2}\frac{\mathrm{d}u}{\sqrt{1 - \sin^2(\theta_0/2)\,\sin^2 u}}$$

这是一个椭圆积分, 无法用初等函数表示出来. 利用展开式

$$\frac{1}{\sqrt{1 - \sin^2(\theta_0/2)\,\sin^2 u}} = 1 + \frac{1}{2}\sin^2\frac{\theta_0}{2}\sin^2 u + \cdots$$

代入积分式, 可得

$$T = T_0\left(1 + \frac{1}{4}\sin^2\frac{\theta_0}{2} + \cdots\right) \tag{K.16}$$

在一级近似下, 周期 T 的近似式为

$$T = T_0\left(1 + \frac{\theta_0^2}{16}\right)$$

式中 $T_0 = 2\pi\sqrt{l/g}$ 为单摆的振动周期. 从式 (K.16) 可以看出, 当摆角的幅度不可忽略时, 摆动周期将大于单摆的周期.

K.2.2 从能量守恒建立振动的动力学方程

将式 (K.14) 代入式 (K.12) 可以求出小球摆动过程中绳中的拉力

$$F_{\mathrm{T}} = 3mg\sin\theta - 2mg\cos\theta_0$$

此力随着小球位置的变化而改变. 由于它总是与小球运动的方向垂直, 所以此力始终不做功. 从能量的角度分析摆动过程, 实际上是重力的横向分力做功, 改变小球的动能, 即小球的摆动过程是能量在小球的重力势能和动能之间反复转化的过程. 为了看清楚这一点, 将式 (K.14) 两端同乘以 $ml^2/2$, 得到

$$\frac{1}{2}ml^2\left(\frac{\mathrm{d}\theta}{\mathrm{d}t}\right)^2 = mgl(\cos\theta - \cos\theta_0)$$

这就是机械能守恒的表述.

如果振动系统的回复力是保守力, 并且不存在任何阻尼力, 则振动过程中机械能总是守恒的. 利用这一特点, 我们可以从机械能守恒的角度研究振动规律. 当用通常的方法 (如基于受力分析的牛顿运动定律和基于力矩分析的转动定律等) 不易直接建立振动的动力学方程时, 可以采用这种能量方法, 下面举例说明.

例 K.1　若弹簧的质量不能忽略, 计算弹簧振子的周期. 已知弹簧的质量和劲度系数分别为 m' 和 k, 振动物体的质量为 m.

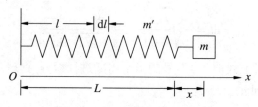

图 K–3　考虑弹簧质量的振子

解　如图 K–3 建立坐标轴. 设物体在任意位置时, 位移为 x, 速度为 v, 弹簧长度为 L. 考虑距离弹簧固定端 l 处的一小段弹簧 $\mathrm{d}l$, 其质量为 $m'\mathrm{d}l/L$, 位移为 xl/L, 速度为 vl/L. 这一小段弹簧的动能为

$$\mathrm{d}E_k' = \frac{1}{2}\left(\frac{m'}{L}\mathrm{d}l\right)\left(\frac{l}{L}v\right)^2 = \frac{m'v^2}{2L^3}l^2\,\mathrm{d}l$$

弹簧的总动能为

$$E_k' = \int_0^L \frac{m'v^2}{2L^3}l^2\,\mathrm{d}l = \frac{1}{6}m'v^2$$

弹簧振子的总机械能为

$$E = \frac{1}{2}kx^2 + \frac{1}{6}m'v^2 + \frac{1}{2}mv^2$$

由于振动过程中只有弹簧的保守力做功, 所以机械能守恒. 上式两边对时间 t 求导, 并利用 $v = \mathrm{d}x/\mathrm{d}t$ 和 $\mathrm{d}v/\mathrm{d}t = \mathrm{d}^2x/\mathrm{d}t^2$, 化简后得

$$\frac{\mathrm{d}^2x}{\mathrm{d}t^2} + \frac{k}{m + m'/3}x = 0$$

显然, 上式左边第二项 x 的系数大于零, 因此可令

$$\omega^2 = \frac{k}{m + m'/3}$$

于是有

$$\frac{\mathrm{d}^2 x}{\mathrm{d}t^2} + \omega^2 x = 0$$

这就是简谐振动的动力学方程, 表明物体的运动为简谐振动, 同时, 可由 ω 求出振动的周期

$$T = \frac{2\pi}{\omega} = 2\pi\sqrt{\frac{m + m'/3}{k}}$$

可以看出, 当弹簧质量不可忽略时, 弹簧振动的运动形式仍为简谐振动, 但周期较不考虑弹簧质量时要大.

K.2.3 非线性振动及其特点

振动是指任一物理量在其取值范围内往复改变其量值的现象, 广泛存在于自然科学和工程技术领域. 机械振动是所有振动中最简单、最直观的一种, 一般情况下, 可用物体的位移随时间的变化函数来表示. 以质点的运动为例, 设作用于质点的力分为三类: ① 与质点位移相关的力 $-F_1(x)$; ② 与质点速度相关的力 $-F_2\left(\dfrac{\mathrm{d}x}{\mathrm{d}t}\right)$; ③ 外界周期性驱动力 $F(t)$. 根据牛顿第二定律, 有

$$m\frac{\mathrm{d}^2 x}{\mathrm{d}t^2} + F_1(x) + F_2\left(\frac{\mathrm{d}x}{\mathrm{d}t}\right) = F(t) \tag{K.17}$$

若 F_1 和 F_2 均为线性函数, 则上式表示的振动称为线性振动; 否则, 若 F_1 和 F_2 或两者之一为非线性函数, 则式 (K.17) 表示的振动叫做非线性振动. 例如, 摆球由轻质绳悬挂在竖直平面内的摆动属于非线性振动, 只有当摆角很小且摆球大小不计时 (单摆) 方可近似为线性振动.

最简单的一类非线性振动由下式描述:

$$m\frac{\mathrm{d}^2 x}{\mathrm{d}t^2} + F_1(x) = 0 \tag{K.18}$$

上式中每一项乘以 $\mathrm{d}x$, 得

$$m\frac{\mathrm{d}^2 x}{\mathrm{d}t^2}\,\mathrm{d}x + F_1(x)\,\mathrm{d}x = 0$$

即

$$mv\,\mathrm{d}v + F_1(x)\,\mathrm{d}x = 0$$

上式积分给出

$$\Delta\left(E_k + E_p\right) = 0$$

这就是保守系统机械能守恒的表达式, 振动过程中既不需要能量输入, 也没有能量输出.

下面, 我们研究一个小的非线性扰动对谐振动的影响. 设位移 x 满足方程

$$\frac{\mathrm{d}^2 x}{\mathrm{d}t^2} + \omega_0^2 x = \varepsilon f\left(x, \frac{\mathrm{d}x}{\mathrm{d}t}, t\right) \tag{K.19}$$

式中 $f = F/m$ 表示单位质量的物体受到的非线性作用力, ε 是一很小的常数, 在 $\varepsilon \to 0$ 的极限条件下, 上式的解就是我们熟知的简谐振动, 其表达式为

$$x(t) = A\cos\left(\omega_0 t + \phi\right)$$

当 $\varepsilon \neq 0$ 时, 振幅 A 和相位 ϕ 不再是常量, 而是随时间变化. 可设方程 (K.19) 的解为

$$x(t) = A(t) \cos \left[\omega_0 t + \phi(t) \right] \tag{K.20}$$

并且满足

$$\frac{\mathrm{d}x(t)}{\mathrm{d}t} = -\omega_0 A(t) \sin \left[\omega_0 t + \phi(t) \right] \tag{K.21}$$

分别求式 (K.20) 对时间的一阶导数和二阶导数, 并利用式 (K.21) 和式 (K.19), 可得 $\dfrac{\mathrm{d}A}{\mathrm{d}t}$ 和 $\dfrac{\mathrm{d}\phi}{\mathrm{d}t}$ 满足的方程组

$$\begin{cases} \dfrac{\mathrm{d}A}{\mathrm{d}t} \cos \left(\omega_0 t + \phi \right) - \dfrac{\mathrm{d}\phi}{\mathrm{d}t} A \sin \left(\omega_0 t + \phi \right) = 0 \\[2mm] \dfrac{\mathrm{d}A}{\mathrm{d}t} \omega_0 \sin \left(\omega_0 t + \phi \right) + \dfrac{\mathrm{d}\phi}{\mathrm{d}t} \omega_0 A \cos \left(\omega_0 t + \phi \right) = -\varepsilon f \end{cases}$$

从中解出

$$\frac{\mathrm{d}A}{\mathrm{d}t} = -\frac{\varepsilon}{\omega_0} f \sin(\omega_0 t + \phi) \tag{K.22}$$

$$\frac{\mathrm{d}\phi}{\mathrm{d}t} = -\frac{\varepsilon}{A\omega_0} f \cos(\omega_0 t + \phi) \tag{K.23}$$

若给定 f 的函数式, 可通过以上二式求解 $A(t)$ 和 $\phi(t)$, 代入式 (K.20) 即可求出非线性振动的解. 但是一般情况下, 很难求出解析解, 通常只能求出近似解. 求解这类问题的难度已远远超出了本书的范畴, 在此不再作进一步讨论.

　　对于非线性振动的研究之所以自近几十年才有所突破, 很大程度上缘于计算的复杂性. 随着计算机技术的迅速发展, 计算性能不断提高, 对非线性振动系统的研究也不断取得新的进展. 随着研究的深入, 发现非线性振动具有如下特点:

　　(1) 在线性振动系统中广泛运用的叠加原理, 不再适用于非线性振动.

　　(2) 线性自由阻尼振动的振幅总是随时间不断衰减的, 只有存在外界驱动力的情况下, 才可能得到稳态解. 但是在非线性振动中, 即便不存在外界周期驱动力, 也有可能发生周期性的稳定振动.

　　(3) 在线性振动系统中, 受迫振动稳定以后, 其频率等于外界周期驱动力的频率. 但在非线性受迫振动中, 除了存在与驱动力频率相同的成分以外, 还有与驱动力的频率成整数倍的频率存在.

　　(4) 线性振动的固有频率与初始条件和振幅无关, 但非线性振动的固有频率、振幅、频率和相位等都与初始条件有关.

K.3　相对论质速关系和质能关系的必然性

　　上册第一篇第 6 章, 我们直接给出了相对论动力学的一些主要结论. 在这里, 我们探讨相对论质速关系和质能关系的必然性.

　　这种必然性基于相对论动力学必须满足的两个要求: ① 满足狭义相对论的相对性原理及光速不变原理; ② 当质点速率 $v \ll c$ 时, 过渡到牛顿力学的公式.

在相对论中, 质点的动量仍然定义为质点的质量与其速度的乘积:

$$p = mv \tag{K.24}$$

下面, 我们基于动量的定义研究如图 K–4 所示的实例. 有一质点原来静止于 S′ 系某处. S′ 系相对于 S 系以速度 u 向 x 轴方向运动. S′ 系中的观察者在某一时刻发现, 质点沿 x' 方向分裂成质量相等的两部分 A 和 B. 由动量守恒定律, 在 S′ 系观察, 两部分的速度的大小相等, 但运动方向相反, 为简单计, 设它们的速度分别为

$$v'_A = -u, \quad v'_B = u$$

由速度变换公式

$$v_x = \frac{v'_x + u}{1 + uv'_x/c^2}$$

可得, 在 S 系看来, 这两部分的速度为

$$v_A = 0, \quad v_B = v = \frac{2u}{1 + u^2/c^2}$$

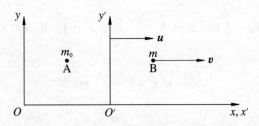

图 K–4　在两个惯性系中研究质点分裂

设在 S 系看来, 分裂后两个粒子的质量分别为 m_0 和 m, 则由质量守恒可知, 分裂前粒子的质量也为 $m_0 + m$. 分裂前粒子的动量为 $(m_0 + m)u$, 分裂后系统的总动量为 mv. 由动量守恒, 有

$$(m_0 + m)u = \frac{2mu}{1 + u^2/c^2} \tag{K.25}$$

如果按牛顿力学的观点, 认为质量为恒量, 则有 $m_0 = m$, 但这个结果显然与上式相矛盾. 因此, 要保持动量守恒定律对洛伦兹变换具有协变性, 必然要求 $m_0 \neq m$.

不难从式 (K.25) 解出 m_0 与 m 的关系:

$$m = m_0 \frac{1 + u^2/c^2}{1 - u^2/c^2} \tag{K.26}$$

由 $v = \dfrac{2u}{1 + u^2/c^2}$ 可得

$$u = \frac{c^2}{v}\left(1 - \sqrt{1 - \frac{v^2}{c^2}}\right)$$

将上式代入式 (K.26), 有

$$m = \frac{m_0}{\sqrt{1 - (v/c)^2}} \tag{K.27}$$

式中 m 为质点 B 以速度 v 运动时的质量. 由于在 S 系中 A 静止, 故 m_0 就是质点 A 静止时的质量. 此式表明, 观察者测得运动质点的质量大于静止质量, 也就是说, 质量也是相对的. 式 (K.27) 就是相对论的质速关系式.

当质点的速率趋近于零时, 质点的相对论质量趋近于静止质量. 当质点的速率趋近于光速时, 其质量将趋近于无穷大, 这时它的加速度将趋近于零, 质点的速率不能再增大, 所以说任何质点的速率都以光速 c 为极限. 这在高能粒子加速器实验中得到了证实, 用电场加速带电粒子到一定程度后, 粒子的速率就不再增大了.

由式 (K.24) 定义的动量, 在描述质点系的动量守恒时, 具有洛伦兹变换的不变性或相对论的相对性原理. 对洛伦兹变换保持形式不变的相对论的动力学基本方程为

$$F = \frac{\mathrm{d}p}{\mathrm{d}t} = \frac{\mathrm{d}}{\mathrm{d}t} \frac{m_0 v}{\sqrt{1 - (v/c)^2}} \tag{K.28}$$

容易看出, 当 $v \ll c$ 时, 即当质点的速率远小于光速时, 上述方程就是经典的牛顿第二定律, 说明经典力学是相对论在低速极限下的近似.

由动能定理, 质点速度为 v 时的动能就是质点由静止开始速度增大到 v 时合外力 F 所做的功. 即

$$E_k = \int F \cdot \mathrm{d}r = \int \frac{\mathrm{d}(mv)}{\mathrm{d}t} \cdot v \, \mathrm{d}t = \int_0^v \mathrm{d}(mv) \cdot v \tag{K.29}$$

式中

$$\mathrm{d}(mv) \cdot v = v^2 \, \mathrm{d}m + mv \, \mathrm{d}v$$

从式 (K.27) 可得

$$m^2 v^2 = m^2 c^2 - m_0^2 c^2$$

上式两边微分, 并化简可得

$$v^2 \, \mathrm{d}m + mv \, \mathrm{d}v = c^2 \, \mathrm{d}m$$

将上式代入式 (K.29), 可把式 (K.29) 的积分化为对质量从 $m_0 \sim m$ 的定积分:

$$E_k = \int_{m_0}^m c^2 \, \mathrm{d}m = mc^2 - m_0 c^2 \tag{K.30}$$

从形式上看, 相对论的动能表达式与经典力学的动能表达式完全不一样, 但在 $v \ll c$ 的情形下, 有

$$E_k = \frac{m_0 c^2}{\sqrt{1 - (v/c)^2}} - m_0 c^2 \approx m_0 c^2 \left[1 + \frac{1}{2} \left(\frac{v}{c} \right)^2 \right] - m_0 c^2 = \frac{1}{2} m_0 v^2$$

这就是经典力学中的动能表达式.

爱因斯坦将式 (K.30) 写成如下形式

$$E_k = mc^2 - m_0 c^2 = E - E_0$$

并且将式中的

$$E = mc^2 \tag{K.31}$$

解释为质点运动时的总能量, 而把

$$E_0 = m_0 c^2 \tag{K.32}$$

解释为质点静止时具有的能量, 称为静能. 这样, 质点的动能就等于它运动时具有的总能量减去它静止时具有的静能, 相当于由于运动而增加的能量. 式 (K.31) 就是著名的质能关系式, 它揭示了反映物质基本属性的质量与能量之间的内在联系. 相对论能量与动量之间的关系式可以直接将式

$$p = mv = \frac{m_0 v}{\sqrt{1 - v^2/c^2}}$$

两边平方并乘以 c^2 得到. 即

$$p^2 c^2 = \frac{m_0^2 c^4}{c^2 - v^2} \left[c^2 - (c^2 - v^2) \right] = \frac{m_0^2 c^4}{1 - v^2/c^2} - m_0^2 c^4 = E^2 - m_0^2 c^4$$

K.4 再论大气压强随高度的变化

在第 7 章, 我们讨论了等温大气中压强随高度的变化关系, 认为大气温度不随高度变化, 压强随高度按指数衰减, 即

$$p(z) = p_0\, \mathrm{e}^{-mgz/kT} \tag{K.33}$$

式中 p_0 为海平面的大气压强, m 为空气分子的平均质量, T 为等温大气的温度, $p(z)$ 为海拔高度 z 处的压强.

而事实上, 温度在地球大气层中是非均匀分布的, 所以上述结论只是一种粗略的近似. 下面我们采用下面的模型对大气压强随温度的变化关系进行修正:

(1) 空气视作理想气体, 大气温度并不是均匀分布的, 而是随高度变化;

(2) 不同高度处的温度差不会引起剧烈的空气对流, 可认为对流过程进行得足够缓慢, 视为准静态过程;

(3) 干燥的空气导热率极小, 因此涉及的热力学过程是绝热过程.

设高度为 z 处空气密度为 $\rho(z)$, 则由流体静力学, 有

$$\frac{\mathrm{d}p}{\mathrm{d}z} = -\rho(z)\, g \tag{K.34}$$

由于过程是绝热的, 所以气体满足绝热过程方程

$$\frac{p^{\gamma-1}}{T^\gamma} = C$$

式中 C 为常量. 对上式微分, 有

$$(\gamma - 1)p^{\gamma-2}\, \mathrm{d}p = C\, \gamma\, T^{\gamma-1}\, \mathrm{d}T$$

上式可改写为

$$\frac{\mathrm{d}p}{\mathrm{d}T} = C\, \frac{\gamma}{\gamma - 1}\, \frac{T^{\gamma-1}}{p^{\gamma-2}} = \frac{p^{\gamma-1}}{T^\gamma}\, \frac{\gamma}{\gamma - 1}\, \frac{T^{\gamma-1}}{p^{\gamma-2}} = \frac{\gamma}{\gamma - 1}\, \frac{p}{T} \tag{K.35}$$

将式 (K.34) 与式 (K.35) 相除, 得

$$\frac{\mathrm{d}T}{\mathrm{d}z} = -\frac{\gamma - 1}{\gamma}\, \frac{T}{p}\, \rho g$$

再由理想气体状态方程, 有 $\dfrac{T}{p} = \dfrac{V}{Nk}$, 代入上式, 得

$$\frac{\mathrm{d}T}{\mathrm{d}z} = -\frac{\gamma - 1}{\gamma}\frac{\rho V g}{Nk} = -\frac{\gamma - 1}{\gamma}\frac{mg}{k}$$

上式右端为常量, 令 $b = \dfrac{\gamma - 1}{\gamma}\dfrac{\mu g}{R}$, 并对上式积分, 有

$$T(z) = T_0 - bz \tag{K.36}$$

式中 T_0 表示海平面上的大气温度. 上式表示, 大气温度随高度的增大线性下降.

式 (K.33) 的微分形式为

$$\frac{\mathrm{d}p}{p} = -\frac{mg\,\mathrm{d}z}{kT}$$

将式 (K.36) 代入上式, 有

$$\frac{\mathrm{d}p}{p} = -\frac{mg\,\mathrm{d}z}{k(T_0 - bz)}$$

两边积分可得

$$\ln\frac{p}{p_0} = \frac{mg}{kb}\ln\left(1 - \frac{bz}{T_0}\right)$$

于是得到压强随高度变化的关系式为

$$p = p_0\left(1 - \frac{bz}{T_0}\right)^{\frac{mg}{kb}} \tag{K.37}$$

图 K–5 表示大气层中气压随高度的变化曲线, 图中虚线对应式 (K.33), 实线对应由式 (K.37) 修正后的曲线. 从图中可以看出, 高空中大气的实际压强低于把大气层的温度视作均匀分布情况下的压强.

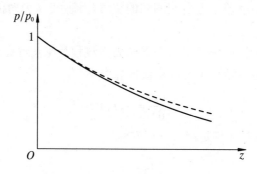

图 K–5   大气压强随高度的变化曲线

K.5   电势的多极展开

在很多情况下, 我们只关心距离带电体很远的地方的电场和电势分布. 下面我们计算, 当带电体自身的尺度远小于带电体到场点的距离时, 远场的电势分布.

为简单计, 研究 z 轴上一点 P 的电势, P 点到原点的距离远远大于带电体本身的尺度, 如图 K–6 所示.

以无限远处为零电势参考位置, 根据电势的叠加原理, P 点的电势可以表示为

$$U_P = \int \frac{\rho(\boldsymbol{r}')\,\mathrm{d}V'}{4\pi\varepsilon_0 R}$$

式中 $\rho(\boldsymbol{r}')$ 表示带电体内任意体积元 $\mathrm{d}V'$ 处的电荷密度, R 为 $\mathrm{d}V'$ 到场点 P 的距离. 积分遍及整个带电体. 根据图中的几何关系, 有 $R = |\boldsymbol{r} - \boldsymbol{r}'|$, 因此, 上式可表示为

$$U_P = \frac{1}{4\pi\varepsilon_0} \int \frac{\rho\,\mathrm{d}V'}{|\boldsymbol{r} - \boldsymbol{r}'|} \tag{K.38}$$

由余弦定理, 得

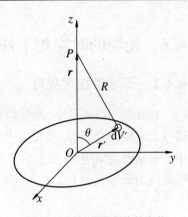

图 K–6　任意带电体的电势

$$R = \left[r^2 + r'^2 - 2rr'\cos\theta\right]^{1/2}$$

所以有

$$U_P = \frac{1}{4\pi\varepsilon_0} \int \rho\left[r^2 + r'^2 - 2rr'\cos\theta\right]^{-1/2}\,\mathrm{d}V'$$

根据假设, $r' \ll r$, 作展开

$$
\begin{aligned}
\left[r^2 + r'^2 - 2rr'\cos\theta\right]^{-1/2} &= \frac{1}{r}\left[1 + \left(\frac{r'^2}{r^2} - \frac{2r'}{r}\cos\theta\right)\right]^{-1/2} \\
&= \frac{1}{r}\left[1 - \frac{1}{2}\left(\frac{r'^2}{r^2} - \frac{2r'}{r}\cos\theta\right) + \frac{3}{8}\left(\frac{r'^2}{r^2} - \frac{2r'}{r}\cos\theta\right)^2 - \cdots\right] \\
&= \frac{1}{r}\left[1 + \frac{r'}{r}\cos\theta + \left(\frac{r'}{r}\right)^2\left(3\cos^2\theta - 1\right) + \cdots\right]
\end{aligned}
$$

于是,

$$U_P = \frac{1}{4\pi\varepsilon_0 r}\int \rho\,\mathrm{d}V' + \frac{1}{4\pi\varepsilon_0 r^2}\int r'\cos\theta\,\rho\,\mathrm{d}V' + \frac{1}{4\pi\varepsilon_0 r^3}\int r'^2\left(3\cos^2\theta - 1\right)\rho\,\mathrm{d}V' + \cdots$$

用 $K_0, K_1, K_2, \cdots$ 表示上式中的积分, 有

$$U_P = \frac{K_0}{4\pi\varepsilon_0 r} + \frac{K_1}{4\pi\varepsilon_0 r^2} + \frac{K_2}{4\pi\varepsilon_0 r^3} + \cdots \tag{K.39}$$

离场源很远处的电势主要决定于这个级数中第一个不为零的项. 如果带电体是电中性的, 即 $K_0 = 0$, 而 $K_1 \neq 0$, 则此时远场的电势由上式第二项决定, 与 r^2 成反比; 如果 K_2 也为零, 则探查后面的积分……

$K_0, K_1, K_2, \cdots$ 的物理意义如下:

(1) $K_0 = \int \rho\,\mathrm{d}V'$ 是电荷分布区域的总电荷量.

(2) $K_1 = \int r'\cos\theta\,\rho\,\mathrm{d}V' = \int z'\rho\,\mathrm{d}V'$ 为电偶极矩的 z 分量 p_z.

(3) K_2 与电四极矩有关.

(4) K_3 与电八极矩有关.

K.6　光场的时空相干性

K.6.1　干涉条纹可见度

在光的干涉实验中, 明、暗条纹对应的光强必须具有明显差异才能被观察到. 如果明、暗纹对应的光强相等, 则视场中将出现均匀一致的分布, 干涉条纹完全消失. 为了定量表示干涉条纹的清晰程度, 我们引入干涉条纹可见度的概念. 定义干涉条纹的最大光强 $I_{\max}$ 和相邻暗纹的最小光强 $I_{\min}$ 之差与两者的和之比为干涉条纹的可见度, 即

$$V = \frac{I_{\max} - I_{\min}}{I_{\max} + I_{\min}} \tag{K.40}$$

当 $I_{\min} = 0$ 时, $V = 1$, 条纹最清晰; 当 $I_{\max} = I_{\min}$ 时, $V = 0$, 条纹完全无法分辨.

两束相干光叠加时, 干涉光强分布为

$$I = I_1 + I_2 + 2\sqrt{I_1 I_2} \cos \Delta\varphi$$

I_1, I_2 为两束光的强度, $\Delta\varphi$ 为两束光相遇处的相位差. 在空间不同的位置, $\Delta\varphi$ 不同, 从而形成了光强随空间的不均匀分布, 即形成明暗相间的条纹.

$$I_{\max} - I_{\min} = 4\sqrt{I_1 I_2}$$

$$I_{\max} + I_{\min} = 2(I_1 + I_2)$$

于是

$$V = \frac{4\sqrt{I_1 I_2}}{2(I_1 + I_2)} = \frac{2\sqrt{I_2/I_1}}{1 + I_2/I_1}$$

图 K−7 示出了可见度与光强比值间的关系曲线, 可以发现, 两束光的强度越接近, 干涉条纹可见度越大, 两束光强度相等时, 可见度最大. 因此, 在观察双光束干涉时, 应尽量使它们的光强相等.

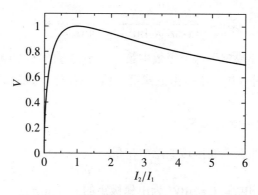

图 K−7　干涉条纹可见度与光强之比的关系

以上分析中, 我们假定光源是理想的单色光, 且是光源的线度无限小的情况下做出的. 使用扩展光源时, 条纹可见度要下降, 光的非单色性对可见度的影响也不容忽视.

K.6.2 光源宽度对干涉条纹可见度的影响

在图 K–8 所示的杨氏双缝干涉实验中, 若不计缝 S 的宽度, 则根据第 13 章的讨论, 干涉的光强分布为

$$I = 4I_0 \cos^2 \frac{\pi x d}{\lambda D}$$

式中 I_0 为狭缝 S_1 和 S_2 发出的光在屏上的最大光强, d 为双缝间距, D 为双缝到观察屏的距离, λ 为单色光的波长.

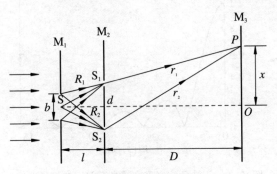

图 K–8　光源宽度对杨氏双缝干涉的影响

下面, 我们分析当缝光源 S 具有宽度 b 时观察屏上的光强分布情况.

以 S 中心位置为原点 O' 沿缝宽建立坐标轴 $O'x'$ (图 K–8 中并未标出), 则在缝 S 内坐标为 x' 处, 宽度为 dx' 的一条无限细的缝光源发出的光到达屏上 P 点时, 经由后面的双缝形成的两路光的光程差为 $\Delta = r_2 - r_1 + R_2 - R_1$. 参考第 13 章有关杨氏双缝干涉光程差的分析过程, 有

$$\Delta = \left(\frac{x}{D} + \frac{x'}{l} \right) d$$

观察屏上形成干涉的光强分布是缝 S 上各部位发出的光形成干涉的光强的叠加, 假设在这种情况下, 从 S_1 和 S_2 发出的光在屏上的最大光强仍然可用 I_0 表示, 其中宽为 dx' 的线光源的贡献则为 $I_0 \, dx'/b$. 于是, 屏上形成的干涉条纹对应的光强分布为

$$I = \int_{-b/2}^{b/2} \frac{4I_0}{b} \cos^2 \frac{\pi d}{\lambda} \left(\frac{x}{D} + \frac{x'}{l} \right) dx' = 2I_0 \left(1 + \frac{\sin \frac{b\pi d}{\lambda l}}{\frac{b\pi d}{\lambda l}} \cos \frac{2\pi x d}{\lambda D} \right) \tag{K.41}$$

式 (K.41) 给出的最大光强和最小光强分别为

$$I_{\max} = 2I_0 \left(1 + \left| \frac{\sin \frac{b\pi d}{\lambda l}}{\frac{b\pi d}{\lambda l}} \right| \right), \quad I_{\min} = 2I_0 \left(1 - \left| \frac{\sin \frac{b\pi d}{\lambda l}}{\frac{b\pi d}{\lambda l}} \right| \right)$$

根据式 (K.40), 干涉条纹可见度为

$$V = \left| \frac{\sin \frac{b\pi d}{\lambda l}}{\frac{b\pi d}{\lambda l}} \right| \tag{K.42}$$

干涉条纹可见度随光源宽度 b 的变化曲线见图 K-9. 根据上式, 条纹可见度的零点位置由下式确定:

$$b = m\frac{\lambda l}{d}, \quad m = 1, 2, 3, \cdots \tag{K.43}$$

当 $b = \lambda l/d$ 时, 条纹可见度 V 第一次变为 0. 虽然后面仍有起伏, 但幅度已经很小, 且越来越小. 因此, 我们认为 $b = \lambda l/d$ 为光源宽度的极限值, 如果光源宽度大于此值, 则条纹变得基本不可见.

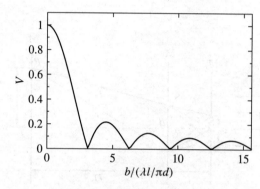

图 K-9　干涉条纹可见度随光源宽度的变化曲线

K.6.3　光源的非单色性对条纹可见度的影响

对于非单色光, 光强随波长或波数有一个分布, 为此引入光强分布密度函数,

$$i(k) = \frac{\mathrm{d}I}{\mathrm{d}k}$$

式中 $k = 2\pi/\lambda$ 为角波数, 如图 K-10 所示. 光强可以表示为 $i(k)$ 的积分

$$I_0 = \int_0^\infty i(k)\,\mathrm{d}k$$

单色光入射时, 杨氏双缝干涉的光强分布为

$$I(\Delta) = 4I_0 \cos^2 \frac{\Delta\varphi}{2} = 4I_0 \cos^2 \frac{k\Delta}{2}$$

这里 $k = 2\pi/\lambda$ 为常量. 对于复色光, 干涉的光强分布为

$$I(\Delta) = \int_0^\infty 4i(k) \cos^2 \frac{k\Delta}{2}\,\mathrm{d}k$$

由于波长不唯一, 所以上式中的 k 为变量.

为了便于讨论, 我们引入一个简化的模型 (见图 K-11), 其光强密度分布可以表示为

$$i(k) = \begin{cases} 0, & k < k_0 - \Delta k/2, \ k > k_0 + \Delta k/2 \\ A, & k \in [k_0 - \Delta k/2, \ k_0 + \Delta k/2] \end{cases}$$

式中 A 为常量. 由

$$I_0 = \int_{k_0-\Delta k/2}^{k_0+\Delta k/2} A\,\mathrm{d}k = A\,\Delta k$$

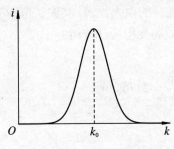

图 K-10 光强分布曲线

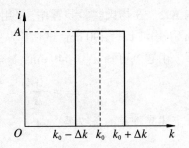

图 K-11 光强分布的简化模型

可得

$$A = \frac{I_0}{\Delta k}$$

于是, 干涉光强随光程差 Δ 变化的函数式为

$$
\begin{aligned}
I(\Delta) &= \int_{k_0-\Delta k/2}^{k_0+\Delta k/2} 4\frac{A}{\Delta k} \cos^2 \frac{k\Delta}{2}\, \mathrm{d}k \\
&= \frac{2I_0}{\Delta k} \int_{k_0-\Delta k/2}^{k_0+\Delta k/2} (1+\cos k\Delta)\, \mathrm{d}k \\
&= 2I_0 + \frac{2I_0}{\Delta k \Delta}\left[\sin\left(k_0+\frac{\Delta k}{2}\right)\Delta - \sin\left(k_0-\frac{\Delta k}{2}\right)\Delta\right] \\
&= 2I_0\left(1+\cos k_0\Delta\, \frac{\sin\dfrac{\Delta k \Delta}{2}}{\dfrac{\Delta k \Delta}{2}}\right)
\end{aligned}
$$

由上式确定的条纹可见度为

$$V = \left|\frac{\sin(\Delta k \Delta/2)}{\Delta k \Delta/2}\right|$$

V 随光程差 Δ 的变化曲线与图 K-9 类似. 当 $\sin\dfrac{\Delta k \Delta}{2} = 0$ 时 $V = 0$. 光程差由 0 逐渐增大的过程中, 第一次使 $V = 0$ 的 Δ_{m} 由下式给出:

$$\frac{\Delta k \Delta_{\mathrm{m}}}{2} = \pi, \quad \text{或} \quad \Delta_{\mathrm{m}} = \frac{2\pi}{\Delta k}$$

若给定复色光的波长范围为 $\lambda \in [\lambda_1, \lambda_2]$, 则

$$\Delta k = \frac{2\pi}{\lambda_1} - \frac{2\pi}{\lambda_2} = \frac{2\pi}{\lambda_1 \lambda_2}(\lambda_2 - \lambda_1) = \frac{2\pi \Delta\lambda}{\lambda_1 \lambda_2}$$

利用上式可得

$$\Delta_{\mathrm{m}} = \frac{\lambda_1 \lambda_2}{\Delta\lambda} \tag{K.44}$$

虽然光程差大于上式给定的值时, 条纹可见度仍有起伏, 但幅度已经很小; 另一方面, 上述结果与我们采用的简化模型也有关系, 实际情况下, 条纹可见度随光程差的增大单调下降, 且数量级与上式给出的数值相同. 所以, 把式 (K.44) 给定的光程差作为能够产生可见条纹的极限值. 只有光程差小于该数据的干涉条纹才能分辨.

例 K.2 在杨氏实验装置中, 采用加有蓝绿色滤光片的白光光源, 其波长范围为 $\Delta\lambda = 100$ nm, 平均波长为 490 nm. 试估算从第几级开始, 条纹将变得无法分辨?

解 由题意可知 $\lambda_1 = 440$ nm, $\lambda_2 = 540$ nm, 因此

$$\Delta_{\mathrm{m}} = \frac{\lambda_1\lambda_2}{\Delta\lambda} = \frac{440\ \mathrm{nm} \times 540\ \mathrm{nm}}{100\ \mathrm{nm}} = 2376\ \mathrm{nm}$$

对应于上述光程差的条纹级次为

$$m = \frac{\Delta_{\mathrm{m}}}{\lambda} = \frac{2376\ \mathrm{nm}}{490\ \mathrm{nm}} = 4.85$$

所以, 从第 5 级开始, 条纹变得无法分辨.

K.6.4 空间相干性和时间相干性

如前所述, 光源的宽度和光的非单色性都会影响到干涉条纹的可见度. 为了探究问题的本质, 下面我们把光源宽度或光源的非单色性对干涉的影响与具体的干涉装置分离开来.

光源宽度问题本质是, 给定宽度为 b 的扩展面光源, 从它上面发出的光波在多大范围内取出波前上的两个次波源 S_1 和 S_2 仍是相干波源? 这就是所谓的空间相干性问题. 为了回答这个问题, 我们把光源宽度满足的条件写成

$$d = \frac{\lambda l}{b}$$

的形式. 式中的 d 即为光场中相干范围的横向距离. 如果面光源在相互垂直的两个方向上都有宽度 b, 则从此面光源发出的光波在距离光源 l 处的相干范围的面积具有 d^2 的量级, 这个面积与 l^2 成正比. 这种情况下用 S_1 和 S_2 对光源中心所张的角度 (称为相干范围的孔径角) θ_0 表示更为方便.

$$\theta_0 \approx \frac{d}{l} = \frac{\lambda}{b} \tag{K.45}$$

上式表明, 对于给定的宽度为 b 的面光源, 其相干范围的孔径角与波长成正比, 与光源宽度 b 成反比. 式 (K.45) 是描述空间相干性最简洁的公式, 随着光源宽度的增大, 能够产生干涉的孔径角逐渐变小, 其空间相干性逐渐下降. 为了得到清晰的干涉条纹, 必须把光源宽度限制在一定范围之内.

对于点光源, 不存在空间相干性的问题. 如果点光源发出的光是非单色的, 仍存光程差的上限, 如何理解光源的非单色性对光场相干性的影响呢? 我们知道, 平面单色波的振幅为常量, 波列可看作无限长, 而图 K-10 所示的分布曲线对应的波形显示出图 K-12 的形状. 这是由于实际原子或分子发光的持续时间 τ_0 是有限的, 因而发出的光波具有一定的长度, 换算成光程可以表示为

$$r_0 = c\tau_0$$

式中 c 表示光在真空中的传播速度.

从图 K-12 可以看出, 即使在波列长度范围内, 波的振幅也呈现出非均匀分布, 在波列中心振幅较大, 在波列两端振幅趋于零. 光场的时间相干性讨论的问题是, 沿波线相距多远的两点是相干的? 最简单的判断是这两点必须属于同一波列, 不同波列之间是非相干的. 所

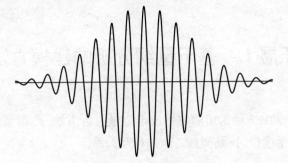

图 K–12　非单色光的波形

以如果这两点对应的光程差 $\Delta < r_0$ 时, 这两点有可能属于同一波列, 它们是部分相干的; 如果 $\Delta > r_0$, 则它们不可能属于同一波列, 不可能是相干的; 如果 $\Delta = 0$, 则它们完全相干.

定量分析表明, 波列长度

$$r_0 \approx \frac{\overline{\lambda}^2}{\Delta \lambda} \tag{K.46}$$

$\Delta \lambda$ 为非单色光中最长与最短的波长差, $\overline{\lambda}$ 表示波列的平均波长. 利用频率与波长的关系 $\nu = c/\lambda$, $\Delta \nu = -c\Delta\lambda/\lambda^2$, 可将式 (K.46) 化为

$$r_0 = c\tau_0 \approx \frac{c}{\Delta \nu}$$

上式中略去了负号, 此处 $\Delta \nu$ 只表示频率范围. 由上式可得

$$\tau_0 \approx \frac{1}{\Delta \nu} \tag{K.47}$$

这就是描述时间相干性的反比公式, 它表明, 频率范围越宽, 波列越短; 频率范围越窄, 波列越长. 即 "光源是非单色的" 与 "波列长度是有限的" 是描述光源同一性质的两种等效的说法.

拓展 L　基于量纲分析的建模方法

量纲分析是物理学中一种常用的定性或半定量分析方法, 应用量纲分析可以方便地对所研究的问题建立数学模型, 找到变量之间的相互关系.

L.1　量纲与量纲分析

在自然科学领域, 有很多描述物理现象和规律的物理量, 物理规律是通过物理量之间的定量关系表述出来的. 通过分析物理量之间的关系, 人们发现, 存在一些基本的物理量 (简称基本量), 其他物理量 (称为导出量) 都可以通过某种规律建立它们与基本物理量的联系. 在 SI 制中, 有 7 个基本量: 长度、质量、时间、电流、热力学温度、物质的量和发光强度, 分别用符号 L, M, T, I, Θ, N 和 J 表示, 对应的单位分别是 m(米)、kg (千克)、s (秒)、A (安培)、K (开尔文)、mol (摩尔) 和 cd (坎德拉).

把一个物理量 Q 按其单位与基本量的单位之间的关系表示为基本量的乘方之积的表达式称为该物理量的量纲积或量纲, 用下式表示:

$$\dim Q = \mathrm{L}^\alpha \mathrm{M}^\beta \mathrm{T}^\gamma \mathrm{I}^\delta \Theta^\epsilon \mathrm{N}^\zeta \mathrm{J}^\eta \tag{L.1}$$

式中 $\alpha, \beta, \gamma, \delta, \epsilon, \zeta, \eta$ 叫做量纲指数. 量纲指数全为零的量称为无量纲数, 其量纲可用 "1" 表示, 例如常数 π, e 等. 除了常数以外, 无量纲数可以通过两个量纲相同的物理量相除得到, 也可以由量纲不同的若干个物理量通过乘除组合得到. 在量纲分析中, 无量纲数有着十分重要的地位, 这是因为它们具有如下性质: ① 它们没有单位和量纲, 其数值的大小与单位无关, 无论采用什么单位制计算, 结果都相等, 用无量纲数表示的方程也不受单位制的限制; ② 指数、对数和三角函数都是针对无量纲数进行的. 表 L–1 列出了一些常见物理量的量纲.

表 L–1　一些物理量的量纲

物理量	量纲	物理量	量纲
密度	$\mathrm{L}^{-3}\mathrm{M}$	压强	$\mathrm{L}^{-1}\mathrm{MT}^{-2}$
速度	LT^{-1}	能量	$\mathrm{L}^2\mathrm{MT}^{-2}$
加速度	LT^{-2}	转动惯量	$\mathrm{L}^2\mathrm{M}$
力	LMT^{-2}	熵	$\mathrm{L}^2\mathrm{MT}^{-2}\Theta^{-1}$
动量	LMT^{-1}	表面张力系数	MT^{-2}
电势差	$\mathrm{L}^2\mathrm{MT}^{-3}\mathrm{I}^{-1}$	频率	T^{-1}
电容率	$\mathrm{L}^{-3}\mathrm{M}^{-1}\mathrm{T}^4\mathrm{I}^2$	角频率	T^{-1}
相对电容率	1	平面角	1

描述物理量之间相互关系的方程或等式, 等号两端必须具有相同的量纲, 同理, 只有量纲相同的项才能进行加、减运算. 这是量纲服从的基本原则, 利用这一原则我们可以检验物理公式的正确性和完整性. 量纲分析就是根据量纲一致性原则来分析物理量之间关系的一种方法. 描述物理量的方程两端量纲一致性也称为量纲齐次性. 当方程中各项具有相同的量纲时, 就称该方程为量纲齐次的.

下面, 我们以竖直平面内的摆动系统为例说明量纲分析的原理和方法. 设有一轻质绳上端固定, 下端连接一质量为 m 的小球 (可视为质点), 小球中心到绳子上端的距离为 l, 小球在竖直平面内摆动. 若最大摆角为 θ_0, 我们研究摆动周期 T 与哪些量有关, 以及这些量是以何种方式影响周期的.

首先, 将出现在这个问题中的物理量列于表 L-2.

表 L-2 在竖直平面内摆动系统涉及的物理量

物理量	m	g	T	l	θ_0
量纲	M	LT^{-2}	T	L	$L^0M^0T^0$

其次, 找出表 L-2 中出现的物理量的所有无量纲乘积. 这些量的任何乘积必然具有 $m^a g^b t^c l^d \theta_0^e$ 的形式, 对应的量纲为

$$(M)^a(LT)^b(T)^c(L)^d(L^0M^0T^0)^e = L^{b+d}\,M^a\,T^{c-2b}$$

使上述乘积为无量纲的条件是

$$\begin{cases} b + d + 0e = 0 \\ a + 0e = 0 \\ -2b + c + 0e = 0 \end{cases}$$

求解方程组可得 $a = 0$, $c = 2b$, $d = -b$, b 和 e 取任意值. 因此, 该齐次线性方程组有无限多组解. 线性无关的基础解系有两组, 分别是

$$a = b = c = d = 0, \quad e = 1$$

$$a = 0, \quad b = 1, \quad c = 2, \quad d = -1, \quad e = 0$$

它们构成方程组的完备解系, 对应的无量纲乘积分别是

$$\Pi_1 = m^0 g^0 T^0 l^0 \theta_0^1 = \theta_0$$

$$\Pi_2 = m^0 g^1 T^2 l^{-1} \theta_0^0 = \frac{gT^2}{l}$$

根据线性代数的知识, 我们知道, 方程组的任意一组解总能表示成完备的基础解系的线性组合, 设组合系数分别为 c_1 和 c_2, 则对应基础解系线性组合的无量纲乘积为

$$\Pi = \Pi_1^{c_1} \Pi_2^{c_2}$$

上式表示的无量纲乘积也是完备的, 即任意无量纲乘积均可通过不同的 c_1 或 c_2 得到.

我们所研究的摆动系统含有 3 个基本量 (L, M, T), 5 个变量, 得到了两个独立的无量纲乘积. 一般地, 由 r 个基本量定义的 k 个物理量, 可以得到 $n = k - r$ 个独立的无量纲乘积. 可以证明, 一个方程是量纲齐次的充要条件是对于这 n 个独立的无量纲乘积, 存在函数

$$f(\Pi_1, \Pi_2, \cdots, \Pi_n) = 0 \tag{L.2}$$

式中 $\Pi_1, \Pi_2, \cdots, \Pi_n$ 表示 n 个独立无量纲乘积, f 为 n 个自变量的函数. 这个规律称为 Π 定理, 它是量纲分析的基础.

将 Π 定理应用于摆动系统, 有

$$f\left(\theta_0, \frac{gT^2}{l}\right) = 0$$

即存在一个函数 f 使上式成立. 求解这个方程, 并把 gT^2/l 表示成 θ_0 的函数, 可将周期 T 用下式表示:

$$T = \varphi(\theta_0)\sqrt{\frac{l}{g}}$$

式中 φ 是 θ_0 的某个函数.

通过量纲分析, 我们得到如下结论:

(1) 在竖直平面摆动的小球, 其周期与小球质量 m 无关;

(2) 在 θ_0 保持不变的情况下, 摆动周期与 $\sqrt{l}$ 成正比;

(3) 函数 φ 的具体形式可以通过实验确定, 至少可以用数值法逼近.

L.2 建模方法和步骤

通过前面的分析和讨论, 相信读者已经对量纲分析有了基本的了解. 下面把如何根据量纲分析建立数理模型的步骤概括如下:

(1) 考察所研究的问题中的物理量 (包括常量和变量), 找出与问题直接相关的那些量, 并表示出每个物理量的量纲式.

(2) 写出每个物理量的量纲乘方的乘积, 求解齐次线性方程组, 得到方程组的线性无关的基础解系, 构成完备解系.

(3) 根据量纲指数的基础解系, 确定一组完备的无量纲乘积 $\Pi_1, \Pi_2, \cdots, \Pi_n$, 并确保问题的因变量只出现在一个无量纲乘积中.

(4) 生成所有可能的量纲齐次方程, 得到方程 (L.2).

(5) 将因变量从方程 (L.2) 中解出.

(6) 如有必要, 利用实验数据确定未知函数 (例如摆动问题中的 φ).

例 L.1 设前述摆球受到与其速度成正比的阻力 $F = kv$, 试重新以摆动周期为因变量建立模型.

解 可能影响到摆周期 T 的物理量有摆长 l、摆球质量 m、重力加速度 g、摆角 θ_0 和阻力 F. 为方便起见, 选择 $k = F/v$ 取代 F, k 的量纲为 MT^{-1}. 将各物理量及其量纲列于表 L–3 中.

表 L–3 阻尼摆问题中的物理量及量纲

物理量	T	l	m	g	θ_0	k
量纲	T	L	M	LT^{-2}	$L^0M^0T^0$	MT^{-1}

表 L–3 中各物理量的乘积必然为 $T^a l^b m^c g^d \theta_0^e k^f$ 的形式, 对应的量纲式为

$$(T)^a(L)^b(M)^c(LT^{-2})^d(L^0M^0T^0)^e(MT^{-1})^f = L^{b+d} M^{c+f} T^{a-2d-f}$$

解方程组

$$\begin{cases} b + d = 0 \\ c + f = 0 \\ a - 2d - f = 0 \end{cases}$$

得到三组线性无关的基础解. 这些解和它们对应的无量纲乘积分别是

$$a = 1, \, b = -\frac{1}{2}, \, c = 0, d = \frac{1}{2}, \, e = f = 0, \qquad \Pi_1 = T\sqrt{\frac{g}{l}}$$

$$a = b = c = d = 0, \, e = 1, \, f = 0, \qquad \Pi_2 = \theta_0$$

$$a = 0, \, b = \frac{1}{2}, \, c = -1, \, d = -\frac{1}{2}, \, e = 0, \, f = 1, \qquad \Pi_3 = \frac{k\sqrt{l}}{m\sqrt{g}}$$

我们这样选取方程组的解可以确保 T 只出现在第一个无量纲乘积中. 根据 Π 定理, 一定存在一个函数 f, 使

$$f\left(T\sqrt{\frac{g}{l}}, \, \theta_0, \, \frac{k\sqrt{l}}{m\sqrt{g}}\right) = 0$$

对 $T\sqrt{g/l}$ 求解这个方程, 可得

$$T = \sqrt{\frac{l}{g}} \, \varphi\left(\theta_0, \, \frac{k\sqrt{l}}{m\sqrt{g}}\right)$$

式中 φ 表示某个二元函数. 从上式可以看出, 当 θ_0 和 $\sqrt{l}/m$ 保持不变且 k 为常量时, 摆动周期与 $\sqrt{l}$ 成正比. 为了研究函数 φ 的特性, 可以固定 $\sqrt{l}/m$ 的值, 通过实验确定周期 T 随 θ_0 的变化; 也可以在一定的摆角下, 通过实验确定周期 T 随 $\sqrt{l}$ 的变化.

例 L.2 用量纲分析法研究流动的相似性 (雷诺相似准则).

1880 年前后, 雷诺研究了长管里流体的流动产生湍流的过程. 发现运动流体由层流转变为湍流的条件不仅决定于流速的大小, 还与流体的密度、黏度以及管道的线度密切相关. 雷诺综合考虑了上述因素后, 首先于 1883 年提出了一个被世人称为 "雷诺数" 的无量纲的数

$$Re = \frac{\rho v l}{\eta} \tag{L.3}$$

式中 l 为物体垂直于流体相对速度方向的几何线度, 如球体的直径, 飞机机翼的宽度等; v 表示流体的速度; η 为流体的黏度; ρ 表示流体的密度. 雷诺数除了可以用于判断流体何时由

层流转变为湍流, 还可以确定流动状态, 即雷诺数相等的两种流动彼此相似, 这个结论叫做雷诺相似准则.

表 L–4　与流动状态相关的物理量及量纲

物理量	l	v	ρ	η
量纲	L	LT^{-1}	ML^{-3}	$L^{-1}MT^{-1}$

解　描述流动的几个物理量的量纲如表 L–4 所示. 物理量的乘积一定具有 $l^a v^b \rho^c \eta^d$ 的形式, 量纲式为

$$(L)^a(LT^{-1})^b(ML^{-3})^c(L^{-1}MT^{-1})^d = L^{a+b-3c-d}M^{c+d}T^{-b-d}$$

无量纲乘积满足的方程组为

$$\begin{cases} a + b - 3c - d = 0 \\ c + d = 0 \\ -b - d = 0 \end{cases}$$

解方程组得到

$$\begin{cases} a = b = c = -d \\ d = d \end{cases}$$

显然, 只有一个自由变量 d. 若取 $d = 0$ 则方程组无非零解, 所以 $d \neq 0$. 取 $d = -1$, 可得方程组的唯一基础解系

$$a = b = c = 1, \quad d = -1$$

于是得到无量纲乘积, 并记为 Re, 有

$$Re = \frac{\rho v l}{\eta}$$

为了使模型的流动状态与原型的流动状态相同, 必须使所有无量纲乘积对于模型和原型都是相同的. 在这个例子中, 只有雷诺数一个无量纲乘积.

　　在飞机的研制过程中, 一般先在实验室用与实物大小成比例的模型进行实验. 为了使实验室测定的数据对原型飞机有效, 必须满足

$$\frac{\rho_0 v_0 l_0}{\eta_0} = \frac{\rho v l}{\eta}$$

上式左边表示飞机模型的雷诺数, 右边表示原型飞机的雷诺数. 假设飞机模型的尺度为原型的 1/10, 即 $l_0 = l/10$, 为了保证上式成立, 就必须使

$$\frac{\rho_0 v_0}{\eta_0} = \frac{10\rho v}{\eta}$$

假设流体均为空气, 忽略密度和黏度的差异, $\rho_0 = \rho$, $\eta_0 = \eta$, 则实验中模型飞机相对于空气的速度必须 10 倍于原型飞机的飞行速度, 才能保证两种环境下的飞行效果一致.